面向新工科普通高等教育系列教材

Android 移动应用开发技术与实践

主 编 夏 辉 杨伟吉 张 瑾

副主编 金 刘 澍

U0179753

机 械 工 业 出 版 社

本书通过大量示例由浅入深、循序渐进地阐述了 Android 开发的基础知识，同时介绍如何使用 Android 来解决科学计算问题和进行移动应用开发，还介绍了很多利用 Android 的应用技术。本书共 10 章，主要内容包括：Android 应用开发概述，Android 开发组件，Android 开发的 Java 基础知识，Android 布局管理器，Android 基本控件，菜单和对话框，数据库与存储技术，Android 线程，Android 网络通信开发，综合应用与案例——社交系统开发。本书示例采用 Android Studio 3.5.2 开发工具进行开发，所有示例和案例都有详细说明，并且每章都配有课后练习。

本书重点突出，内容丰富，适合作为高等院校计算机及相关专业的教材或教学参考书，也适合学习 Android 的初学者使用。

本书配套授课电子课件，需要的教师可登录 www.cmpedu.com 免费注册，审核通过后下载，或联系编辑索取，微信：15910938545，电话：010-88379739。

图书在版编目（CIP）数据

Android 移动应用开发技术与实践 / 夏辉，杨伟吉，张瑾主编. —北京：机械工业出版社，2020.12（2024.8 重印）
面向新工科普通高等教育系列教材
ISBN 978-7-111-67315-6

Ⅰ. ①A… Ⅱ. ①夏… ②杨… ③张… Ⅲ. ①移动终端-应用程序-程序设计-高等学校-教材 Ⅳ. ①TN929.53

中国版本图书馆 CIP 数据核字（2021）第 007382 号

机械工业出版社（北京市百万庄大街 22 号　邮政编码 100037）
策划编辑：郝建伟　　责任编辑：郝建伟
责任校对：张艳霞　　责任印制：张　博

北京建宏印刷有限公司印刷

2024 年 8 月第 1 版·第 4 次印刷
184mm×260mm·23 印张·571 千字
标准书号：ISBN 978-7-111-67315-6
定价：79.90 元

电话服务

客服电话：010-88361066
　　　　　010-88379833
　　　　　010-68326294

网络服务

机　工　官　网：www.cmpbook.com
机　工　官　博：weibo.com/cmp1952
金　书　网：www.golden-book.com
机工教育服务网：www.cmpedu.com

封底无防伪标均为盗版

前　言

百年大计，教育为本。习近平总书记在党的二十大报告中强调"教育、科技、人才是全面建设社会主义现代化国家的基础性、战略性支撑"，首次将教育、科技、人才一体安排部署，赋予教育新的战略地位、历史使命和发展格局。

随着大数据、人工智能和互联网+的不断发展，移动应用技术也在随之不断进步，因为更多智能数据、内容和应用要在移动终端上运行。Android 作为移动应用开发最主要的技术，一直在移动 App 开发方面占据着绝对主导地位。从手机与 PC 上网的使用率来看，目前通过手机上网的用户远远高于 PC 端，这些数据都足以证明未来移动互联网的发展前景。

本书围绕 Android 移动应用开发基础和移动 App 编程技巧，在内容的编排上力争体现新的教学思想和方法。本书内容编写遵循"从简单到复杂""从抽象到具体"的原则。书中通过在各个章节穿插很多示例，提供了 Android 移动应用开发从入门到实际应用所必备的知识。Java、数据库都是计算机专业基础课，Android 移动应用开发课程学习需要这些知识，学生除了要在课堂上学习程序设计的理论方法，掌握编程语言的语法知识和编程技巧外，还要进行大量的课外练习和实践操作。为此本书每章都配有课后习题，并且每章都有一个综合案例，可供教师教学使用。

本书共分 10 章。第 1 章节为 Android 应用开发概述，第 2 章介绍 Android 开发组件，第 3 章介绍 Android 开发的 Java 基础知识，第 4 章介绍 Android 布局管理器，第 5 章介绍 Android 基本控件，第 6 章介绍菜单和对话框，第 7 章介绍数据库与存储技术，第 8 章介绍 Android 线程，第 9 章介绍 Android 网络通信开发，第 10 章介绍综合应用与案例——社交系统开发。本书示例采用最新的 Android Studio 3.5.2 开发工具进行开发，所有示例和案例都有详细说明。

本书内容全面，案例新颖，针对性强。书中所介绍的实例都是在 Windows 10 操作系统下调试运行通过的。每一章都有和本章知识点相关的案例和实验，以帮助读者顺利地完成开发任务。从应用程序的设计到应用程序的发布，读者都可以按照书中所讲述内容实施。

本书由夏辉、杨伟吉、张瑾担任主编，金鑫、刘澍担任副主编，夏辉负责全书整体策划、实验和案例的编写，浙江医科大学杨伟吉主要负责编写第 2 章和第 4 章，河南大学张瑾主要负责编写第 3、9、10 章，天津交通职业学院金鑫主要负责编写第 1、5、6 章，辽宁经济职业技术学院刘澍主要负责编写第 7 章，参编的还有惠州市技师学院徐朋，主要负责部分章节和 PPT 的编写及课后习题审核。参与本书编写的还有王晓丹、穆宝良。同时本书由王学颖教授进行主审，并且对本书初稿在教学过程中存在的问题提出了宝贵的意见。本书也借鉴了中外参考文献中的原理知识和资料，在此一举感谢。

本书配有电子课件、课后习题答案、每章案例代码、实验代码，以方便教学和自学参考使用，如有需要请到 http://www.cmpedu.com 网站中下载。

由于时间仓促，书中难免存在不妥之处，请读者批评指正，并提出宝贵意见。

夏　辉

目　　录

第1章 Android 应用开发概述

Android 于 2007 年问世，它是一种基于 Linux 的自由及开放源代码的操作系统，主要用于智能移动终端等嵌入式设备，如智能手机、平板电脑、机顶盒等。早期 Android 操作系统是由 Andy Rubin 团队研发，2005 年 Andy Rubin 团队的"Android 公司"被谷歌公司收购。2007 年 11 月，谷歌联合知名硬件制造商、软件开发商及电信营运商组建"Open Handset Alliance"共同研发应用 Android 系统，Android 系统才正式应用于手机行业。真正意义上的 Android 智能手机于 2008 年 10 月正式问世，即 HTC Dream。2009 年谷歌推出了 Android 1.1，称它为"Petit four"，意思为：法餐甜点。Android 从此以后逐渐从手机系统业务扩展到其他移动终端领域上，如智能电视、平板电脑和游戏机等。2011 年第一季度，Android 在全球市场份额第一次超过 Symbian 系统，跃居全球第一；2013 年第四季度，Android 平台在手机操作系统的全球市场份额已经达到 78.1%；2013 年 9 月，Android 全球的设备使用量已达到 10 亿台；2014 年第一季度 Android 平台已占所有移动广告流量来源的 42.8%，首次超越苹果公司的 iOS 系统；2015 年在移动设备的市场份额中 Android 全球排名第一，应用的下载量达到 500 亿次；据市场研究机构 IDC 于 2019 年发布的最新数据，由于 5G 手机的发布，Android 全球市场份额从 2018 年的 85.1%上涨到 87%，预计占比还会继续扩大。

1.1 Android 简介

Android 是 Linux 内核的操作系统，作为一种开放的操作便捷的免费操作系统被广大开发者和使用者所信赖。从系统架构来看，Android 可以分为 4 个层次：应用程序层、应用程序框架层、系统运行库层和 Linux 核心层，每一层体系结构会在后面章节具体讲解。

Android 有四大开发组件，分别为活动（Activity）、服务（Service）、广播接收器（BroadcastReceiver）和内容提供者（Content Provider）。

1. 活动

活动（Activity）可以简单理解为"窗体"，是需要重点理解和掌握的一个概念，也是 Android 中使用最为频繁的一个组件，是最基本的模块之一，可以在 Activity 中添加各种其他控件，如 TextView、Button 等。用户的手机 App 会有很多使用 Activity 的地方，比如 App 中不同页面的切换、不同选项卡之间的跳转等，都是从一个 Activity 跳转到另外一个 Activity 的具体应用场景。当多个 Activity 共存时，Activity 以返回栈的形式进行"后进先出"，也就是说当单击"返回"键时，后打开的 Activity 先被关闭。

Activity 也可以根据不同需要采用不同的启动模式，它包括以下 4 种启动模式。

1）standard 模式：在这种模式下，Activity 每次启动时，不管返回栈中有没有 Activity 实例，都会创建新的 Activity 实例。这种模式同一个 Activity 可以被多次实例化。这也是默认的一种模式。

2）singleTop 模式：启动该模式下的 Activity 时，如果该 Activity 已经在返回栈中，并且在栈顶位置，则无须创建该 Activity 的实例，直接复用该 Activity 即可；如果该 Activity 不在栈顶或者不在返回栈，则需要创建该 Activity 实例，并且压入栈顶。

3）singleTask 模式：该模式下的 Activity，如果返回栈中有该 Activity 实例，无论该 Activity 是否在栈顶，都复用此 Activity 实例，并且将该 Activity 实例之上的所有 Activity 实例都移出，否则创建新的该 Activity 实例。

4）singleInstance 模式：也叫单例模式。该模式下，Activity 会在单独一个任务中，并且这个任务的返回栈中只有唯一的此 Activity 实例，其他基本和 singleTask 模式相同。

2．服务

服务（Service）也是 Android 中重要的组件之一，但它不像 Activity 作为“窗体”在 UI 页面中可见，Service 是不可见的，是运行在后台的，并且可以与其他组件进行交互，例如运行在某个 App 后台的音乐播放器在进行播放音乐的服务，用户看不到这个服务，但这个服务却在后台一直运行，具体代码实现在第 2 章中有详细介绍。

3．广播接收器

广播接收器（BroadcastReceiver）是一种广泛应用在应用程序之间的信息传播方式。BroadcastReceiver 是对发送出来的广播进行过滤和响应的组件，可以利用 BroadcastReceiver 来对事件进行响应，BroadcastReceiver 也像 Service 一样没有 UI，用户是看不到的。BroadcastReceiver 可以用来通知用户某些事件，通常配合 NotificationManager 来通知将要发生的事件，具体代码实现在第 2 章中有详细介绍。

4．内容提供者

内容提供者（Content Provider）是 Android 提供的可用于存储、访问和操作外部数据的一个组件。Android 系统通常是对数据库、文件等内部存储数据进行隐私保护，外部无法访问这些数据，然而 Android 提供了一个对外可访问的入口，外部可以通过这个入口访问 Android 存储数据，这个入口就是通过 Content Provider 来实现的，通常可以通过一个 URI（统一资源标识符）让外部访问存储的 Content Provider 数据，具体代码实现在第 2 章中有详细介绍。

1.2　Android 开发环境搭建

本书 Android 开发所采用的 IDE（集成开发环境）是 Android Studio。2013 年 5 月谷歌推出了 Android 开发环境 Android Studio（简称 AS）。在 2015 年之前大部分人都采用 Eclipse 进行 Android 开发，但在 2015 年后，由于谷歌不再维护 Eclipse 开发 ADT 工具，大家都必须逐步转向 AS，其实转向新的开发工具是很多开发人员所不愿意去做的事情，但当真正接触和使用到 AS 后，才真正感觉到 AS 的方便和人性化。AS 主要具有下面几个优点：第一，它是谷歌推出的真正为 Android 量身定做的 Android 集成开发工具，具有地道的谷歌血统，谷歌工程师还在不断地完善和升级，说明了它的强大生命力和可持续性；第二，它具有漂亮的 UI，是一款基于 IntelliJ idea 的 IDE，具有 Darcula 主题的炫酷黑界面，UI 编辑功能相对 Eclipse 更具有多设备实时预览效果，开发效率提升很多；第三，速度更快，Eclipse 的响应和启动速度一直被人诟病，AS 在这两方面都进行了很好的提升，大大提升了开发体验，Gradle 的加入也为系统配置、编译和打包提供了一个利器；第四，完美地支持各种插件，可以方便地直接下载，具有完善的版本控制，如 SVN、Git 等主流版本控制插件的任意加入，使得加入新的项目更加便捷。

1.2.1 开发环境的下载和安装

Android 开发环境的安装可以分为下面四个步骤：下载和安装 Java JDK 1.8、下载和安装 Android Studio 3.5.2、配置和安装 Android SDK、升级同步 Gradle 和模拟器，下面介绍前两个步骤，后面两个步骤将在下一小节中描述。

（1）下载和安装 Java JDK 1.8

安装 JDK 只需要到 Oracle 官网：https://www.oracle.com/technetwork/java/javase/downloads/index.html 下载即可，具体步骤这里不再赘述。

（2）下载和安装 Android Studio 3.5.2

本书集成开发环境采用 Android Studio 3.5.2，可在 Android Studio 中文社区 http://www.android-studio.org/进行下载，如图 1-1 所示。

图 1-1　下载 Android Studio

安装步骤具体如下：

1）双击要 Android Studio 的安装文件，进入安装界面，如图 1-2 所示。

2）选择要安装的插件，如图 1-3 所示。

图 1-2　安装界面

图 1-3　安装插件界面

3）单击"Next"进入 Android Studio 的安装目录和 SDK 安装目录选择，选择本地安装目录。

4）单击"Next"进入安装，单击"Install"即可安装应用程序。

5）最后在弹出窗口中单击"Finish"，完成 Android studio 的安装。

图 1-3 中各选项如下。

- 第 1 个选项是 Android Studio 主程序，必选。
- 第 2 个选项是提示是否需要安装 Android SDK，勾选上将会安装所需要的 SDK，建议勾选（不勾选也可自行下载 SDK）。
- 第 3 个选项是提示是否需要安装 Android 虚拟机，建议勾选。
- 第 4 个选项是虚拟机的加速程序，如果你要在计算机上使用虚拟机调试程序，就勾选上。

1.2.2 安装 SDK 和 Gradle

Android Studio 安装完成后，还需要对它进行一定的配置，最主要的就是 SDK 的配置和 Gradle 的配置，SDK 就是对本地 SDK（如果没有需要下载）和集成开发环境的编译路径关联；Gradle 配置就是要找到与 IDE、SDK 相匹配版本的 Gradle，利用 Gradle 可以完成调试、编译和打包等工作。

1. 配置和安装 SDK

配置 SDK 配置是要让 IDE 知道 SDK 在本地的存放路径，即将本地下载好的 SDK 路径配置到应用程序编译路径，具体步骤如下：

1）启动 Android Studio，设置 Workspace。

2）设置 SDK 路径，如果没有安装即进入 SDK 安装界面，如图 1-4～图 1-6 所示。

3）进入 Android Studio 配置相关界面，如图 1-7 所示。

4）安装模拟器。

5）运行 AVD Manager。

6）新建 AVD 或者选择已有的 AVD。

第 1～3 步主要是 SDK 配置和安装步骤，第 4～6 步是后面运行和调试 Android 应用程序需要的模拟器的安装步骤。

图 1-4　选择 Android Studio 和 SDK 的安装目录

图 1-5　选择本地安装目录

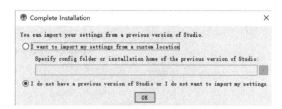

图 1-6　选择快捷方式安装位置　　　　　　　　图 1-7　Android Studio 配置界面

📖　注意：如果 Android Studio 之前安装过，建议保存运行配置文件，下次安装直接导入配置文件即可，如图 1-7 所示，导入 Android Studio 的配置文件：如果是第一次安装，选择最后一项，不导入配置文件，直接单击"OK"即可。

完成了 Android Studio 的配置后（如图 1-7 所示），就会进入如图 1-8 所示页面，这是程序在检查 SDK 的更新情况。由于 Android SDK 需要在谷歌官网下载，而国内网络无法直接访问谷歌官网资源，可单击"Setup Proxy"配置代理服务器，如图 1-9 和图 1-10 所示。

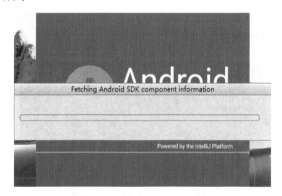

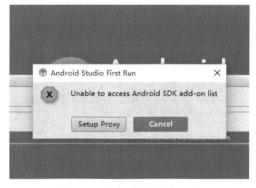

图 1-8　检查 SDK 更新情况　　　　　　　　图 1-9　弹出无法访问提示框

2. 配置 Gradle

Android Studio 导入项目或者新建项目时最头疼的就是 Gradle 的版本问题，新建项目经常在编译过程中报 Gradle 版本错误，或者第一次新建一个 Android 的项目会很慢，这就是由于 Gradle 的版本问题，系统需要在线下载 Gradle，而下载 Gradle 如果出现网络无法下载的问题就会报错，因此通过将 Gradle 下载到本地，使用本地下载 Gradle 来解决问题。因此通常需要配置 Gradle，具体步骤如下。

1）打开工程项目 gradle/wrapper/gradle-wrapper.properties 目录下的 gradle-wrapper.properties 文件，如图 1-11 所示，这个文件中就存有 Gradle 使用的版本，该文件中的具体内容如下：

```
distributionBase=GRADLE_USER_HOME
```

```
distributionPath=wrapper/dists
zipStoreBase=GRADLE_USER_HOME
zipStorePath=wrapper/dists
distributionUrl=https\://services.gradle.org/distributions/gradle-3.3-all.zip
```

📖 注意：该文件最后一行 distributionUrl 提示用户这个项目所使用的 Gradle 版本，当然，不同项目的 Gradle 版本也可能是不同的。Gradle 的下载地址为：https://services.gradle.org/distributions/。

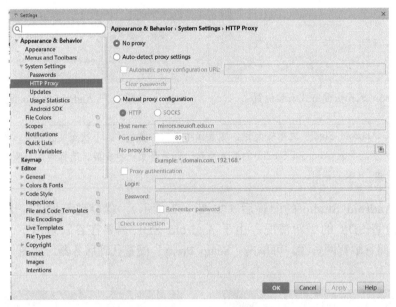

图 1-10　配置代理服务器

图 1-11　打开 gradle-wrapper.properties 文件

2）修改 Gradle 本地保存路径。本地 Gradle 一般默认保存在 C:\Users\本机用户名 \.gradle\wrapper\dists 下面，打开 AS 的 Setting 菜单，找到 Gradle 就可以查到 Gradle 的本地 存放路径，如图 1-12 所示。

📖 注意：使用 Android Studio 新建或者打开一个项目时，系统会首先读取 gradle-wrapper.properties 文件，然后到 Gradle 本地存放路径查找是否有该版本 Gradle，如果没有就去第 1 步的官网（gradle-wrapper.properties）下载。

3）配置 Gradle。当新建项目或者打开别人的 Android 项目中出现 Gradle 版本错误时，就可以很容易地对 Gradle 进行修改和配置了。显而易见，如果出现 Gradle 版本错误，只需要按照提示的 Gradle 版本来修改 gradle-wrapper.properties 文件中的 Gradle 版本，让系统找到本地的或者下载正确的 Gradle 版本即可。

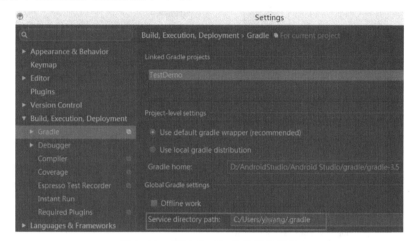

图 1-12　打开 Gradle 本地存放路径

1.2.3　调试虚拟机

下面创建一个新项目，看看如何选择版本并且调试虚拟机。

1）如图 1-13 所示创建项目，将项目命名为"HelloWorld"，点击"Next"，选择 API 版本，如图 1-14 所示，第一个选型是 SDK 最低版本，现在由于 4.4 以下版本 Android 手机几乎没有，因此这里默认选择最低版本 4.4 即可，然后单击"Next"，进入选择 Activity 页面，如图 1-15 所示，这里选择"Empty Activity"，然后单击"Next"，进入创建 Activity 页面如图 1-16 所示，单击"Finish"完成。

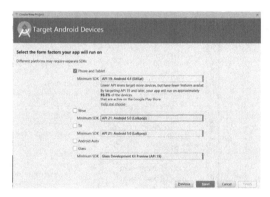

图 1-13　为应用命名　　　　　　　　　　　　图 1-14　选择 API 版本

2）创建完项目后发现报错，如图 1-17 所示，打开 AS 设置，单击"Update"，查找到安装的 SDK Tools 版本是 26.1.1（如图 1-18 所示），而 buildToolsVersion 却是 28，显然找不到这个版本，解决方式是可以将 buildTools 和 targetSdkVersion 版本升级为 28，或者将 28 改为 26，并且将依赖包 dependencies 改为"v7:26.+"即可，如图 1-19 所示。

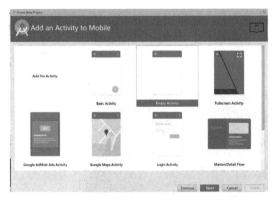

图 1-15　选择 Activity

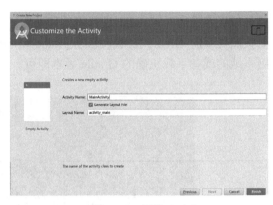

图 1-16　创建 Activity

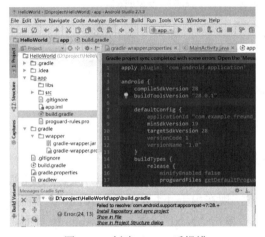

图 1-17　创建 Project 后报错

图 1-18　创建 SDK Platforms

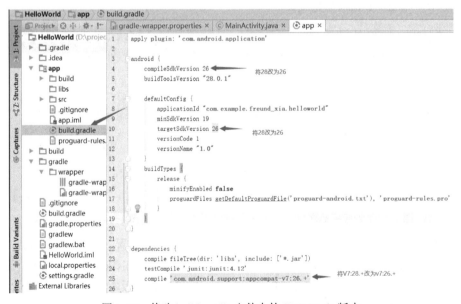

图 1-19　修改 build.gradle 文件中的 SDK Tools 版本

3）修改完上面的 SDK Tools 版本，项目就可以正常运行了，由于上面出现了 SDK 版本问题，这里先看下 SDK 版本升级问题。首先单击 SDK Manager，如图 1-20 和图 1-21 所示，可以根据个人需要选择单击右下角"Apply"按钮，进行 SDK 安装，同时在"SDK Tools"选项卡安装不同版本的 SDK 工具，如图 1-22 所示。还可以勾选右下角的"Show Packages Details"来显示具体 SDK 工具的详细版本信息。

图 1-20　安装 SDK

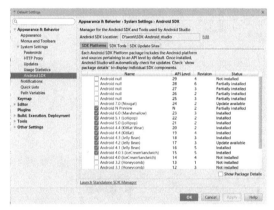

图 1-21　选择和安装不同版本 SDK

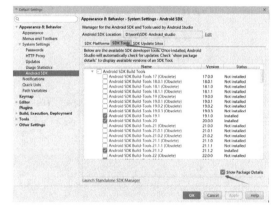

图 1-22　选择和安装不同版本 SDK Tools

4）项目和 SDK 版本都没有问题，就可以安装和设置模拟器了，以便于后面的调试和运行 Andriod 程序。如果没有创建过模拟器，这里就需要创建模拟器，首先打开工具栏的 AVD Manager，如图 1-23 所示，弹出窗口如图 1-24 所示，单击左下角的"Create Virtual Devices"创建模拟器，具体创建模拟器的步骤如图 1-25 至图 1-27 所示。

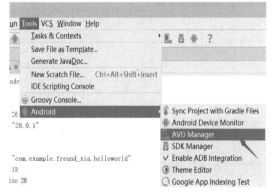

图 1-23　打开 AVD Manager

图 1-24　选择 Virtual Devices

图 1-25　选择 Hardware

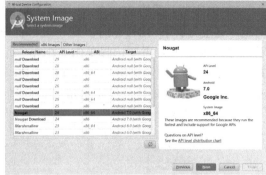

图 1-26　下载 Image

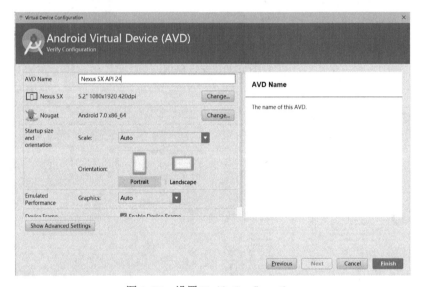

图 1-27　设置 Verify Configuration

5）模拟器配置完成后，就可以将程序在模拟器中运行了，单击工具栏的运行▶按钮，选择模拟器，选择完模拟器单击"OK"按钮，如图 1-28 所示。

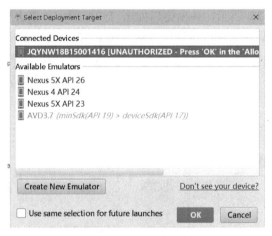

图 1-28　选择模拟器

6）IDE 编译运行程序，并且在模拟器中运行，运行结果如图 1-29 所示。运行过程中如果报错，可以查看 IDE 中 logcat 日志，通过日志找到出现问题的地方，logcat 日志如图 1-30 所示。

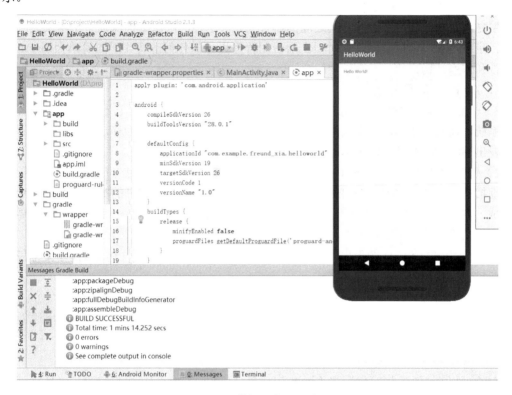

图 1-29　模拟器中运行结果

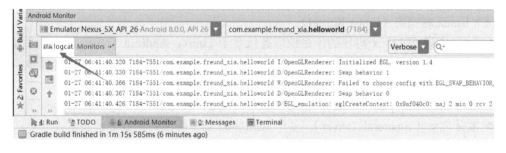

图 1-30　logcat 日志查看出错信息

1.3　Android 平台架构

Android 操作系统是基于 Linux 架构的，采用软件叠层（Software Stack）的方式来构建。它实际上就是在标准的 Linux 系统之上添加了 Java 虚拟机 Dalvik，并且在 Dalvik 虚拟机上搭建了一个 Java Application Framework，所有的 Android 应用程序都是基于这个框架之上。下面具体分析 Android 的平台架构，让读者更清晰地了解 Android 的工作原理。

1.3.1　Android 平台架构概述

Android 平台采用了分层和整合的框架思想，它的底层是基于 Linux 系统之上，这个平台由 Linux 内核层、系统运行库层、应用框架层和应用层 4 层组成。各个层次叠状结构使得层和层之间互相分离，清除了各层之间的耦合关系。这样的层次结构保证了层与层之间的低耦合，也就是说当前层发生变化时，上层应用程序无须做任何改变。下面简单介绍 Android 的特性和体系结构。

1. Android 的平台特性

1）平台具有开放性。Android 系统成为一个开源的移动平台，它不仅仅构建了底层的操作系统，而且它还构造了上层的用户界面和必要的应用程序，这为移动开发者迅速而快捷地开发出移动创新产品奠定了基础。

2）优化的移动设备虚拟机。Android 采用 Dalvik 虚拟机，这是专门为移动设备量身定做的虚拟机。Android 应用程序的运行原理就是将由 Java 编写、编译的类文件通过 DX 工具转换成一种扩展名为.dex 的文件来执行。Dalvik 虚拟机相对于 Java 虚拟机，速度要快很多，这是由于它是基于寄存器的。

3）强大的 2D 和 3D 图形库，而且 3D 图形库基于 OpenGL ES 1.0，多媒体支持包括常见的音频、视频和静态映像文件格式。

4）结构化存储数据库 SQLite，并且 Android 也打破了应用之间的界限。

5）Android 具有丰富的开发库和工具，开发者可以使用这些库文件和工具迅速创建属于自己的应用。

2. Android 的平台架构

Android 共分为 5 层，分别为 Linux 内核层（Linux Kernel）、硬件抽象层（HAL 层）、系统运行环境和运行库层（Libraies）、应用框架层（Application Framework）和应用层（Application），平台整体架构如图 1-31 所示。

（1）Linux 内核层（Linux Kernel）

Android 是基于 Linux 内核的，系统服务依赖于 Linux，Android 设备的各种硬件都依赖于 Linux，并且 Linux 为 Android 提供底层驱动，在安全性、内存管理和进程管理等核心系统服务方面提供了支撑服务，在 Linux 内核层主要包含下面几个组件。

- 显示驱动（Display Driver）：基于 Linux 的帧缓冲驱动。
- 蓝牙驱动（Bluetooth Driver）：基于 IEEE 802.15.1 标准的无线传输技术。
- USB 驱动（USB Driver）：提供 USB 设备的连接支持。
- 键盘驱动程序（KeyBoard Driver）：为输入设备提供支持。

（2）硬件抽象层（HAL）

硬件抽象层（HAL）提供标准接口，HAL 包含多个模块库，其中每个模块都为特定类型的硬件实现一组特定的接口，比如 WiFi/蓝牙功能模块接口，当框架 API 请求访问设备硬件时，Android 系统就会为该硬件加载相应的库模块。有的书中把 HAL 归到 Linux 内核层中，但图 1-31 中可以看出，架构分为 5 层更为清晰。

（3）系统运行环境和运行库层（Libraies）

这一层包括 C/C++库和 Android 运行环境，可以将此层看作由提供 Android 系统特性的函数库和 Android 运行时库两部分组成，下面分别进行介绍。

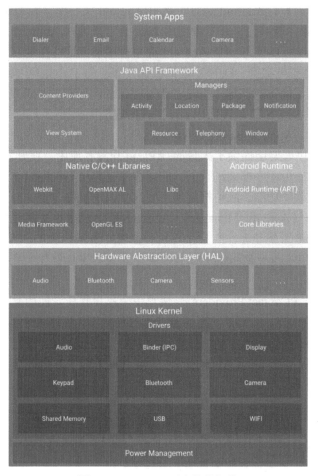

图 1-31　Android 平台整体架构

1）Android 系统特性的函数库：Android 包含 C/C++库，这些库为 Android 系统提供了主要的特性支持。一般说来，Android 应用开发者不能直接调用这套 C/C++库，但可以通过其上的应用框架层来调用这些库，常用的一些核心库包括：

- 系统 C 库：一个从 BSD 继承来的标准 C 系统函数库（libc），专门为基于 Embedded Linux 的设备定制。
- 媒体库：该库支持录放，并且可以录制许多流行的音频视频格式，还有静态映像文件。
- Surface Manager：对显示子系统的管理，并且为多个应用程序提供 2D 和 3D 图层的无缝融合。
- LibWebCore：一个最新的 Web 浏览器引擎，用来支持 Android 浏览器和一个可嵌入的 Web 视图。
- SGL：一个内置的 2D 图形引擎。
- 3D libraries：基于 OpenGL ES 1.0 APIs 实现；该库可以使用硬件 3D 加速（如果可用）或者使用高度优化的 3D 软加速。
- FreeType：位图（bitmap）和向量（vector）字体显示。

● SQLite：一个对于所有应用程序可用、功能强劲的轻型关系型数据库引擎。

2）Android 运行时库：Android 运行时库由 Android 核心库集和 Dalvik 虚拟机两部分组成。Android 核心库集，能够允许开发者使用 Java 语言来编写 Android 应用；Dalvik 虚拟机是移动设备的虚拟机，可以使每一个 Android 应用程序都能运行在独立的进程中，并且拥有一个自己的 Dalvik 虚拟机实例。Dalvik 虚拟机执行.dex 的 Dalvik 可执行文件，该格式文件针对最小内存使用做了优化。该虚拟机是基于寄存器的，所有的类都是经由 Java 汇编器编译，然后通过 SDK 中的 DX 工具转化成.dex 格式由虚拟机执行。

（4）应用框架层（Application Framework）

Android 应用程序框架层提供了大量的 API 供开发者使用，在开发 Android 应用程序时，就是面向底层的应用程序框架进行的。应用程序框架层不仅可以作为应用程序开发的基础，还可以实现复用软件功能。应用框架层主要包括以下组件。

● 活动类管理器（Activity Manager）：Acticity 是 Andriod 应用程序中的基本组件，此类接受 Android 系统管理，有生命周期和控制方法。
● 窗口管理器（Window Manager）：负责整个系统的窗口管理，可以控制窗口的打开、关闭、隐藏等。
● 联系人提供器（Contact Providers）：实现多个应用程序之间的数据共享功能。
● 视图系统（View System）：用于构建应用程序的 UI 界面，例如按钮组件、文本组件和列表组件等。
● 通知管理器（Notification Manager）：管理手机顶部状态栏的提示消息，如短消息提示和电话提示等。
● 资源管理器（Resource Manager）：提供访问非代码的资源，如国际化文字显示、布局管理器和图形界面等。
● 视图（Views）：用来创建视图页面，包括文本框（Text Boxes）、列表（Lists）和按钮（Buttons）等，也可以是一个可嵌入的 Web 浏览器。

（5）应用层（Application）

所有手机上安装的应用程序（App）都属于这一层。应用程序也会包含系统核心应用程序，例如，电子邮件客户端、SMS 程序、日历、地图、浏览器、联系人等，这些应用程序都是使用 Java 编写的。读者学习 Android 开发就是基于这一层进行 App 的开发。

1.3.2 Android Studio 应用工程文件组成和介绍

了解了 Android 平台的整体架构后，接下来介绍基于 Android Studio 平台下的应用工程文件组成和基本介绍。Android Studio 应用工程界面如图 1-32 所示。

图 1-32　Android Studio 应用工程界面

14

1. res 目录

Android Studio 的 res 主要是存放资源目录，用来存储项目的资源，包括图片资源、字符串资源、颜色资源、尺寸资源等。

- drawable：用来存储图片资源。
- layout：用来存储布局文件。
- mipmap：用来存储应用图片和图标，且有不同分辨率图标。
- values：存储 App 的一些引用值，可以将应用中反复使用和后期可能会修改的值存到 values 中，方便后期调用和修改。
  colors.xml：存储了一些 color 的值。
  strings.xml：存储引用的 string 值。
  styles.xml：存储 App 需要用到的一些样式。

【例 1-1】 strings.xml 中存储项目名称。

```
<resources>
<string name="app_name">My Application</string>
</resources>
```

上面代码中定义了一个字符串常量，其值为 My Application，该字符串的名称为 app_name，定义后可以在 Java 代码、XML 文件中调用这个资源文件中的字符串。

【例 1-2】 布局文件 activity_main.xml。

```
<?xml version="1.0" encoding="utf-8"?>
<android.support.constraint.ConstraintLayout
xmlns:android="http://schemas.android.com/apk/res/android"
xmlns:app="http://schemas.android.com/apk/res-auto"
xmlns:tools="http://schemas.android.com/tools"
android:layout_width="match_parent"
android:layout_height="match_parent"
tools:context=".MainActivity">
  <TextView
          android:layout_width="wrap_content"
          android:layout_height="wrap_content"
          android:text="@string/Hello_World"
  />
</android.support.constraint.ConstraintLayout>
```

上面布局文件定义的属性值的含义如下。

- android:layout_width 和 android:layout_height：指定了控件的宽度和高度，wrap_content 表示让当前控件的大小能够刚好包住里面的内容，也就是由控件内容决定当前控件的大小。
- android:text：TextView 显示的内容，@string/Hello_World 表示 TextView 的值存储在 values/strings.xml 中，键为 Hello_World 的值。

2. java 目录

该目录用来存放 Java 代码，其下包含 MainActivity 方法。代码如下：

```
package com.example.freund_xia.helloworld;
```

```
import android.support.v7.app.AppCompatActivity;
import android.os.Bundle;
public class MainActivity extends AppCompatActivity {
  @Override
    protected void onCreate(Bundle savedInstanceState) {
    super.onCreate(savedInstanceState);
    setContentView(R.layout.activity_main);
    }
}
```

上面 Java 代码的含义是：

- 第 1 行代表包名，第 2～3 行代表需要导入的类包，其中 v7 包是一个重要的包，要使用 AppCompatActivity 就得导入这个包。
- MainActivity 作为项目入口 Activity 类是继承 AppCompatActivity 类的，onCreate 方法是继承 Activity 的，是项目需要刚加载就要执行的方法。
- setContentView(R.layout.activity_main)表示要让这个 MainActivity 类加载的布局文件就是 activity_main.xml。

3. manifests 目录

该目录下包含 AndroidManifest.xml 文件，其中包含了该工程组成部件和信息，相当于应用的配置文件，也叫清单文件。通过这个清单文件，可以得到项目的包名、Android 版本、组成部件等信息，其中 application 节点表示当前的应用程序，该应用程序包含一个 Activity 组件，该 Activity 通过意向（intent-filter）来指定行为以及分类启动。

【例 1-3】 清单文件 AndroidManifest.xml。

```
<?xml version="1.0" encoding="utf-8"?>
<manifest xmlns:android="http://schemas.android.com/apk/res/android"
        package="com.example.dell.myapplication">
    <application
            android:allowBackup="true"
            android:icon="@mipmap/ic_launcher"
            android:label="@string/app_name"
            android:roundIcon="@mipmap/ic_launcher_round"
            android:supportsRtl="true"
            android:theme="@style/AppTheme">
        <activity android:name=".MainActivity">
            <intent-filter>
                <action android:name="android.intent.action.MAIN" />
                <category android:name="android.intent.category.LAUNCHER" />
            </intent-filter>
        </activity>
    </application>
</manifest>
```

📖 注意：清单文件描述了包中暴露的组件如 Activity、service 等，它们各自的实现类可以实现处理数据和启动位置等功能。

清单文件中具体节点以及属性的含义如表 1-1 所示。

16

表 1-1　AndroidManifest.xml 的属性值

参　　　数	说　　　明
xmlns:android	定义 Android 的命名空间
package	指定应用内 Java 主程序的包名
application	应用程序节点，包含 package 和 application 级别组件声明的根节点
android:allowBackup	将程序加入到系统的备份和恢复架构中
android:icon	声明应用程序图标
android:label	声明应用程序名称
android:supportsRtl	启用各种 RTL API 来用 RTL 布局显示应用
android:theme	声明 Android 应用程序的主题
android:name	应用程序默认启动的 Activity 名字，因为该项目 Activity 名称为 MainActivity，因此这里显示 MainActivity，如有新的 Activity，都必须在这里添加后才可以使用
action	表示 android:name 属性，这里的是 android.intent.action.MAIN，表示此 Activity 是作为应用程序的入口
intent-filter	Activity 的意图过滤器，包含了 action（用来表示意图的动作）、data（表示动作要操作的数据）和 category（用来表示动作的类别）三种

4. Gradle Scripts 目录

AS 用 Gradle 取代了 Eclipse 的 ADT 工具，它作为一种依赖管理工具，是基于 Groovy 语言，面向 Java 应用为主，它抛弃了基于 XML 的各种烦琐配置，取而代之的是一种基于 Groovy 的内部领域特定 DSL 语言。

Gradle 对项目自动编译时将读取项目的配置文件，比如指定项目的依赖包等。因此在 AS 中有两个 build.grade，一个表示整个项目全局配置，另一个表示在当前模块中进行配置，如图 1-33 所示。

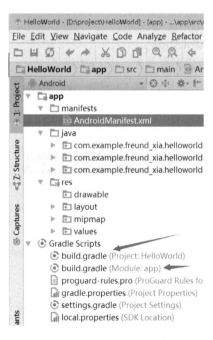

图 1-33　build.grade 文件

（1）全局的 build.gradle(Project)

表示整个项目的一些配置信息。代码如下：

```
buildscript {
    repositories {
        google()
        jcenter()
    }
    dependencies {
        classpath 'com.android.tools.build:gradle:3.1.2'
    }
}
allprojects {
    repositories {
        google()
        jcenter()
    }
}
task clean(type: Delete) {
    delete rootProject.buildDir
}
```

- repositories 节点：Gradle 可以通过 Repository 找到外部依赖（External Dependencies）。Gradle 支持很多仓库，因此它不用指定特定仓库，一般设置为在 jcenter()托管仓库，很多的 Android 开源项目都会选择将代码托管到 jcenter 上，声明了这行配置后，就可以在项目中轻松使用任何的 jcenter 上的开源项目了。
- dependencies 节点：classpath 'com.android.tools.build:gradle:3.1.2'声明了 Gradle 的版本。

（2）当前模块的 build.gradle(App)

表示当前模块的 Gradle 构建配置信息，代码如下：

```
apply plugin: 'com.android.application'
android {
    compileSdkVersion 26
    buildToolsVersion "28.0.1"
    defaultConfig {
        applicationId "com.example.asus.myapplication"
        minSdkVersion 19
        targetSdkVersion 26
        versionCode 1
        versionName "1.0"
        testInstrumentationRunner "android.support.test.runner.AndroidJUnitRunner"
    }
    buildTypes {
        release {
            minifyEnabled false
            proguardFiles getDefaultProguardFile('proguard-android.txt'), 'proguard-rules.pro'
        }
    }
}
```

```
    }
        dependencies {
            implementation fileTree(dir: 'libs', include: ['*.jar'])
            implementation 'com.android.support:appcompat-v7:28.+'
            implementation 'com.android.support.constraint:constraint-layout:1.1.3'
    }
```

1）apply plugin：代表着应用了一个插件，一般来说有两个值可选：com.android.application 和 com.android.library，前者表示这是一个应用程序模块，后者表示是一个库模块，它们的区别是：前者可以直接运行，而后者只能作为代码依附在别的应用程序模块来运行。所以在引入一些 Model 为自己的应用程序所用时，build.gradle 文件的第一行就是 apply plugin:com.android.library。

2）android 节点：

● compileSdkVersion：用于指定项目的编译版本。这里 26 表示使用 Android 8.0 系统的 SDK 进行编译。

● buildToolsVersion：用于指定项目的构建工具的版本。

● defaultConfig 节点：

■ applicationId：用于指定项目的包名，在创建项目的时候已经指定了包名，当要改变整个项目的包名时，可以在这里改变。

■ minSdkVersion：项目最低的兼容版本。19 表示兼容到 API 19 即是 Android 4.4。

■ targetSdkVersion：表示使用的目标 SDK 版本。

● buildTypes 节点：通常这个闭包中会有两个节点，一是 debug，一是 release。debug 用于生成测试版安装文件的配置，release 用于生成正式版安装文件的配置，dubug 节点可以忽略不写。

3）dependencies 节点：

● 在这个节点下可以指定当前项目所有的依赖包。通常 Android Studio 项目中有三种依赖方式：本地依赖、库依赖和远程依赖。

● 通常项目中的第一行是本地依赖声明，它把 libs 目录下的所有.jar 后缀文件全部添加到带项目的构建路径中去；第二行是远程依赖声明；第三行是驱动声明。

单击 AS 工具栏的 ![button] 按钮，然后在弹出的窗口单击 app，找到 Dependencies 选项卡，就可以找到 App 的依赖包，包括 Gradle 中声明的包文件，如图 1-34 所示。

图 1-34 Dependencies 包下的文件

（3）local.properties

这个文件用于指定本机中的 Android SDK 路径，通常内容都是自动生成的。

（4）gradle.properties

这个文件是全局的 Gradle 配置文件，在这里配置的属性将会影响到项目中所有的 Gradle 编译脚本。

1.4 Android Studio 基本操作介绍

本节将系统介绍 AS 的使用方法，包括 AS 的主题设置、字体设置、行号设置、行号设置等常用操作。

1.4.1 Android Studio 使用

通过快捷键〈Ctrl+Alt+S〉或者菜单 File→Settings 来打开设置窗口，这个操作在前面章节中设置 SDK 和 Gradle 时已经用到，实际上"设置"操作在 Android 开发中使用非常频繁，因为 AS 中几乎所有重要的"设置"操作都在这里，例如前面用到的 SDK 和 Gradle 设置，还有 AS 外观设置、系统设置、工具栏设置、版本控制、快捷键设置、语言框架设置等所有重要的设置都在这里面。

1. 主题设置

通过设置，在 File→Settings→Appearance & Bahavior→Apperance 下的 UI Options 选项可以设置主题。这里有三种主题：IntelliJ（白色背景）、Darcula（黑色背景）和 Windows。

2. 字体设置

在开发过程中，默认字体一般都偏小，可以根据需要配置合适自己的字体大小，通过 File→Settings→Editor→Color & Fonts→Font 设置。默认方案是只读的，在修改字体大小前，需要先选择 Save As...，将字体保存，然后才能修改字体大小和样式。

3. 行号设置

在开发中经常会通过代码行号来进行代码说明，所以行号是开发中需要显示出来的信息，但 Android Studio 默认是不显示代码行号的，这样对于 logcat 中提示某几行的错误，定位就很不方便，选择 File→Settings→Editor→General→Apperance，可以看到 Show line numbers 选项，勾选后就可以了，如图 1-35 所示，还可以直接在编辑窗口单击左侧，然后鼠标右键选择 Show Line Numbers 选项即可，如图 1-36 所示。

4. 快捷键设置

对于之前使用 Eclipse 开发的用户来说，直接从 Eclipse 转化到 AS 开发可能不适应，那么就可以在这里按照自己习惯的快捷键进行设置，选择 File→Settings→keymap 即可。

5. 删除项目

AS 对工程项目删除做了保护机制，右键单击项目发现并没有删除选项，这是为了防止用户错误操作将项目不小心删除。如果需要删除项目，可执行以下两步：第一步右键单击项目打开 open module setting（或者选中项目按〈F4〉键），在弹出窗口中左下角"Modules"下面的模块旁边有一个小手机图标，这就是保护机制，选中要删除的 Modules，单击减号，这样就取消了保护机制，然后回到项目工程，右键单击项目就可发现删除选项，如图 1-37 所示。

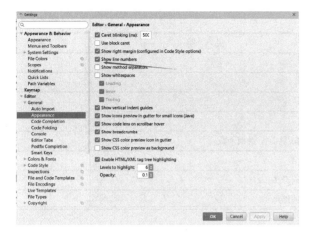

图 1-35　显示行号的设置　　　　　　图 1-36　单击编辑窗口左侧设置显示行号

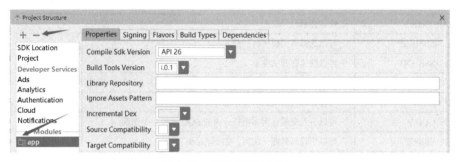

图 1-37　删除项目 Modules

📖　注意：上面操作将会删除项目源文件，因此操作一定要谨慎。

1.4.2　Android Studio 快捷键

在 Android 应用开发过程中，AS 也像别的 IDE 开发工具一样具有丰富的快捷键，方便开发者快速地开发自己的应用程序，和 Eclipse 相比，AS 的快捷键更加丰富和人性化。它继承了 IntelliJ IDEA 的优秀基因，掌握 AS 快捷键可以提高工作效率，并且能帮用户从烦琐重复的工作中解放出来，写起代码来效率更高。下面介绍 AS 常用在 Windows 上的快捷键，如表 1-2 所示。

表 1-2　Android Studio 常用快捷键

快　捷　键	说　明
〈F3〉	查找下一个
〈Ctrl+D〉	复制并粘贴到下一行
〈Ctrl+P〉	参数提示
〈Ctrl+U〉	跳到父类
〈Ctrl+H〉	查看类的层次结构
〈Shift+F6〉	批量重命名

快 捷 键	说 明
〈Ctrl+Alt+M〉	自动提取方法
〈Ctrl+Alt+P〉	自动提取参数
〈Ctrl+Alt+B〉	跳转到实现
〈Ctrl+O〉	覆盖或实现方法
〈Ctrl+W〉	可以选择单词继而语句/继而行/继而函数
〈Shift + F10〉	构建并运行
〈Ctrl+ 退格键〉	从当前位置删除到单词开头
〈Ctrl+ Delete〉	从当前位置删除到单词结尾
〈Ctrl+ Alt + S〉	打开设置对话框
〈Alt+Up 和〈Alt+Down〉	可在方法间快速移动
〈Alt+Insert〉	可以生成构造器/Getter/Setter 等
〈Alt+Enter〉	错误提示
〈Ctrl+Shift+Insert〉	可以选择剪贴板内容并插入
〈Ctrl+Shift+N〉	可以快速打开文件
〈Ctrl+F7〉	可以查询当前元素在当前文件中的引用，然后按〈F3〉键选择
〈Ctrl+F12〉	可以显示当前类的所有方法、变量等
〈Ctrl+Alt+V〉	可以引入变量。例如把括号内的 SQL 赋成一个变量
〈Ctrl+Alt+T〉	可以把代码包在一块内，如 try/catch
〈Ctrl+Alt+Shift+T〉	重构
〈Ctrl+ R〉	替换
〈Ctrl +]〉	移动到代码块结束位置
〈Ctrl + [〉	移动到代码块起始位置
〈Ctrl + /〉	通过行注释添加注释/取消注释

本章小结

本章介绍了 Android 开发的基本知识，包括 Android 的发展、Android 的四大组件、基本架构、Android Studio 的安装和配置、Gradle 的配置和 Android Studio 的快捷键等。通过本章的学习要重点掌握 Android Studio 的安装配置和开发流程，对于 AS 快捷键也需要熟练运用，本章对后面开发 Android 应用奠定了基础。

课后练习

1. 选择题

1）Android 系统中安装的应用软件是什么格式的？（　　）

    A．exe   B．java   C．apk   D．jar

2）Android 中启动模拟器的命令是（　　）。

    A．adb   B．android   C．avd   D．emulator

3）当创建一个 Android 项目时，该项目的图标是在哪个文件中设置的？（   ）

    A．AndroidManifest.xml

    B．string.xml

    C．main.xml

    D．project.properties

4）Android 中完成模拟器文件与计算机文件的互相复制以及安装应用程序的命令是
（   ）。

    A．adb   B．android   C．avd   D．emulator

5）关于 res/raw 目录中说法正确的是（   ）。

    A．该目录下的文件将原封不动地存储到设备上，不会转换为二进制的格式

    B．该目录下的文件将原封不动地存储到设备上，会转换为二进制的格式

    C．该目录下的文件最终以二进制的格式存储到指定的包中

    D．该目录下的文件最终不会以二进制的格式存储到指定的包中

2．填空题

1）Android 的四大基本组件是_____、_____、_____、_____。

2）Andriod 系统的底层建立在_____操作系统之上。

3）Android 中启动 Android SDK 和 AVD 管理器的命令是_____。

4）Android 项目工程下面的 assets 目录的作用是_____。

3．简答题

1）简述 Android 操作系统的特点。

2）描述 Android 平台体系结构的层次划分。

第 2 章 Android 开发组件

通过前一章的学习，读者已经掌握了和 Android 相关的开发概述，学会了创建 Android 项目。下面，将学习 Android 的界面开发，界面是用户对一个 Android 项目最直观的评价之一，也是最容易吸引用户的地方。

2.1 Activity

2.1.1 Activity 简介

Activity 是 Android 组件中最基本也是最为常见的四大组件之一。Android 四大组件有活动（Activity）、服务（Service）、内容提供者（Content Provider）、广播接收器（BroadcastReceiver）。

Activity 是一个应用程序组件，提供一个屏幕，用户可以用来交互，以完成某项任务。Activity 中所有操作都与用户密切相关，是一个完全与用户交互的组件，可以通过 setContentView（View）来显示指定控件。在一个 Android 应用中，一个 Activity 通常就是一个单独的屏幕，它上面可以显示一些控件，也可以监听并处理用户的事件，做出响应。Activity 之间通过 Intent 进行通信。Intent 将在 2.2 节中进行介绍。

2.1.2 活动状态与活动的生命周期

1．活动状态

活动（Activity）是由活动栈进行管理，当来到一个新的活动时，此活动将被加入到活动栈顶，之前的活动位于此活动的底部。在活动的生命周期中，有四个重要状态：运行状态、暂停状态、停止状态和销毁状态。

（1）运行状态

表示当前的活动。当一个活动位于返回栈的栈顶时，此时活动就处于运行状态。系统不会回收处于运行状态的活动。

（2）暂停状态

表示失去焦点的活动，仍然可见，但是不能被系统杀死。也就是当一个活动不再处于栈顶位置，但仍然可见时，这个活动就进入了暂停状态。因为并不是每个活动都会占满整个屏幕的，比如对话框形式的活动只会占用屏幕中间的部分区域。处于暂停状态的活动仍然是完全存活着的，系统一般不会回收这种活动，只有在内存极低的情况下，系统才会主动考虑回收这种活动。

（3）停止状态

表示该活动被其他活动所覆盖。当一个活动不再处于栈顶位置，并且完全不可见的时候，就进入了停止状态。系统仍然会为这种活动保存相应的状态和成员变量，但这并不是完全可靠的，当其他地方需要内存时，处于停止状态的活动有可能会被系统回收。

（4）销毁状态

表示该活动结束。即是当一个活动从返回栈中移除后就变成了销毁状态。系统就会回收这种状态的活动，从而保证内存充足。

2．活动的生命周期

掌握活动的生命周期对任何 Android 开发者来说都非常重要，当你深入理解活动的生命周期之后，就可以写出更加连贯流畅的程序，并在如何合理管理应用资源方面发挥得游刃有余，你的应用程序将会拥有更好的用户体验。

Activity 类中定义了七个回调方法，覆盖了活动生命周期的每一个环节，如图 2-1 所示。

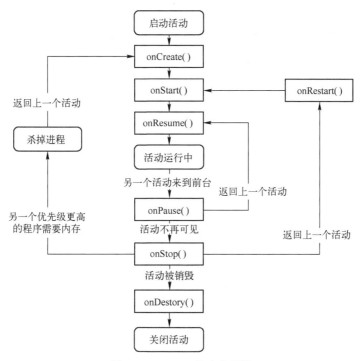

图 2-1　Activity 的生命周期

1）onCreate()：这个方法在活动第一次被创建的时候调用，在此方法中完成活动的初始化操作，比如加载布局、绑定事件等。

2）onStart()：此方法被回调时表示活动正在启动，此时活动已处于可见状态，只是还没有在前台显示，因此无法与用户进行交互。可以简单理解为活动已显示而无法看见。

3）onResume()：当此方法回调时，则说明活动已在前台可见，可与用户交互了（处于"活动运行中"状态），onResume 方法与 onStart 的相同点是两者都表示活动可见，只不过 onStart 回调时活动还是在后台，无法与用户交互，而 onResume 则已显示在前台，可与用户交互。当然从流程图也可以看出当活动停止后（onPause 方法和 onStop 方法被调用），重新回到前台时也会调用 onResume 方法，因此也可以在 onResume 方法中初始化一些资源，比如重新初始化在 onPause 或者 onStop 方法中释放的资源。

4）onPause ()：此方法被回调时则表示活动正在停止（Paused 形态），一般情况下 onStop 方法会紧接着被回调。但通过流程图还可以看到一种情况是 onPause 方法执行后直接执行了 onResume 方法，这属于比较极端的现象了，这可能是用户操作使当前活动退居后台后又迅速地回到到当前的活动，此时 onResume 方法就会被回调。当然，在 onPause 方法中可以做一些数据存储、动画停止或者资源回收的操作，但是不能太耗时，因为这可能会影响到新的活动的显示——onPause 方法执行完成后，新活动的 onResume 方法才会被执行。

5）onStop()：一般在 onPause 方法执行完成直接执行，表示活动即将停止或者完全被覆盖（Stopped 形态），此时活动不可见，仅在后台运行。同样地，在 onStop 方法可以做一些资源释放的操作（不能太耗时）。

6）onRestart()：这个方法表示活动正在重新启动，当活动由不可见变为可见状态时，该方法被回调。这种情况一般是用户打开了一个新的活动时，当前的活动就会被暂停（onPause 和 onStop 被执行了），接着又回到当前活动页面时，onRestart 方法就会被回调。

7）onDestroy()：这个方法回调后，活动正在被销毁，也是生命周期最后一个执行的方法，一般可以在此方法中做一些回收工作和最终的资源释放。

以上七个方法中除了 onRestart()方法，其他都是两两相对的，因此又可以将活动分为三种生命周期。

1）完整生命周期：活动在 onCreate()方法和 onDestroy()方法之间所经历的，就是完整生命周期。一般情况下，一个活动会在 onCreate()方法中完成各种初始化操作，而在 onDestroy()方法中完成释放内存的操作。

2）可见生命周期：活动在 onStart()方法和 onStop()方法之间所经历的，就是可见生命周期。在可见生命周期内，活动对于用户总是可见的，即便有可能无法和用户进行交互。我们可以通过这两个方法，合理地管理那些对用户可见的资源。比如在 onStart()方法中对资源进行加载，在 onStop()方法中对资源进行释放，从而保证处于停止状态的活动不会占用过多内存。

3）前台生命周期：活动在 onResume()方法和 onPause()方法之间所经历的就是前台生命周期。在前台生命周期内，活动总是处于运行状态，此时的活动是可以和用户进行交互的，平时看到和接触最多的就是前台生命周期下的活动。

2.1.3 Activity 界面表现

程序中 Activity 通常的表现形式是一个单独的界面（Screen）。每个 Activity 都是一个单独的类，它扩展实现了 Activity 基础类。这个类显示为一个由 Views 组成的用户界面，并响应事件。

大多数程序有多个 Activity。例如，一个文本信息程序有这么几个界面：显示联系人列表界面、写信息界面、查看信息界面和设置界面等。每个界面都是一个 Activity。一个界面切换到另一个界面就是载入一个新的 Activity。某些情况下，一个 Activity 可能会给前一个 Activity 返回值。例如，一个让用户选择相片的 Activity 会把选择到的相片返回给其调用者。

Android 程序员可以决定一个活动的“生”，但不能决定它的“死”，也就是说程序员可以启动一个活动，但是却不能手动地“结束”一个活动。当你调用 Activity.finish()方法时，结果和用户按下返回键一样：告诉 Activity Manager 该活动实例完成了相应的工作，可以被

"回收"。随后 Activity Manager 激活处于栈第二层的活动并重新入栈，同时原活动被压入到栈的第二层，从 Active 状态转到 Paused 状态。例如，从 Activity1 中启动了 Activity2，则当前处于栈顶端的是 Activity2，第二层是 Activity1，当调用 Activity2.finish()方法时，Activity Manager 重新激活 Activity1 并入栈，Activity2 从 Active 状态转到 Stoped 状态，Activity1. onActivityResult(int requestCode, int resultCode, Intent data)方法被执行，Activity2 返回的数据通过 data 参数返回给 Activity1。

2.1.4　Activity 示例

1．建立 Activity

与开发 Web 应用时建立 Servlet 类相似，建立自己的 Activity 也需要继承 Activity 基类。

当一个 Activity 类定义出来之后，这个 Activity 类何时被实例化、它所包含的方法何时被调用，这些都不是由开发者决定的，都应该由 Android 系统来决定。

为了让 Servlet 能响应用户请求，开发者需要重写 Httpservlet 的 doRequest() 和 doResponse()方法。Activity 与此类似，创建一个 Activity 也需要实现一个或多个方法，其中最常见的就是实现 onCreate()方法，该方法将会在 Activity 启动时被回调。

在 Android 中创建一个 Activity 是很简单的事情，编写一个继承自 android.app.Activity 的 Java 类即可。

【例 2-1】　建立 Activity

```
public class DemoActivity extends Activity{          // 继承自 Activity 基类
    @Override
    public void on Create(Bundle savedInstance State){
        super on Create(savedInstance State);
    setContentView(R. layout. Main);
    }
}
```

运行结果如图 2-2 所示。

2．配置 Activity

创建完 Activity 子类之后，此时 Activity 还不能使用，必须在 AndroidManifest.xml 文件中配置 Activity 才行。

Android 应用要求所有应用程序组件（Activity）都必须显式进行配置。

只要在\<application . . /\>元素中添加\<activity . .\>子元素即可配置 Activity。

1）name：指定该 Activity 的实现类。

2）icon：指定该 Activity 对应的图标。

3）1abel：指定该 Activity 的标签。

【例 2-2】　配置 Activity

```
    <activity android:name=".MainActivity"    // " . "指定为 package
属性所指定的包
        android:label="@string/app name">
        <intent-filter>          //指定该 Activity 是程序的入口
```

图 2-2　项目页面

27

```
<action android: name="android. intent. action. MAIN"/
<category android: name="android.intent.category. LAUNCHER"/>
</intent-filter>
</activity>
```

上面活动的配置文件的节点含义说明如下。

- intent-filter 属性: android:priority（例如：有序广播主要是按照声明的优先级别，如 A 的级别高于 B，那么广播先传给 A，再传给 B。优先级别是用设置 priority 属性来确定，范围是-1000～1000，数越大优先级别越高）。Intent filter 内会设定的资料包括 action、data 与 category 三种。也就是说 filtcr 只会与 intent 里的这三种资料作对比动作。
- action 属性: action 很简单，只有 android:name 这个属性。常见的 android:name 值为 android.intent.action.MAIN，表明此活动是作为应用程序的入口。
- category 属性: category 也只有 android:name 属性。常见的 android:name 值为 android.intent.category.LAUNCHER（决定应用程序是否显示在程序列表里）。

3．启动、关闭 Activity

Android 应用通常都会包含多个 Activity，但只有一个 Activity 会作为程序的入口，该 Android 应用运行时将会自动启动并执行该 Activity。至于应用中的其他 Activity，通常都由入口 Activity 启动，或由入口 Activity 启动的 Activity 启动。

活动（Activity）启动其他 Activity 有如下两个方法：

startActivity(Intent intent)：启动一个活动页面。

startActivityForResult(Intent intent,int requestCode)：以指定请求码（requestCode）启动活动，而且程序将会等到新启动活动的结果。

结束活动有下面 4 种方法，如下所示：

```
//关闭当前活动方法一
    finish();
//关闭当前界面方法二
    android.os.Process.killProcess(android.os.Process.myPid());
//关闭当前界面方法三
    System.exit(0);
//关闭当前界面方法四
    this.onDestroy();
```

【例 2-3】 启动 Activity

```
public class DemoActivity extends Activity{
public void on Create(Bundle savedInstance State){
super.on. Create(savedInstance State);
setContentView(R layout. main);
Button btn =(Button)find View Byld(R id bn);
btn..setOnClickListener(new OnClickListener(){
public void onClick(View v){
Intent intent= new Intent( MainActivity . this , SecondActivity . class);
startActivity(intent) ;    // 启动其他 Activity
        }
    });
  }
}
```

运行结果如图 2-3 所示。

图 2-3　活动跳转页面

【例 2-4】 关闭 Activity

```
public class DemoActivity extends Activity{
    public void on Create(Bundle savedInstance State){
        superon Create( savedInstance State);
        setcontentView(R layout. main);
        Button btn=( Button)findView Byld(R id bn);
        btn. setonClickListener(new OnClickListener( ){
            public void on Click(View v){
                Intent intent= new Intent( SecondActivity this,
DemoActivity. class);
                startActivity(intent);
                finish( );              // 结束当前 Activity
            }
        });
    }
}
```

2.2　Intent

Intent 在 Android 程序开发中的作用很大，可以使用 Intent 来启动一个 Activity，可以发起一个广播（Broadcast），也可以启动或绑定一个服务（Service）。Intent 最常用的方法是用来启动一个 Activity，同时也可以携带数据，它还有两个重要的属性：action 和 data。下面我们将揭开 Intent 的神秘面纱。

2.2.1　Intent 组件的概念

Intent 在英语中的本意是"意图"。在 Android 中，Intent 是一类特殊的组件，它负责对应用中一次操作的动作及动作相关的数据进行描述，Android 则根据此描述，负责找到对应的组件,将 Intent 传递给调用的组件,并完成组件的调用。因此,Intent 在 Android 中承担着一种指令传输的作用,就好比人身体中的神经系统。

Android 中提供了 Intent 组件来实现 Activity 组件间的交互与通信。不仅是 Activity,在后面学到的 Service 和 BroadcastReceiver 等都是通过 Intent 组件关联起来的。Intent 不仅可用于应用程序内部,也可用于程序之间的交互。由于 Intent 的出现,组件仅需将自己需要的功能通过 Intent 进行描述,而不必具体实现对组件的引用,这些工作全部由底层的 Android Runtime 来实现,因此 Intent 最大的优点就是完美地实现了调用者与被调用者之间的解耦。

> 注:解耦是软件构架中的一个术语。所谓解耦就是降低组件之间的耦合性。耦合指的是组件之间的依赖性,如果一个组件发生变化,与之相关的组件也必须要随之更新以保持它们之间的依赖关系,则称二者是耦合的。在一个系统中,如果组件之间的关系都是耦合的,那么当系统维护时,其中一个组件更新,系统中的其他组件都要随之改变,这显然是一种很糟糕的设计。因此,系统构架师追求的终极目标就是其他组件间的松散耦合。Android 在设计之初,吸取了现有系统的优秀设计理念,提出了 Intent 组件来关联整个 Android 应用中的组件,这是 Android 应用的最大特色之一。

既然 Intent 的地位那么重要,前面说了 Intent 是描述 Android 中一次操作的对象,那么 Intent 中都包含哪些属性信息?

Intent 组件包含以下属性。

1. action 要执行的动作

SDK 中定义了以下一些标准的动作。

ACTION_CALL:入口 Activity 拨打电话。

ACTION_EDIT:入口 Activity 供用户编辑信息。

ACTION_MAIN:作为初始 Activity 启动任务,没有数据输入和输出。

ACTION_SYNC:入口 Activity 在服务器和移动设备间同步数据。

ACTION_BATTERY_LOW:通知 BroadCast Receiver 电池电量低。

ACTION_HEADSET_PLUG:通知 BroadCast Receiver 设备附近被插入或拔下。

ACTION_SCREEN_ON:通知 BroadCast Receiver 屏幕已打开。

ACTION_TIMEZONE_CHANGED:通知 BroadCast Receiver 时区设置已经改变。

当然,开发人员也可以自定义动作(自定义动作在使用时,需要加上包名作为前缀,如"com.example.project.SHOW_COLOR"),并可定义相应的组件如 Activity 来处理自定义动作。

2. data

Android 中采用指向数据的一个 URI 来表示数据,如在联系人应用中,一个指向某联系人的 URI 可能为:content://contacts /1。对于不同的动作:其 URI 数据类型是不同的(可以设置 type 属性指定特定类型数据),如 ACTION_EDIT 指定 Data 文件 URI,打电话为 tel:URI,访问网络为 http:URI,而由 Content Provider 提供的数据则为 content:URI。

3. type(数据类型),显式指定 Intent 的数据类型

一般 Intent 的数据类型能够根据数据本身进行判定,但是通过设置这个属性,可以强制采用显式指定的类型而不再进行推导。

4. category（类别），被执行动作的附加信息

例如，ALTERNATIVE_CATEGORY 表示当前的 Intent 是一系列可选动作中的一个，这些动作可以在同一块数据上执行。其他常用的 category 还有以下几种。

CATEGORY_BROWSABLE：目标组件可以被浏览器安全调用，用来显示页面中的链接的内容，如图像或电子邮件信息等。

CATEGORY_HOME：目标 Activity 是设备启动时第一个启动的 Activity。

CATEGORY_LAUNCHER：目标 Activity 应该显示在桌面中。

CATEGORY_PREFERENCE：目标 Activity 是一个选项模板。

注意：每一个通过 startActivity 方法发出的隐式 Intent 都至少有一个 category，即 "android.intent.category. DEFAULT"，所以，所有希望接收隐式 Intent 的 Activity 都应该包括："android.intent.category.DEFAULT" 这一 category 属性，不然将导致 Intent 匹配失败。

---

5. component（组件），指定 Intent 的目标组件的类名称

通常 Android 会根据 Intent 中包含的其他属性的信息，如 action、data/type、category 进行查找，最终找到一个与之匹配的目标组件。但是，如果直接指定 component 属性，将直接使用它指定的组件，而不再执行上述查找过程。指定了这个属性以后，Intent 的其他所有属性都是可选的。

说明：对于指定了 component 属性的 Intent，因为它明确指定了目标组件的类名称，称为显式 Intent；反之，称为隐式 Intent。

---

6. extras（附加信息），包含所有附加信息的集合

使用 extras 可以为组件提供扩展信息，比如，如果要执行 "发送电子邮件" 这个动作，可以将电子邮件的标题、正文等保存在 extras 里，传给电子邮件发送组件。

2.2.2 实现 Activity 页面跳转

在 Android 当中，Activity 的跳转有两种方法，第一个是利用 startActivity(Intent intent); 的方法，第二个则是利用 startActivityForResult(Intent intent, int requestCode); 的方法。从字面上来看，这两者之间的差别只在于是否有返回值的区别，实际上也确实只有这两种区别。

1）首先在 Java 文件下默认的 MainActivity 添加了监听器 setOnClickListener()，实现监听的方法是实现 OnClickListener 接口，在此方法中建立 intent 对象。在 src 中分别创建两个 Activity：MainActivity.java 和 secondActivity.java。

2）编写两个 Activity 类文件，详细内容请参考项目源码。

【例 2-5】

MainActivity.java 的主要代码如下。

```
package com.example.whk.myapplication;
import android.content.Intent;
import android.support.v7.app.AppCompatActivity;
import android.os.Bundle;
import android.view.View;
```

```
import android.widget.Button;
public class MainActivity extends AppCompatActivity {
    private Button button;
    @Override
    protected void onCreate(Bundle savedInstanceState) {
        super.onCreate(savedInstanceState);
        setContentView(R.layout.activity_main);
        button=(Button)findViewById(R.id.jump);
        button.setOnClickListener(new View.OnClickListener() {
            @Override
            public void onClick(View view) {
                Intent intent=new Intent(MainActivity.this,secondActivity.class);
                startActivity(intent);
            }
        });
    }
}
```

secondActivity.java 的主要代码如下。

```
package com.example.whk.myapplication;
import android.app.Activity;
import android.os.Bundle;
public class secondActivity extends Activity {
    @Override
    protected void onCreate(Bundle savedInstanceState){
        super.onCreate(savedInstanceState);
        setContentView(R.layout.second_activity);
    }
}
```

3）在 resource→layout 中分别创建两个 Activity 对应的布局文件，分别为 activity_main.xml
和 second_activity.xml。

编写两个 XML 文件，详细内容请参考项目源码。

activity_main.xml 的主要代码如下。

```
<?xml version="1.0" encoding="utf-8"?>
<LinearLayout xmlns:android="http://schemas.android.com/apk/res/android"
    android:layout_width="match_parent"
    android:layout_height="match_parent">
    <TextView
        android:layout_width="wrap_content"
        android:layout_height="wrap_content"
        android:text="@string/welcome"
        android:textSize="20sp"/>
</LinearLayout>
```

second_activity.xml 的主要代码如下。

```
<?xml version="1.0" encoding="utf-8"?>
<LinearLayout xmlns:android="http://schemas.android.com/apk/res/android"
```

```
    android:layout_width="match_parent"
    android:layout_height="match_parent">
</LinearLayout>
```

4）最后是<string>文件更改你想要的标题属性。

```
<resources>
    <string name="app_name">My Application</string>
    <string name="jump">跳转</string>
    <string name="welcome">welcome</string>
</resources>
```

5）程序运行结果如图 2-4 和图 2-5 所示。

图 2-4　登录界面

图 2-5　登录成功

2.2.3　Intent 实现不同页面的传参

一个 Android 应用程序很少会只有一个 Activity 对象，如何在多个 Activity 之间进行跳转？以下是 Android 中页面跳转以及传值的几种方式。Activity 跳转与传参，主要是通过 Intent 类来连接多个 Activity，通过 Bundle 类来传递数据。Bundle 类是一个用于将字符串与某组件对象建立映射关系的组件。Bundle 组件与 Intent 配合使用，可在不同的 Activity 之间传递数据。Bundle 类的常用方法如下。

putString(String key, String value)："键—值对"以字符串的形式存放到 Bundle 对象中。

remove(String key)：移除指定 key 的值。

getString(String key)：获取指定键为 key 的值。下面是应用 Intent 在不同的 Activity 之间传递数据的案例。

【例 2-6】

1）该例子在【例 2-5】的基础上，实现了传参跳转。在 src 中分别创建两个 Activity：MainActivity.java 和 secondActivity.java。

2）编写两个 Activity 类文件，详细内容请参考项目源码。

MainActivity.java 和 secondActivity.java 的主要代码如下。

```
public class MainActivity extends AppCompatActivity {
private Button button;
@Override
protected void onCreate(Bundle savedInstanceState) {
super.onCreate(savedInstanceState);
setContentView(R.layout.activity_main);
button=(Button)findViewById(R.id.jump);
button.setOnClickListener(new View.OnClickListener() {
@Override
public void onClick(View view) {
Intent intent=new Intent();
intent.putExtra("Stringname","这是第一个页面的消息");
intent.setClass(MainActivity.this,secondActivity.class);
startActivity(intent);
        }
    });
  }
}
public class secondActivity extends Activity {
private TextView textView;
@Override
protected void onCreate(Bundle savedInstanceState){
super.onCreate(savedInstanceState);
setContentView(R.layout.second_activity);
textView=(TextView) findViewById(R.id.second);
Intent intent=getIntent();
String value=intent.getStringExtra("Stringname");
textView.setText(value);
        }
}
```

3）在 resource→layout 中分别创建两个 Activity 对应的布局文件，分别为 activity_main.xml 和 second_activity.xml。

```
<?xml version="1.0" encoding="utf-8"?>
<android.support.constraint.ConstraintLayout
xmlns:android="http://schemas.android.com/apk/res/android"
xmlns:app="http://schemas.android.com/apk/res-auto"
xmlns:tools="http://schemas.android.com/tools"
android:layout_width="match_parent"
android:layout_height="match_parent"
tools:context=".MainActivity">
<Button
android:id="@+id/jump"
android:layout_width="wrap_content"
android:layout_height="wrap_content"
android:text="@string/jump"/>
</android.support.constraint.ConstraintLayout>
```

跳转到的第二个页面布局文件：second_activity.xml，代码如下。

```
<?xml version="1.0" encoding="utf-8"?>
<LinearLayout xmlns:android="http://schemas.android.com/apk/res/android"
android:layout_width="match_parent"
android:layout_height="match_parent">

<TextView
android:layout_width="wrap_content"
android:layout_height="wrap_content"
android:text="@string/welcome"
android:textSize="20sp"/>
</LinearLayout>
```

4）最后更改<string>中的窗口属性。

```
<string>文件
<resources>
<string name="app_name">My Application</string>
<string name="jump">跳转</string>
<string name="welcome">welcome</string>
</resources>
```

5）程序运行结果如图 2-6 和图 2-7 所示。

图 2-6　信息发送页面　　　　　　　图 2-7　跳转页面

当然，Intent 还可以实现其他组件之间的信息传递，这些内容将在后面的章节中进行介绍。

2.3　Service

Service 是 Android 四大组件之一，是一个可以在后台执行长时间运行操作而不使用用户界面的应用组件。除非系统必须回收内存资源，否则系统不会停止或销毁服务。服务可由其他应用组件启动，而且即使用户切换到其他应用，服务仍将在后台继续运行。此外，组件可以绑定到服务，以与之进行交互，甚至是执行进程间通信（IPC）。服务能够被其他组件启动、绑定、交互、通信。

2.3.1　Service 的创建和生命周期

普通的 Service 的生命周期很简单，分别是 onCreate、onStartCommand、onDestroy 这三个。当我们 startService() 的时候，首次创建 Service 会回调 onCreate() 方法，然后回调 onStartCommand() 方法，再次 startService() 的时候，就只会执行 onStartCommand()。服务一旦开启后，我们就需要通过 stopService() 方法或者 stopSelf() 方法关闭服务，这时就会回调 onDestroy()。

1．生命周期状态

Service 的生命周期如图 2-8 所示。

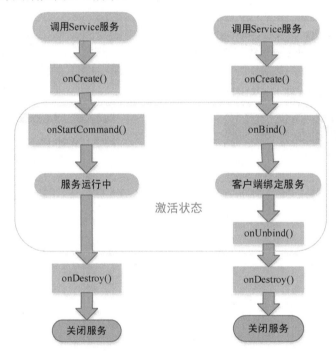

图 2-8　Service 的生命周期

2．生命周期方法

Service 的生命周期方法如表 2-1 所示。

表 2-1　生命周期方法

生 命 周 期	作　　用
onCreate()	首次创建服务时，系统将调用此方法。如果服务已在运行，则不会调用此方法，该方法只调用一次
onStartCommand()	当另一个组件通过调用 startService() 请求启动服务时，系统将调用此方法
onDestroy()	当服务不再使用且将被销毁时，系统将调用此方法

生命周期	作　　用
onBind()	当另一个组件通过调用 bindService()与服务绑定时，系统将调用此方法
onUnbind()	当另一个组件通过调用 unbindService()与服务解绑时，系统将调用此方法
onRebind()	当旧的组件与服务解绑后，另一个新的组件与服务绑定，onUnbind()返回 true 时，系统将调用此方法

手动调用的方法如表 2-2 所示。

表 2-2　手动调用的方法

手动调用方法	作　　用
startService()	启动服务
stopService()	停止服务
onCreat()	创建服务
onStartCommand()	开始服务
onDestroy()	销毁服务
onBind()	绑定服务
onUnbind()	解绑服务
bindService()	绑定任务
unbindService()	解绑绑定任务

3．生命周期调用

1）启动 Service 服务。

单次：startService()→onCreate()→onStartCommand()

多次：startService()→onCreate()→onStartCommand()→onStartCommand()。

2）停止 Service 服务：stopService()→onDestroy()。

3）绑定 Service 服务：bindService()→onCreate()→ onBind()。

4）解绑 Service 服务：unbindService()→onUnbind()→onDestroy()。

5）启动绑定 Service 服务：startService()→onCreate()→onStartCommand()→bindService()→onBind()。

6）解绑停止 Service 服务：unbindService()→onUnbind()→stopService()→onDestroy()。

7）解绑绑定 Service 服务：unbindService()→ onUnbind(ture)→bindService()→onRebind()。

【例 2-7】　创建 Service 和生命周期的使用

```
E:\AndroidStudioProjects\myservice\app\src\main\java\com\example\myservice\BackGroupService.java
public class BackGroupService extends Service {
    @Override
    public IBinder onBind(Intent intent) {
        Log.e("Service","onBind 被执行");
        return null;
    }
    @Override
    public void onCreate() {
        Log.e("Service","onCreate 被执行");
        super.onCreate();
```

```java
        }
        @Override
        public int onStartCommand(Intent intent, int flags, int startId) {
            Log.e("Service","onStartCommand 被执行");
            return super.onStartCommand(intent, flags, startId);
    }
        @Override
        public void onDestroy() {
            Log.e("Service","onDestroy 被执行");
            super.onDestroy();
        }
    }
```
E:\AndroidStudioProjects\myservice\app\src\main\java\com\example\myservice\MainActivity.java
```java
public class MainActivity extends AppCompatActivity implements View.OnClickListener {
    private Button startService;
    private Button stopService;
    @Override
    protected void onCreate(Bundle savedInstanceState) {
        super.onCreate(savedInstanceState);
        setContentView(R.layout.activity_main);
        startService = (Button) findViewById(R.id.start_service);
        stopService = (Button) findViewById(R.id.stop_service);
        startService.setOnClickListener((View.OnClickListener) this);
        stopService.setOnClickListener((View.OnClickListener) this);
    }

    @Override
    public void onClick(View v) {
        switch (v.getId()) {
            case R.id.start_service:
                Intent startIntent = new Intent(this, BackGroupService.class);
                startService(startIntent);
                break;
            case R.id.stop_service:
                Intent stopIntent = new Intent(this, BackGroupService.class);
                stopService(stopIntent);
                break;
            default:
                break;
        }
    }
}
```
E:\AndroidStudioProjects\myservice\app\src\main\res\layout\activity_main.xml
```xml
<LinearLayout xmlns:android="http://schemas.android.com/apk/res/android"
android:layout_width="match_parent"
android:layout_height="match_parent"
android:orientation="vertical" >
    <Button
        android:id="@+id/start_service"
        android:layout_width="match_parent"
```

```
                android:layout_height="wrap_content"
                android:text="Start Service" />
            <Button
                android:id="@+id/stop_service"
                android:layout_width="match_parent"
                android:layout_height="wrap_content"
                android:text="Stop Service" />
        </LinearLayout>
```

用 Android Studio 创建项目，执行结果如图 2-9 和图 2-10 所示。

图 2-9　执行结果　　　　　　　　　　图 2-10　模拟器效果

📖　说明：

1）建立项目 myservice，并在 com.example.myservice 中创建 BackGroupService.java。
BackGroupService 继承 Service 类重写了 onBind()、onCreate()、onStartCommand()和 onDestroy()四个方法。

2）MainActivity.java 定义两个 button 变量，将 button 变量设置监听事件，通过判断按钮 id 来控制操作。
通过两个按钮分别演示启动服务和停止服务，通过 startService()开启服务，通过 stopService()停止服务。

3）创建一个服务非常简单，只要继承 Service，并实现 onBind()方法。

4）Service 也是四大组件之一，所以必须在 AndroidManifest 中配置。

```
<service android:name=".BackGroupService" />
```

2.3.2　本地 Service

Local Service 用于应用程序内部，服务和启动服务的 Activity 在同一个进程中。它可以启动
并运行，直至有人停止了它或它自己停止。在这种方式下，它以调用 Context.startService()启
动，以调用 Context.stopService()结束。它可以调用 Service.stopSelf() 或 Service.stopSelfResult()来
自动停止。不论调用了多少次 startService()方法，用户只需要调用一次 stopService()来停止
服务。

用于实现应用程序自己的一些耗时任务，比如查询升级信息，并不占用应用程序（比如 Activity 所属线程），而是单开线程在后台执行，这样用户体验比较好。

实现步骤如下：

1）在 Service 中实现抽象方法 onBind()，并返回一个实现 IBinder 接口的对象。

2）在 Activity 中通过 ServiceConnection 接口来获取连接建立与连接断开的回调。

3）bindService(Intent intent,new myConn(),BIND_AUTO_CREATE)方法绑定服务，接收三个参数。第一个参数是 intent 对象，指定当前活动要连接的 Service，与 startService 中的 Intent 一致；第二个参数是实现了 ServiceConnection 接口的对象，实现其中的两个方法，分别在服务绑定后和解绑后且 onBind()方法返回方法不为 null 时调用；第三个是 flag 标志位。有两个 flag，Context.BIND_DEBUG_UNBIND 与 Context.BIND_AUTO_CREATE，前者用于调试，后者默认使用。

4）unbindService(connection)方法解除绑定，参数则为之前创建的 ServiceConnection 接口对象。另外，多次调用 unbindService()来释放相同的连接会抛出异常，需要添加判断是否 unbindService 已经被调用过。

📖 注意：

- startService()方法开启的服务开启后一直在后台运行，除非用户手动停止，且可以通过设置页面看到。
- bindService()方法开启的服务如不解绑则会和活动一同销毁，且无法在设置页面看到。

2.3.3 远程 Service

远程服务（Remote Service）也被称之为独立进程，它不受其他进程影响，可以为其他应用程序提供调用的接口——实际上就是进程间通信 IPC（Inter-Process Communication），Android 提供了 AIDL（Android Interface Definition Language，接口描述语言）工具来帮助进程间接口的建立。

在远程服务中，通过 Service 的 onBind()，在客户端与服务器端建立连接，通过调用 Context.unbindService()关闭服务连接。多个客户端可以绑定至同一个服务，比如天气预报服务，其他应用程序不需要再写这样的服务，调用已有的即可。

远程服务开启实现步骤如下：

1）定义 AIDL 接口，如 IServiceInterface.aidl。

2）Client 连接 Service，连接到 IServiceInterface 暴露给 Client 的 Stub，获得 Stub 对象；即 Service 通过接口中的 Stub 向 Client 提供服务，在 IServiceInterface 中对抽象 IServiceInterface.Stub 具体实现。

3）Client 和 Service 连接后，Client 可像使用本地方法那样直接调用 IServiceInterface.Stub 里面的方法。Service 调用时需要注意下面几点。

- 同一应用的 Activity 与 Service 也可以在不同进程间，可以在 Service 配置中设置 android:process=":remote"。
- 在不同的进程之间传递数据，Android 对这类数据的格式支持非常有限，基本上只能传递 Java 的基本数据类型、字符串、List 或 Map 等。如果想传递一个自定义的类必须要让这个类去实现 Parcelable 接口，并且给这个类也定义一个同名的 AIDL 文件。

● SDK5.0 后调用远程服务需要指定包名：intent.setPackage("PackageName");

📖 注意：Service.onBind()如果返回 null，则调用 bindService 会启动 Service，但不会连接上 Service，因此 ServiceConnection.onServiceConnected 不会被调用，但仍然需要使用 unbindService 函数断开它，这样 Service 才会停止。

【例 2-8】 远程 Service 和 Client 端调用

1）新建 Remote Service。

在远程服务中，通过 Service 的 onBind()，在客户端与服务器端建立连接时，用来传递 Stub（存根）对象。

```java
public class RemoteService extends Service {
    @Override
    public IBinder onBind(Intent intent) {
        System.out.println("调用了 bind 方法");
        return new XiaoMi();
    }
    @Override
    public boolean onUnbind(Intent intent) {
        System.out.println("调用了 onUnbind()方法");
        return super.onUnbind(intent);
    }
    @Override
    public void onCreate() {
        super.onCreate();
        System.out.println("调用了 onCreate()方法");
    }
    @Override
    public void onDestroy() {
        super.onDestroy();
        System.out.println("调用了 onDestroy()方法");
    }
    @Override
    public int onStartCommand(Intent intent, int flags, int startId) {
        System.out.println("调用了 onStartCommand()方法");
        return super.onStartCommand(intent, flags, startId);
    }
    class XiaoMi extends PublicBusiness.Stub{
        @Override
        public void qianXian() throws RemoteException {
            RemoteService.this.banzheng();
        }
    }
    public void banzheng(){
        System.out.println("aaaaaaaaa");
    }
}
```

2）在 AndroidManifest.xml 中对 Remote Service 进行如下配置。

```xml
<service
        android:name=".RemoteService"
        android:enabled="true"
        android:exported="true" >
        <intent-filter>
            <action android:name="com.example.RemoteService"/>
        </intent-filter>
</service>
```

3）在客户端中建立与 Remote Service 的连接，获取 Stub，然后调用 Remote Service 提供的方法来获取对应数据。

```java
public class MainActivity extends AppCompatActivity {
    private MyserviceConn conn;
    PublicBusiness pb;
    @Override
    protected void onCreate(Bundle savedInstanceState) {
        super.onCreate(savedInstanceState);
        setContentView(R.layout.activity_main);
        conn = new MyserviceConn();
    }
    public void click3(View view){
        Intent intent = new Intent();
        intent.setAction("com.example.RemoteService");
        bindService(intent, conn, BIND_AUTO_CREATE);
    }
    public void click4(View view){
        Intent intent = new Intent();
        intent.setAction("com.example.RemoteService");
        unbindService(conn);
    }
    public class MyserviceConn implements ServiceConnection {
        @Override
        public void onServiceConnected(ComponentName name, IBinder service) {
            pb = PublicBusiness.Stub.asInterface(service);
        }
        @Override
        public void onServiceDisconnected(ComponentName name) {
        }
    }
    public void click1(View view){
        Intent intent = new Intent();
        intent.setAction("com.example.RemoteService");
        startService(intent);
    }
    public void click2(View view){
        Intent intent = new Intent();
        intent.setAction("com.example.RemoteService");
        stopService(intent);
```

```
        }
    public void click5(View view){
        try {
            pb.qianXian();
        } catch (RemoteException e) {
            e.printStackTrace();
        }
    }
}
```

4）创建下面的布局文件。

```xml
<?xml version="1.0" encoding="utf-8"?>
<LinearLayout xmlns:android="http://schemas.android.com/apk/res/android"
    xmlns:app="http://schemas.android.com/apk/res-auto"
    xmlns:tools="http://schemas.android.com/tools"
    android:layout_width="match_parent"
    android:layout_height="match_parent"
    android:gravity="center"
    android:orientation="vertical"
    tools:context=".MainActivity">
    <Button
        android:layout_width="wrap_content"
        android:layout_height="wrap_content"
        android:onClick="click1"
        android:text="启动远程服务"
        tools:ignore="OnClick" />
    <Button
        android:layout_width="wrap_content"
        android:layout_height="wrap_content"
        android:onClick="click2"
        android:text="停止远程服务"
        tools:ignore="OnClick"/>
    <Button
        android:layout_width="wrap_content"
        android:layout_height="wrap_content"
        android:onClick="click3"
        android:text="绑定远程服务"
        tools:ignore="OnClick" />
    <Button
        android:layout_width="wrap_content"
        android:layout_height="wrap_content"
        android:onClick="click4"
        android:text="解绑远程服务"
        tools:ignore="OnClick" />
    <Button
        android:layout_width="wrap_content"
        android:layout_height="wrap_content"
        android:onClick="click5"
        android:text="远程办证"
        tools:ignore="OnClick" />
```

运行结果如图 2-11 和图 2-12 所示。

图 2-11　模拟器结果

图 2-12　执行结果

2.4　BroadCastReceiver

Android 系统的四大组件还包括 BroadCastReceiver，这种组件就是一种全局的监听器，用于监听系统全局的广播消息。由于 BroadCastReceiver 是一种全局的监听器，因此它可以非常方便地实现系统中不同组件之间的通信。例如，我们希望客户端程序与 startService()方法启动的 Service 之间通信，就可以借助于 BroadCastReceiver 来实现。

2.4.1　BroadCastReceiver 简介

BroadCastReceiver 用于接收程序（包括用户开发的程序和系统内建的程序）所发出的 BroadCast Intent，与应用程序启动 Activity、Service 相同的是，程序启动 BroadCastReceiver 也只需要两步。

1）创建需要启动的 BroadCastReceiver 的 Intent。

2）调用 Context 的 sentBroadCast()或 sendOrderedBroadCast()方法开启动指定的 BroadCastReceiver。

使用 BroadCastReceiver 时需要注意以下几点：

● 当应用程序发出一个 BroadCast Intent 之后，所有匹配该 Intent 的 BroadCastReceiver 都有可能被启动。

● 与 Activity、Service 具有完整的生命周期不同，BroadCastReceiver 本质上只是一个系统级的监听器——专门负责监听各程序所发出的 BroadCast。实现 BroadCastReceiver 的方法十分简单，只要重写 BroadCastReceiver 的 onReceive(Contextcontext, Intentintent)

方法即可。

● 一旦实现了 BroadCastReceiver，接下来就应该指定该 BroadCastReceiver 能匹配的 Intent。

2.4.2 BroadCastReceiver 生命周期

BroadcastReceiver 的生命周期从对象调用它开始，到 onReceiver 方法执行完成后结束。每次广播被接收后会重新创建 BroadcastReceiver 对象，并在 onReceiver 方法中执行完就销毁，如果 BroadcastReceiver 的 onReceiver 方法中不能在 10 秒内执行完成，Android 会出现 ANR 异常。所以不要在 BroadcastReceiver 的 onReceiver 方法中执行耗时的操作。

1）BroadcastReceiver 的生命周期很短暂，当接收到广播的时候创建，当 onReceive()方法结束后销毁。

2）正因为 BroadcastReceiver 的声明周期很短暂，所以不要在广播接收器中去创建子线程做耗时的操作，因为广播接收者被销毁后，这个子进程就会成为空进程，很容易被杀死。

3）因为 BroadcastReceiver 是运行在主线程的，所以不能直接在 BroadcastReceiver 中去做耗时的操作，否则就会出现 ANR 异常。

建议：耗时较长的工作最好放到 Service 中去完成。

2.4.3 BroadCastReceiver 的类型

1．普通广播（Normal Broadcast）

普通广播对于多个接收者来说是完全异步的，通常每个接收者都无须等待即可以接收到广播，接收者相互之间不会有影响。对于这种广播，接收者无法终止广播，即无法阻止其他接收者的接收动作。

发送广播通过 context.sendBroadcast()方法，消息发送效率较高，但无法保证接收消息的先后顺序。

2．有序广播（Ordered Broadcast）

有序广播比较特殊，它每次只发送到优先级较高的接收者那里，然后由优先级高的接收者再传播到优先级低的接收者那里，优先级高的接收者有能力终止这个广播。

发送广播通过 context.sendOrderedBroadcast()方法，可以保证接收消息的先后顺序按照消息优先级高低来进行发送。

3．本地广播（Local Broadcast）

前两种广播都是全局广播，所有应用都可以接收到广播消息，这样存在一定的安全隐患，而本地广播只在进程内传播，可以有效地保证数据的安全。

发送广播可以通过 LocalBroadcastManager 来对广播进行管理，并提供了发送广播和注册广播的接收器的方法，主要代码如下：

```
//实例化本地广播
LocalBroadcastManager localBroadcastManager = LocalBroadcastManager.getInstance(this);
//注册本地接收器
localBroadcastManager.registerReceiver(localReceiver,intentFilter);
//注销本地广播
localBroadcastManager.unregisterReceiver(localReceiver);
//发送本地广播
```

```
localBroadcastManager.sendBroadcast(intent);
```

4．系统广播（Local Broadcast）

Android 内置了很多系统广播，当使用广播时，只需要在注册广播接收者时定义相关的 Action 即可，并不需要收到发送广播，当系统有相关操作（如开机、电池电量不足、拍照、网络变化等）时就会自动开启广播。

例如消息推送服务，需要实现开机启动的功能。要实现这个功能，就可以订阅系统"启动完成"这条广播，接收到这条广播后就可以启动自己的服务了。主要配置如下：

```xml
<!-- 开机广播接收者 -->
<receiver android:name=".BootCompleteReceiver">
  <intent-filter>
    <!-- 注册开机广播地址-->
    <action android:name="android.intent.action.BOOT_COMPLETED"/>
    <category android:name="android.intent.category.DEFAULT" />
  </intent-filter>
</receiver>
<!-- 消息推送服务 -->
<service android:name=".MsgPushService"/>
```

同时从安全角度考虑，系统要求必须声明接收开机启动广播的权限，于是再声明使用下面的权限，代码如下：

```xml
<uses-permission android:name="android.permission.RECEIVE_BOOT_COMPLETED" />
```

2.4.4 BroadCastReceiver 实现机制

广播接收器注册的方式分为两种：静态注册、动态注册。

1．静态注册

在 AndroidManifest.xml 里通过<receive>标签声明。

它的优点：不受其他组件生命周期影响，即使应用程序被关闭，也能接收广播；缺点：耗电，占内存；适用场景：需要时刻监听的广播。静态注册代码如下：

```xml
<receiver
    android:enabled=["true" | "false"]
    //此 broadcastReceiver 能否接收其他 App 发出的广播
    //默认值是由 receiver 中有无 intent-filter 决定的：如果有 intent-filter，默认值为 true，否则为 false
    android:exported=["true" | "false"]
    android:icon="drawable resource"
    android:label="string resource"
    //继承 BroadcastReceiver 子类的类名
    android:name=".mBroadcastReceiver"
    //具有相应权限的广播发送者发送的广播才能被此 BroadcastReceiver 所接收；
    android:permission="string"
    //BroadcastReceiver 运行所处的进程
    //默认为 App 的进程，可以指定独立的进程
    //注：Android 四大基本组件都可以通过此属性指定自己的独立进程
    android:process="string" >
    //用于指定此广播接收器将接收的广播类型
```

```
//本示例中给出的是用于接收网络状态改变时发出的广播
<intent-filter>
    <action android:name="android.net.conn.CONNECTIVITY_CHANGE" />
</intent-filter>
</receiver>
```

注册示例：

```
<receiver
    //此广播接收者类是 mBroadcastReceiver
    android:name=".mBroadcastReceiver" >
    //用于接收网络状态改变时发出的广播
    <intent-filter>
        <action android:name="android.net.conn.CONNECTIVITY_CHANGE" />
    </intent-filter>
</receiver>
```

当此 App 首次启动时，系统会自动实例化 mBroadcastReceiver 类，并注册到系统中。

2. 动态注册

在代码中通过调用 Context 的 registerReceiver()方法进行动态注册 BroadcastReceiver。它的优点是：灵活，不耗电，易控，省内存；缺点：需要手动注销；适用场景：需要特定时候监听的广播。具体代码如下：

```
@Override
protected void onResume() {
    super.onResume();//实例化 BroadcastReceiver 子类 &   IntentFilter
    MBroadcastReceiver mBroadcastReceiver = new MBroadcastReceiver();
    IntentFilter intentFilter = new IntentFilter(); //设置接收广播的类型
    intentFilter.addAction(Intent.ACTION_BOOT_COMPLETED);
    //调用 Context 的 registerReceiver()方法进行动态注册
    registerReceiver(mBroadcastReceiver, intentFilter);
}
//注册广播后，要记得在相应位置销毁广播
// 即在 onPause() 中 unregisterReceiver(mBroadcastReceiver)
// 当此 Activity 实例化时，会动态将 MyBroadcastReceiver 注册到系统中
// 当此 Activity 销毁时，动态注册的 MyBroadcastReceiver 将不再接收到相应的广播。
@Override
protected void onPause() {
    super.onPause(); //销毁在 onResume()方法中的广播
    unregisterReceiver(mBroadcastReceiver);
}
```

对于动态广播来说，有注册必然就有注销，需要成对出现。重复注册注销或者注册忘了注销都不行，后者会报 Are you missing a call to unregisterReceiver()?错误，虽然不至于让应用崩溃，但是会导致内存泄露。

BroadCastReceiver 注册好后，必须在接收到广播后才会被调用，因此，首先要发送广播。在 Android 中提供了两种发送广播的方式。

1）sendBroadCast()：发送 Normal Broadcast。

2）sendOrderedBroadCast()：发送 Ordered Broadcast。

普通广播（Normal Broadcast）：Normal Broadcast 是完全异步的，可以在同一时刻（逻辑上）被所有接收者接收到，消息传递的效率比较高。但缺点是接收者不能将结果传递给下一个接收者，并且无法终止 Broadcast Intent 的广播。

```
Intent intent = new Intent("android.intent.action.MY_BROADCAST");
intent.putExtra("msg", "Hello receiver.");
sendBroadcast(intent);
```

【例 2-9】 布局文件

```
<?xml version="1.0" encoding="utf-8"?>
    <RelativeLayout xmlns:android="http://schemas.android.com/apk/res/android"
        xmlns:tools="http://schemas.android.com/tools"
        android:layout_width="match_parent"
        android:layout_height="match_parent"
        tools:context="com.example.asus.a243.MainActivity">

    <Button
        android:id="@+id/button"
        android:layout_width="wrap_content"
        android:layout_height="wrap_content"
        android:text="发送"/>

    </RelativeLayout>
```

对于设置条件，我们需要在 AndroidManifest.xml 中相应的目标下配置相同的条件，具体会在代码中说明。接下来附上主要代码。

新建项目，在 MainActivity 中添加下面代码，下面代码的主要功能是在主 Activity 中实现发送广播部分，主要代码如下：

```
public class MainActivity extends Activity {
        private Button button;
        @Override
        public void onCreate(Bundle savedInstanceState) {
            super.onCreate(savedInstanceState);
            setContentView(R.layout.activity_main);
            button= (Button)this.findViewById(R.id.button);
            button.setOnClickListener(listener);
        }
        private View.OnClickListener listener = new View.OnClickListener(){
            @Override
            public void onClick(View v) {
                Intent intent = new Intent();
                intent.setAction("com.mytest");//设置意图
                intent.putExtra("name", "zwh");//设置所需发送的消息标签以及内容
                MainActivity.this.sendBroadcast(intent);//发送普通广播
                Toast.makeText(getApplicationContext(), "发送广播成功", Toast.LENGTH_
SHORT).show();
            }
        };
    }
```

新建一个类 Receiver，用于接收发送出来的消息：

```
public class Receiver extends    MainActivity {
        public void onReceive(Context context, Intent intent) {
                String name = intent.getExtras().getString("name");
//获取 BroadCastActivity 中的 name 标签下的值
                Log.i("Recevier1", "接收到:"+name);
        }
}
```

最后还有最重要的一步，在 AndroidManifest.xml 配置 Receiver 类的广播接收意图：

```
<receiver android:name=".Receiver">
        <intent-filter>
                <action android:name="com.mytest"/>
        </intent-filter>
</receiver>
```

至此，对于普通广播的实现就完成了，运行后，在输出入日志中可以看到如下信息：

```
05-25 10:41:38.746 25640-25640/com.example.mytest I/Recevier1: 接收到:zwh
```

有序广播（Ordered BroadCast）：该广播的接收者将按预先声明的优先级（-1000～1000）依次接收广播。有序广播接收者可以终止广播的传播（通过调用 abortBroadCast()方法），广播的传播一旦终止，后面的接收者就无法接收到广播。另外，广播接收者可以加入自己的数据传递给下一个接收者（通过 setResultExtras(Bundle bundle)方法）。

优先级的设置：通常是在 AndroidManifest.xml 中注册广播地址时，通过 android:priority属性设置广播接收的优先级。该属性值的范围是-1000～1000，数值越大，优先级越高。例如：

```
<receiver android:name=".MyBroadcastReceiver">
    <intent-filter android:priority="1000">
        <action android:name="android.intent.action.MY_BROADCAST" />
        <category android:name="android.intent.category.DEFAULT" />
    </intent-filter>
</receiver>
```

发送有序广播：

```
Intent intent = new Intent("android.intent.action.MY_BROADCAST");
intent.putExtra("msg", "Hello receiver.");
sendOrderedBroadcast(intent, "bigben.permission.MY_BROADCAST_PERMISSION");
```

发送有序广播的第二个参数是一个权限参数，如果为 null 则表示不要求 BroadcastReceiver声明指定的权限。如果不为 null，则表示接收者若想要接收此广播，需要声明指定的权限（为了安全）。

以上发送有序广播的代码需要在 AndroidManifest.xml 中自定义一个权限：

```
<permission android:protectionLevel="normal"
        android:name="bigben.permission.MY_BROADCAST_PERMISSION" />
```

然后声明使用了此权限：

```
<uses-permission android:name="bigben.permission.MY_BROADCAST_PERMISSION" />
```

终止广播需要在优先级高的 BroadcastReceiver 的 onReceiver()方法中添加代码：

```
abortBroadcast();
```

则广播将不会再继续往下传播，即在低优先级的 BroadcastReceiver 中将不会再接收到广播消息。

【例 2-10】 建立 MainActivity

```
public class MainActivity extends Activity {
        Button mSendBroadcast;
        @Override
        public void onCreate(Bundle savedInstanceState) {
                super.onCreate(savedInstanceState);
                setContentView(R.layout.activity_main);
                mSendBroadcast = (Button) findViewById(R.id.mSendBroadcast);
                mSendBroadcast.setOnClickListener(new View.OnClickListener() {
                        @Override
                        public void onClick(View v) {
                                Intent intent = new Intent(); //设置 Intent 的 Action 属性
                                intent.setAction("com.trampcr.musicplayer.PLAY_ACTION");
                                intent.putExtra("msg", "simple message"); //发送有序广播
                                sendOrderedBroadcast(intent, null); }
                });
        }
}
```

代码中指定了 Intent 的 Action 属性，再调用 sendOrderedBroadcast()方法来发送有序广播。对于有序广播，它会按优先级依次触发每个 BroadcastReceiver 的 onReceiver()方法。

第一个 BroadcastReceiver 代码如下：

```
public class MyReceiver extends BroadcastReceiver {
        @Override
        public void onReceive(Context context, Intent intent) {
                Toast.makeText(context, "接收的 Intent 的 Action 为：" + intent.getAction() + "\n 消息
内容是" + intent.getStringExtra("msg"), Toast.LENGTH_SHORT).show();//创建一个 Bundle 对象，并存入数据
                Bundle bundle = new Bundle();
                bundle.putString("first", "第一个 BroadcastReceiver 存入的消息"); //将 bundle 放入结果中
                setResultExtras(bundle);    //取消 Broadcast 的继续传播
                abortBroadcast();
        }
}
```

MyReceiver 不仅处理了它所接收的消息，而且向处理结果中存入了 key 为 first 的消息，这个消息将可以被第二个 BroadcastReceiver 解析出来。

abortBroadcast()用于取消广播，如果这条代码生效，那么优先级比 MyReceiver 低的 BroadcastReceiver 都将不会被触发。

在 AndroidManifest.xml 中部署该 BroadcastReceiver，并指定其优先级为 20，代码如下：

```
<receive android:name=".MyReceive">
        <intent-filter android:priority="20">
```

```
            <action android:name="org.crazyit.action.CRAZY_BROADCAST"    />
        </intent-filter>
    </receive>
```

接下来提供第二个 BroadcastReceiver，将会解析前一个 BroadcastReceiver 存入的 key 为 first 的消息，代码如下：

```
public class MyReceiver2 extends BroadcastReceiver {
    @Override
    public void onReceive(Context context, Intent intent) {
        Bundle bundle = getResultExtras(true);
//解析前一个 BroadcastReceiver 所存入的 key 为 first 的消息
        String first = bundle.getString("first");
        Toast.makeText(context, "第一个 Broadcast 存入的消息为：" + first,Toast.LENGTH_
SHORT).show();
    }
}
```

解析出前一个 BroadcastReceiver 存入结果中的 key 为 first 的消息。

在 AndroidManifest.xml 中配置 MyReceiver2 的优先级为 0，代码如下：

```
<receive android:name=".MyReceive2">
    <intent-filter android:priority="0">
        <action android:name="org.crazyit.action.CRAZY_BROADCAST"    />
    </intent-filter>
</receive>
```

先注释掉 abortBroadcast()，点击发送有序广播按钮，可以看到先显示第一个广播接收器中的内容，再显示第二个广播接收器中的内容。

运行程序，其结果如图 2-13～图 2-15 所示。

图 2-13　运行首页

图 2-14　消息存入

图 2-15　消息接收

根据上面的配置可以看出，该程序中包含两个 Broadcast Receiver，其中 MyReceiver 的优先级更高，MyReceiver2 的优先级略低。

本章小结

本章重点介绍了 Activity、ContentProvider、Service 和 BroadcastReceiver 四个组件，它们构成了 Android 系统的四大组件。学习 Activity 创建界面，页面之间的跳转，重点介绍了页面之间传值的跳转。学习 Service 需要重点掌握创建、配置 Service 组件，以及如何启动、停止 Service；不仅如此，如何开发远程 AIDLService、调用远程 AIDLService 也是需要重点掌握的内容。学习 BroadcastReceiver 需要掌握创建、配置 BroadcastReceiver 组件，还需要掌握在程序中发送 Broadcast 的方法。

课后练习

1．选择题

1）下列选项不是 Activity 启动方法的是（　　）。

    A．startActivity　　　　　　　　　　　　B．goToActivity

    C．startActivityForResult　　　　　　　　D．startActivityFromChild

2）关于 Activity 的描述，下面错误的是（　　）。

    A．一个 Android 程序中只能拥有一个 Activity 类

    B．Activity 类都必须在 Androidmaniefest.xml

    C．系统完全控制 Activity 的整个生命周期

    D．Activity 类必须重载 onCreate 方法

3）下列哪个不是 Activity 的生命周期方法之一（　　）。

    A．OnCreatte　　　B．startActivity　　　C．OnStart　　　D．onResume

4）Android 中下列属于 Intent 的作用的是（　　）。

    A．实现应用程序间的数据共享

    B．是一段长的生命周期，没有用户界面的程序，可以保持应用在后台运行，而不会因为切换页面而消失

    C．可以实现界面间的切换，可以包含动作和动作数据，链接四大组件的纽带

    D．处理一个应用程序整体性的工作

5）关于 BroadCastReceiver 的说法不正确的是（　　）。

    A．是用来接收广播 Intent 的

    B．一个广播只能被一个订阅了此广播的 BroadCastReceiver 所接收

    C．对有序广播，系统会根据接收者声明的优先级别按顺序逐个执行

    D．接收者声明的优先级别在<intentfilter>的 android:priority 属性中声明，数值越大优先级别越高

6）Intent 中如果既要设置类型又要设置数据，需要使用（　　）方法。

    A．setData()　　　　　　　　　　　　B．setType()

    C．setDataAndType()　　　　　　　　D．setTypeAndData()

7）在 Activity 中，如何获取 service 对象（　　）？

    A．可以通过直接实例化得到

    B．可以通过绑定得到

    C．通过 startService()

    D．通过 getService()获取

8）关于 Intent 对象说法错误的是（　　）。

    A．在 Android 中，Intent 对象是用来传递信息的

    B．Intent 对象可以把值传递给广播或 Activity

    C．利用 Intent 传值时，可以传递一部分值类型

    D．利用 Intent 传值时，它的 key 值可以是对象

9）一个应用程序默认会包含（　　）个 Activity。

    A．1　　　　　　　B．2　　　　　　　C．3　　　　　　　　D．4

10）下列不属于 Service 生命周期的方法是（　　）。

    A．onCreate　　B．onDestroy　　C．onStop　　　　　D．onStart

11）绑定 Service 的方法是（　　）。

    A．bindService　B．startService　　C．onStart　　　　　D．onBind

12）下列组件中，不能使用 Intent 启动的是（　　）。

    A．Activity　　　B．服务　　　　　C．广播　　　　　　D．内容提供者

2．填空题

1）Activity 有三种状态，分别是_____、_____和_____。

2）在 Android 系统中有如下三种广播类型：_____、_____以及_____。

3）注册 BroadcastReceiver 有两种方式：_____、_____。

4）Android 四大组件是_____、_____、BroadcastReceiver 和 ContentProvider。

5）Android 中 Service 的实现方法是_____和_____。

6）Activity 的四种启动模式是_____、_____、_____和_____。

7）Android 中 Intent 分为隐式 Intent 和_____。

8）Activity 生命周期中"回到前台，再次可见时执行"时调用的方法是_____。

9）Android 中 Service 的实现方法是_____和_____。

10）Activity 一般会重载七个方法用来维护其生命周期，除了 onCreate()、onStart()、onDestory() 外还有_____以及_____。

3．简答题

1）简述 Intent 的定义和用途。

2）Activity 生命周期以及七个生命周期函数。

4．编程题

1）根据下面 Android 应用的配置清单文件内容回答以下问题。

```
< ?xml version= "1.0" encoding= "utf-8"?>
<manifest xmlns:android= "http://schemas. android.com/apk/res/android"
package= "cn.edujssvc.ced"
android:versionCode= "1"
android:versionName= "1.0">
```

```
<uses-sdk android:minSdkVersion="10"/>
< application
androidicon= "@drawable/ic launcher"
androidlabel= "@string/app name" >
<activity android:name= ".main" android:label= "@string/app name">
<intent-filter>
    <action android:name= "android.intentaction.MAIN"/>
    <category android:name= "android.intent.category.LAUNCHER"/>
</intent-fiter>
</activity>
</application>
    < /manifest>
```

① 该应用的包名是什么?

② 该应用能运行的 Android SDK 最低版本号是多少?

③ 该应用中 Activity 主类名称是什么?

2）请逐行注释下面程序片段，并说明功能。

```
static final String Activity_ ID = "First";
@Override
public void onCreate(Bundle savedInstanceState) [
super.onCreate(savedInstanceState);
setContentView(R.layout.main);
Log.i(Activity_ID, "onCreate has been called");
Button finish = (Button)findViewByld(R.id.testfinish);
finish.setOnClickListener(new OnClickListener(){
public void onClick(View v){
finsh();//退出  activity
        }
    } );
}
```

第3章 Android 开发的 Java 基础知识

Java 是 Sun 公司于 1995 年 5 月推出的 Java 程序设计语言和 Java 平台的总称。Java 语言是一种可以撰写跨平台应用软件的面向对象的程序设计语言。

Java 不仅吸收了 C++语言的各种优点，还摒弃了 C++里难以理解的多继承、指针等概念，因此 Java 语言具有功能强大和简单易用两个特征。Java 语言作为静态面向对象编程语言的代表，极好地实现了面向对象理论，允许程序员以优雅的思维方式进行复杂的编程。

3.1 Java 概述

1．含义

Java 是一种可以撰写跨平台应用软件的面向对象的程序设计语言。Java 技术具有卓越的通用性、高效性、平台移植性和安全性，广泛应用于 PC、数据中心、游戏控制台、科学超级计算机、移动电话和互联网，同时拥有全球最大的开发者专业社群。

2．背景

Java 是由 Sun Microsystems 公司推出的 Java 面向对象程序设计语言（以下简称 Java 语言）和 Java 平台的总称。

Java 由 James Gosling 和同事们共同研发，并在 1995 年正式推出。Java 最初被称为 Oak，是 1991 年为消费类电子产品的嵌入式芯片而设计的。1995 年更名为 Java，并重新设计用于开发 Internet 应用程序。用 Java 实现的 HotJava 浏览器（支持 Java applet）显示了 Java 的魅力：跨平台、动态 Web、Internet 计算。从此，Java 被广泛接受并推动了 Web 的迅速发展，常用的浏览器均支持 Java applet。另一方面，Java 技术也不断更新。Java 自面世后就非常流行，发展迅速，对 C++语言形成有力冲击。在全球云计算和移动互联网的产业环境下，Java 更具备了显著优势和广阔前景。2010 年 Oracle 公司收购 Sun Microsystems。2010 年 11 月，由于甲骨文对 Java 社区的不友善，因此 Apache 扬言将退出 JCP，2011 年 7 月，甲骨文发布Java SE 7；2014 年 3 月，发布Java SE 8；2017 年 9 月，发布 Java SE 9；2018 年 3 月，发布 Java SE 10.0；2018 年 9 月，发布 Java SE 11.0；2019 年 3 月，发布 Java SE 12.0；2019 年 9 月，发布 Java SE 13.0；2020 年 3 月，发布 Java SE 14.0；2020 年 9 月，发布 Java SE 15.0。

3．特点

（1）简单性

Java 看起来设计得很像 C++，但是为了使语言小和容易熟悉，设计者们把 C++语言中许多可用的特征去掉了，这些特征是一般程序员很少使用的。

（2）面向对象

Java 是一个面向对象的语言。对程序员来说，这意味着要注意其中的数据和操纵数据的方法（method），而不是严格地用过程来思考。

（3）分布性

Java 设计成支持在网络上应用，它是分布式语言。Java 既支持各种层次的网络连接，又以 Socket 类支持可靠的流（stream）网络连接，所以用户可以产生分布式的客户机和服务器。网络变成软件应用的分布运载工具。Java 程序只要编写一次，就可在不同的平台运行。

（4）编译和解释性

Java 编译程序生成字节码（byte-code），而不是通常的机器码。Java 字节码提供针对体系结构中不同的目标文件格式，代码设计成可有效地传送程序到多个平台。Java 程序可以在任何实现了 Java 解释程序和运行系统（run-time system）的系统上运行。

（5）稳健性

Java 原来是用作编写消费类家用电子产品软件的语言，所以它是被设计成为高可靠性和稳健性的语言。Java 消除了某些编程错误，使得用它写可靠性高的软件较为容易。

（6）安全性

Java 的存储分配模型是它防御恶意代码的主要方法之一。Java 没有指针，所以程序员不能得到隐蔽起来的内幕和伪造指针去指向存储器。Java 编译程序不处理存储安排决策，所以程序员不能通过查看声明去猜测类的实际存储安排。

（7）可移植性

Java 使得语言声明不依赖于实现的方面。Java 环境本身对新的硬件平台和操作系统是可移植的。Java 编译程序也用 Java 编写，而 Java 运行系统用 ANSIC 语言编写。

（8）高性能

Java 是一种先编译后解释的语言，所以它不如全编译性语言运行速度快。但是有些情况下性能是很关键的，为了支持这些情况，Java 设计者制作了"及时"编译程序，它能在运行时把 Java 字节码翻译成特定 CPU（中央处理器）的机器代码，也就是实现了全编译。

（9）多线索性

Java 是多线索语言，它提供支持多线索的执行（也称为轻便过程），能处理不同任务，使具有线索的程序设计很容易。

（10）动态性

Java 语言设计成适应于变化的环境，它是一个动态的语言。

3.2　Java 基础知识

Java 的数据类型可以分为基本数据、类、接口等，任何常量、变量和表达式都必须是上述数据类型中的一种。Java 的流程控制语句可以分为条件、循环和跳转三种类型。条件语句可以根据变量或表达式的不同状态选择不同的执行路径，它包括 if 和 switch 两个语句；循环语句可以重复执行一个或多个语句，它包括 while、for 和 do-while 等语句；跳转语句允许程序以非线性方式来执行，它包括 break、continue 和 return 三个语句。本节将讲解以下内容：Java 的基本数据类型，以及属于这些类型的常量、变量和表达式用法；Java 语言的流程控制语句。

3.2.1 Java 数据类型

Java 基本数据类型如表 3-1 所示。

表 3-1 基本数据类型长度和表示范围

序号	数据类型	大小/位	封装类	默认值	可表示数据范围
1	byte(字节)	8	Byte	0	-128～127
2	short(短整型)	16	Short	0	-32768～32767
3	int(整型)	32	Int	0	-2147483648～2147483647
4	long(长整型)	64	Long	0	-9223372036854775808～9223372036854775807
5	float(单精度)	32	Float	0.0	1.4E-45～3.4028235E38
6	double(双精度)	64	Double	0.0	4.9E-324～1.7976931348623157E308
7	char(字符型)	16	Char	空	0～65535
8	boolean(布尔型)	8	Boolean	false	true 或 false

1）四种整数类型（byte、short、int、long）。

byte：8 位，用于表示最小数据单位，如文件中数据，-128～127。

short：16 位，很少用，-32768～32767。

int：32 位，最常用，$-2^{31}-1$～2^{31}（21 亿）。

注意事项：int i=5; // 5 叫直接量（或字面量），即直接写出的常数。整数字面量默认都为 int 类型，所以在定义的 long 型数据后面加 L 或 l。小于 32 位数的变量，都按 int 结果计算，强转符比数学运算符优先级高。

2）两种浮点数类型（float、double）。

float：32 位，后缀 F 或 f，1 位符号位，8 位指数，23 位有效尾数。

double：64 位，最常用，后缀 D 或 d，1 位符号位，11 位指数，52 位有效尾数。

注意事项：

二进制浮点数：1010100010=101010001.0*2=10101000.10*2^10（2 次方）=1010100.010*2^11（3 次方）=.1010100010*2^1010（10 次方）。尾数：.1010100010；指数：1010；基数：2。

浮点数字面量默认都为 double 类型，所以在定义的 float 型数据后面加 F 或 f；double 类型可不写后缀，但在小数计算中一定要写 d 或带小数点，float 表示长度没有 long 高，但数据精度却比 long 高。

3）一种字符类型（char）。

char 占两个字节，是一个单一的 16 位 Unicode 字符。最小值为\u0000（即是 0），最大值为\uffff（即为 65535）。

注意事项：char 类型是用来存储 Unicode 编码的字符的，Unicode 编码字符集包含了汉字，所以 char 类型变量可以存储单个汉字。不过如果某个特殊汉字没有被包含在 Unicode 编码字符集中，那么，char 就不能存储这个特殊汉字字符（注：unicode 编码占用两个字节）。

4）一种布尔类型（boolean）：true（真）和 false（假）。

下面是基本数据类型的示例。

【例 3-1】 基本数据类型

```
public class PrimitiveTypeTest {
public static void main(String[] args) {
System.out.println("基本类型：byte 二进制位数：" + Byte.SIZE); System.out.println("包装类：
java.lang.Byte");
System.out.println("最小值：Byte.MIN_VALUE=" + Byte.MIN_VALUE); System.out.println("最
大值：Byte.MAX_VALUE=" + Byte.MAX_VALUE); System.out.println();
System.out.println("基本类型：short 二进制位数：" + Short.SIZE); System.out.println("包装类：
java.lang.Short");
System.out.println("最小值：Short.MIN_VALUE=" + Short.MIN_VALUE); System.out.println("
最大值：Short.MAX_VALUE=" + Short.MAX_VALUE); System.out.println();
System.out.println("基本类型：int 二进制位数：" + Integer.SIZE); System.out.println("包装类：
java.lang.Integer");
System.out.println("最小值：Integer.MIN_VALUE=" + Integer.MIN_VALUE);
System.out.println("最大值：Integer.MAX_VALUE=" + Integer.MAX_VALUE);
System.out.println();
System.out.println("基本类型：long 二进制位数：" + Long.SIZE); System.out.println("包装类：
java.lang.Long");
System.out.println("最小值：Long.MIN_VALUE=" + Long.MIN_VALUE); System.out.println("最
大值：Long.MAX_VALUE=" + Long.MAX_VALUE); System.out.println();
System.out.println("基本类型：float 二进制位数：" + Float.SIZE); System.out.println("包装类：
java.lang.Float");
System.out.println("最小值：Float.MIN_VALUE=" + Float.MIN_VALUE); System.out.println("最
大值：Float.MAX_VALUE=" + Float.MAX_VALUE); System.out.println();
System.out.println("基本类型：double 二进制位数：" + Double.SIZE); System.out.println("包装
类：java.lang.Double");
System.out.println("最小值：Double.MIN_VALUE=" + Double.MIN_VALUE);
System.out.println("最大值：Double.MAX_VALUE=" + Double.MAX_VALUE);
System.out.println();
System.out.println("基本类型：char 二进制位数：" + Character.SIZE); System.out.println("包装
类：java.lang.Character");
```

程序运行结果如图 3-1 所示。

【程序说明】

● 在此程序中，输出八种基本类型的二进制位数，所属包装类，所能表示的最大值与最
小值。byte 的二进制位数为 8 位，所属包装类：java.lang.Byte，最小值为-128，最大值
为 127。short 的二进制位数为 16 位，所属包装类：java.lang.Short，最小值为-32768，
最大值为 32767。int 的二进制位数为 32 位，所属包装类：java.lang.Integer，最小值为
-2147483648，最 大 值 为 2147483647。long 二 进 制 位 为 64，所 属 包 装 类：
java.lang.Long，最小值为-9223372036854775808，最大值为 9223372036854775807。
float 的二进制位数为 32 位，所属包装类：java.lang.Float，最小值为 1.4E-45，最大值为
3.4028235E38。double 二进制位数为 64 位，所属包装类：java.lang.Double，最小值
4.9E-324，最大值为 1.7976931348623157E308。char 二进制位数为 16 位，所属包装
类：java.lang.Character，最小值为 0，最大值为 65535。在输出 char 类型时只以数值

形式而不是字符形式将 Character.MIN_VALUE 输出到控制台。Float 和 Double 的最小值和最大值都是以科学计数法的形式输出的，结尾的"E+数字"表示 E 之前的数字要乘以 10 的多少次方。比如 3.14E3 就是 3.14×10^3 =3140，3.14E-3 就是 3.14×10^{-3} =0.00314。

```
基本类型：short  二进制位数：16
包装类：java.lang.Short
最小值：Short.MIN_VALUE=-32768
最大值：Short.MAX_VALUE=32767

基本类型：int  二进制位数：32
包装类：java.lang.Integer
最小值：Integer.MIN_VALUE=-2147483648
最大值：Integer.MAX_VALUE=2147483647

基本类型：long  二进制位数：64
包装类：java.lang.Long
最小值：Long.MIN_VALUE=-9223372036854775808
最大值：Long.MAX_VALUE=9223372036854775807

基本类型：float  二进制位数：32
包装类：java.lang.Float
最小值：Float.MIN_VALUE=1.4E-45
最大值：Float.MAX_VALUE=3.4028235E38

基本类型：double  二进制位数：64
包装类：java.lang.Double
最小值：Double.MIN_VALUE=4.9E-324
最大值：Double.MAX_VALUE=1.7976931348623157E308

基本类型：char  二进制位数：16
包装类：java.lang.Character
```

图 3-1 基本数据类型

3.2.2 基本数据类型转换

1. 自动类型转换

整型、实型（常量）、字符型数据可以混合运算。运算中，不同类型的数据先转化为同一类型，然后进行运算，转换从低级到高级。级别低的操作数和级别高的不同基本类型操作数在一起运算时，就需要进行类型转换，类型转换方式如表 3-2 所示。

低 ----------------------------------> 高

byte、short、char→int→long→float→double

表 3-2 自动类型转换

操作数 1 类型	操作数 2 类型	转换后的类型
byte、short、char	int	int
byte、short、char、int	long	long
byte、short、char、int、long	float	float
byte、short、char、int、long、float	double	double

数据类型转换必须满足如下规则。

1）不能对 boolean 类型进行类型转换。

2）不能把对象类型转换成不相关类的对象。

3）在把容量大的类型转换为容量小的类型时必须使用强制类型转换。

4）转换过程中可能导致溢出或损失精度。

5）浮点数到整数的转换是通过舍弃小数得到，而不是四舍五入。

必须满足转换前的数据类型的位数要低于转换后的数据类型，例如，short 数据类型的位数为 16 位，就可以自动转换位数为 32 的 int 类型，同样 float 数据类型的位数为 32，可以自动转换为 64 位的 double 类型。

下面是自动类型转换的示例。

【例 3-2】 自动类型转换

```
public class ZiDongLeiZhuan{
public static void main(String[] args){
char c1='a';
int i1 = c1;
System.out.println("char 自动类型转换为 int 后的值等于"+i1);
char c2 = 'A';
int i2 = c2+1;
System.out.println("char 类型和 int 计算后的值等于"+i2);
} }
```

运行结果如图 3-2 所示。

● 在此程序中，定义一个 char 类型，将其自动转换为 int 类型，计算 char 类型和 int 类型相加后的值。c1 的值为字符 a，查 ASCII 码表可知对应的 int 类型值为 97，A 对应值为 65，所以 i2=65+1=66。

2. 强制类型转换

1）强制类型转换的条件是转换的数据类型必须是兼容的。

2）格式：(type)value。type 是要强制类型转换后的数据类型。

下面是强制类型转换的示例。

【例 3-3】 强制类型转换

```
public class QiangZhiZhuanHuan{
public static void main(String[] args){
int i1 = 123;
byte b = (byte)i1;
System.out.println("int 强制类型转换为 byte 后的值等于"+b);
} }
```

运行结果如图 3-3 所示。

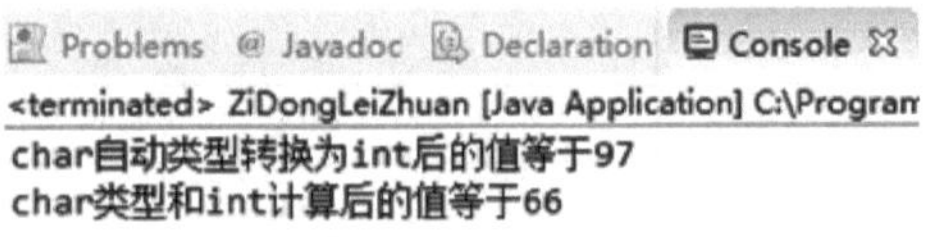

🔲 Problems @ Javadoc 🔲 Declaration 🔲 Console ✕
<terminated> ZiDongLeiZhuan [Java Application] C:\Progran
char自动类型转换为int后的值等于97
char类型和int计算后的值等于66

图 3-2 自动类型转换

🔲 Problems @ Javadoc 🔲 Declaration 🔲 Console ✕
<terminated> QiangZhiZhuanHuan [Java Application] C:\Proc
int强制类型转换为byte后的值等于123

图 3-3 强制类型转换

● 在此程序中，定义一个 int 类型，将其强制转换为 byte 类型。

3.2.3 流程控制语句

Java 程序的流程控制分为顺序结构、分支结构和循环结构三种。其中，顺序结构是按照语句的书写顺序逐一执行，分支结构是根据条件选择性地执行某段代码，循环结构是根据循环条件重复执行某段代码。

1. if 语句

（1）if 单语句

```
if(关系表达式)
{
        语句体
}
```

我们经常需要先做判断，然后才决定是否要做某件事情。对于这种"需要先判断条件，条件满足后才执行的情况"，就可以使用 if 条件语句实现。

下面是 if 单语句的示例。

【例 3-4】 **if** 单语句

```
public class liuchengif {
    public static void main(String[] args) {
        System.out.println("开始");
        int a = 10;
        int b = 20;
        if (a == b) {
            System.out.println("a 等于 b");
        }
        int c = 10;
        if (a == c) {
            System.out.println("a 等于 c");
        }
        System.out.println("结束");
    }
}
```

程序运行结果如图 3-4 所示。

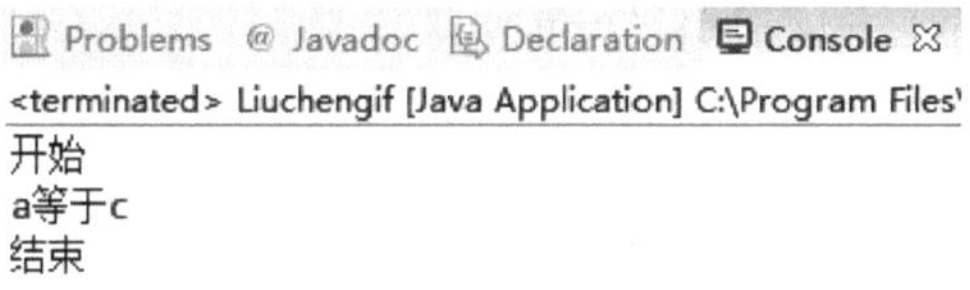

```
Problems  @ Javadoc  Declaration  Console
<terminated> Liuchengif [Java Application] C:\Program Files'
开始
a等于c
结束
```

图 3-4　if 单语句

● 在此程序中，利用 if 判断两个数是否相等。如果 a=b 就输出 "a 等于 b"。如果 a=c 就输出 "a 等于 c"。

（2）if-else 语句

```
if(关系表达式)
{
    语句体 1;
    }
```

```
        else
        {
            语句体 2;
        }
```

● 在此程序中, if-else 语句的操作比 if 语句多了一步: 当条件成立时, 执行 if 部分的代码块; 条件不成立时, 则进入 else 部分。

下面是 if-else 语句的示例。

【例 3-5】 if-else 语句

```
public class ifelse {
public static void main(String[] args) {
    System.out.println("开始");
    // 判断给定的数据是奇数还是偶数
    // 定义变量
    int a = 100;
    // 给 a 重新赋值
    a = 99;
    if (a % 2 == 0) {
        System.out.println("a 是偶数");
    } else {
        System.out.println("a 是奇数");
    }
    System.out.println("结束");
}
}
```

运行程序结果如图 3-5 所示。

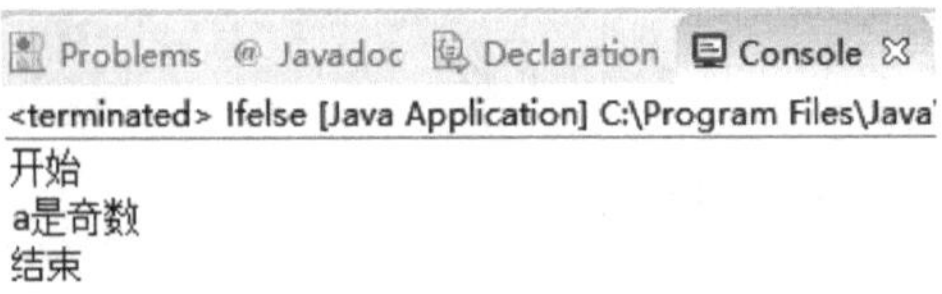

图 3-5　if-else 语句

● 在此程序中, 利用 if-else 实现判断给定的数据是奇数还是偶数。如果 a%2 等于 0, 就输出 "a 是偶数", 否则输出 "a 是奇数"。

(3) 多重 if 语句

```
if(判断条件 1)
{
    执行语句 1
}
else if(判断条件 2)
{
    执行语句 2
}
else
{
执行语句 3
```

```
}
```

● 在此程序中，多重 if 语句，在条件 1 不满足的情况下，才会进行条件 2 的判断；
当前面的条件均不成立时，才会执行 else 块内的代码。

下面是多重 if 语句的示例。

【例 3-6】 多重 if 语句

```
public class mulif
{
    public static void main(String []args)
    {
        int score =80;
        if(score>=90)
        {
        System.out.println("优秀");
        }
        else if(score>70)
            {
                System.out.println("良好");
            }
        else
            {
                System.out.println("继续加油！");
            }
    }
}
```

程序运行结果如图 3-6 所示。

图 3-6 多重 if 语句

● 在此程序中，利用多重 if-else，实现分数大于 90 输出"优秀"，分数大于 70 小于 90
输出"良好"，小于 70 输出"继续加油"。

2. switch 语句

```
switch(表达式){
    case 取值 1: 执行语句; break;
    case 取值 2: 执行语句; break;
    ……
    default: 执行语句; break;
    }
```

当需要对选项进行等值判断时，使用 switch 语句更加简洁明了。

执行过程：当 switch 后表达式的值和 case 语句后的值相同时，从该位置开始向下执
行，直到遇到 break 语句或者 switch 语句块结束；如果没有匹配的 case 语句则执行
default 块的代码。

下面是 switch 语句的示例。

【例 3-7】 switch 语句

```
public class switch1
{
    public static void main(String []args)
    {
        int num = 1200;
        int end=num/500;
        switch(end)
        {
            case 1:
                System.out.println("奖励牙膏");
                break;
            case 2:
                System.out.println("奖励香皂");
                break;
            case 3:
                System.out.println("奖励洗衣粉");
                break;
            default:
                System.out.println("奖励洗发露");
        }
    }
}
```

程序运行结果如图 3-7 所示。

图 3-7　switch 语句

● 在此程序中使用简单的 switch 语句，当 num 小于 1000 时输出"奖励牙膏"num 小于 1500 大于 1000 输出"奖励香皂"，num 小于 2000 大于 1500 时输出"奖励洗衣粉"，num 等于其他数值时输出"奖励洗发露"。

3．while 循环语句

```
while（布尔表达式）
{
    循环体
}
```

while 循环结构在每次执行循环体之前，先对循环条件进行判断。如果 true 则重复执行循环体部分。

下面是 while 语句的示例。

【例 3-8】 while 语句

```
public class while1
{
```

```
    public static void main(String args[])
      {
          int x = 10;
          while( x < 13 )
          {
              System.out.println("value of x : " + x );
              x++;
          }
      }
  }
```

程序运行结果如图 3-8 所示。

图 3-8　while 语句

● 在此程序中，利用 while 循环，输出大于 10 小于 13 的数。当 x 小于 13 时，输出 x 的值并且 x 加 1，直到 x 大于 13，结束循环。

4．do-while 循环语句

```
do
{
    循环体
}
while（布尔表达式）;
```

do-while 循环先执行循环体，然后判断循环条件，如果循环条件成立则执行下一次循环，否则终止循环。

下面是 do-while 语句的示例。

【例 3-9】 do-while 语句

```
    public static void public class dowhile
    {
        public static void main(String args[])
          {
              int x = 10;
              do
              {
                  System.out.println("value of x : " + x );
                  x++;
              }
              while(x<13);
          }
    }
```

程序运行结果如图 3-9 所示。

```
value of x : 10
value of x : 11
value of x : 12
```

图 3-9 do-while 语句

● 在此程序中使用简单的 do-while 循环，先执行 do 后面的语句，后执行 while 判断。
先执行 do 后面的语句输出 x 的值并且 x 加 1，再进行判断 x 是否小于 13。

5. for 循环语句

```
for(初始化语句;循环条件;迭代语句)
{
    代码语句
}
```

for 循环在执行时，先执行循环的初始化语句，初始化语句只在循环开始前执行一次。
每次执行循环体之前，先计算循环条件的值，如果循环条件值为 true，则执行循环体部分，
循环体部分执行结束后。执行迭代语句。因此，对于 for 循环而言，循环条件总比循环体要
多执行一次。最后一次执行条件值为 false 则不再执行循环体。

for 循环注意事项有以下几点：

1）初始化语句、循环条件、迭代语句这三部分都可以省略，但三者之间的分号不可以
省略。当循环条件省略时，默认值为 true。

2）初始化语句、迭代语句这两个部分可以为多条语句，语句之间用逗号分隔。

3）在初始化部分定义的变量，其范围只能在 for 循环语句内有效。

下面是 for 语句的示例。

【例 3-10】 for 语句

```
public class for1
{
    public static void main(String[] args)
    {
    int sum=0;
    for(int i=1;i<=10;i++)
    {
        sum+=i;
    }
    System.out.println("1-10 的整数和为"+sum);
    }
}
```

程序运行结果如图 3-10 所示。

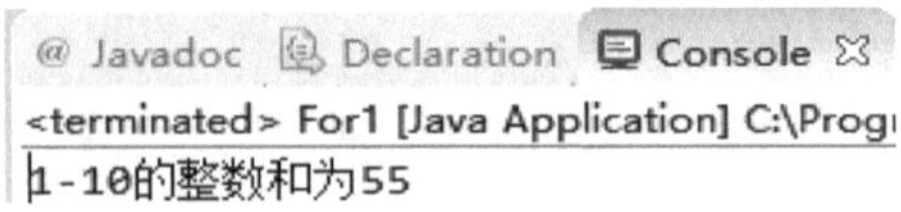

```
<terminated> For1 [Java Application] C:\Prog
1-10的整数和为55
```

图 3-10 for 语句

● 在此程序中，简单的 for 循环，实现 1～10 的整数的和。利用 for 循环，先初始化 i 等

于 1，sum 的值为 sum 与 i 之和，判断 i 小于等于 10，如果 i 大于 10 则结束循环。

6. break 语句

Java 中没有使用 goto 语句来控制程序的跳转，这种设计虽然提高了程序流程控制的可读性，但降低了灵活性。为了弥补这种不足，Java 提供了 break 等语句来控制循环结构。

当循环体中出现 break 语句时，其功能是从当前所在的循环中跳出来，结束本层循环，但对其外层循环没有影响。break 语句还可以根据条件结束循环。

下面是 break 语句的示例。

【例 3-11】 break 语句

```java
public class break1
{
public static void main(String[] args)
    {
        for(int i = 1;i<=10;i++)
            {
              if(i==4)
            {
                break;
            }
                System.out.println("i 的值为"+i);
            }
    }
}
```

程序运行结果如图 3-11 所示。

● 在此程序中，利用 break 语句跳出此循环。即当 i 等于 4 时，利用 break 语句跳出循环。

7. continue 语句

在循环体中出现 continue 语句时，其作用是结束本次循环，进行当前所在层的下一次循环。continue 语句的功能是根据条件有选择性地执行循环体。

下面是 continue 语句的示例。

【例 3-12】 continue 语句

@ Javadoc Declaration Console ⌷
<terminated> Break1 [Java Application] C:\P
i 的值为 1
i 的值为 2
i 的值为 3

图 3-11 break 语句

```java
public class continue1
{
  public static void main(String[] args)
    {
        for(int i = 0;i<3;i++)
        {
        if(i==1)
        {
            continue;
        }
        System.out.println("i 的值为"+i);
        }
        System.out.println("over");//正常输出
```

67

```
        }
    }
```

程序运行结果如图 3-12 所示。

● 在此程序中，利用 continue 跳出本次循
  环。即当 i 等于 1 时，利用 continue 语句
  跳出本次循环，继续下次循环。

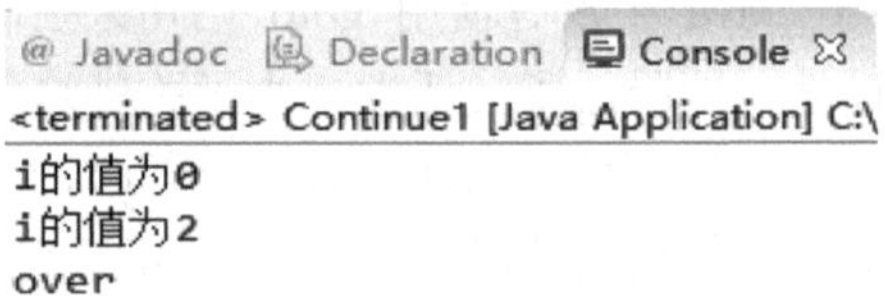

```
@ Javadoc    Declaration    Console ☒
<terminated> Continue1 [Java Application] C:\
i的值为0
i的值为2
over
```

图 3-12   continue 语句

3.3 Java 面向对象基础

面向对象（Object Oriented，OO）是软件开发方法。面向对象的概念和应用已超越了程序设计和软件开发，扩展到如数据库系统、交互式界面、应用结构、应用平台、分布式系统、网络管理结构、CAD 技术、人工智能等领域。面向对象是一种对现实世界理解和抽象的方法，是计算机编程技术发展到一定阶段后的产物。

3.3.1 类与对象

1．类与对象的定义

类是现实世界或思维世界中的实体在计算机中的反映，它将数据以及这些数据上的操作封装在一起。

对象是具有类类型的变量。类和对象是面向对象编程技术中最基本的概念。

2．类与对象的关系

类是对象的抽象，而对象是类的具体实例。类是抽象的，不占用内存，而对象是具体的，占用存储空间。类是用于创建对象的蓝图，它是一个定义包括在特定类型的对象中的方法和变量的软件模板。

3．对象的创建

1）对象（object）代表现实世界中可以明确标识的一个实体。例如，一个学生、一张桌子、一间教室，一台计算机都可以看作是一个对象。每个对象都有自己独特的状态标识和行为。

2）对象的属性（attribute）或者状态（state），学生有姓名和学号，该学生特有的姓名和学号就是该学生（对象）的属性。

3）对象的行为（behavior）由方法定义。调用对象的一个方法，其实就是给对象发消息，要求对象完成一个动作。可以定义学生对象具备学习的行为。学生对象可以调用学习的方法，执行学习的动作。

首先也是最重要的就是进行对象的创建：类名 对象名 ＝new 类名()；。

4．类类型的声明

类必须要被定义才可以被使用。

接下来最重要的就是如何将我们所学习的这些知识进行应用，用例如下：

【例 3-13】 定义类的使用

```
public class People {
    public String name;
```

```
        public String sex;
        public int age;
    //类的方法
        public void sleep(){
            System.out.println("人疲倦的时候喜欢睡觉");
        }

        public void eat(){
            System.out.println("人饥饿的时候喜欢吃饭");
        }
        public static void main(String[] args) {
            People p=new People();
            p.eat();
            p.sleep();
        }
    }
```

程序运行结果如图 3-13 所示。

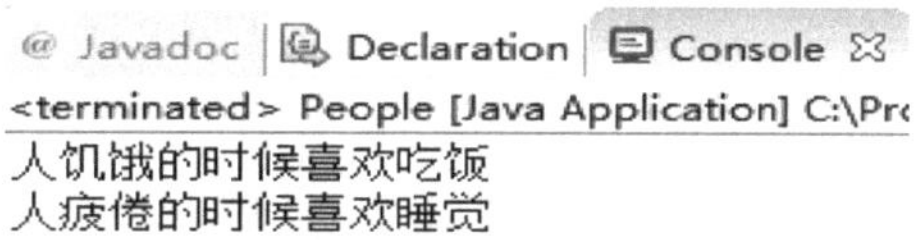

- 在此程序中，定义一个 People 类之后，在
  这个类中对类的属性进行创建，并对类的
  属性进行赋值，同时对类的方法进行定
  义，在主函数中对对象进行实例化，随后调

图 3-13　类类型的说明

用类的方法实现想输出的语句，这样一个简单的关于应用类的小程序代码就完成了。

3.3.2　封装和继承

1. 封装

面向对象即是将功能封装进对象，强调具备了功能的对象。而封装性就是尽可能地隐藏对象内部细节，对外形成一道边界，只保留有限的接口和方法与外界进行交互。封装的原则是使对象以外的部分不能随意地访问和操作对象的内部属性，从而避免了外界对对象内部属性的破坏。可以通过对类的成员设置一定的访问权限，实现类中成员的信息隐藏。

优点：将变化隔离、便于使用、提高重用性、提高安全性。

原则：将不需要对外提供的内容都隐藏起来。即把属性都隐藏，提供公共方法对其访问。

具体访问权限如下：

1）private：类中限定为 private 的成员，只能被这个类本身访问。如果一个类的构造方法声明为 private，则其他类不能生成该类的一个实例。

2）default：类中不加任何访问权限限定的成员属于默认的（default）访问状态，可以被这个类本身和同一个包中的类所访问。

3）protected：类中限定为 protected 的成员，可以被这个类本身和它的子类（包括同一个包中以及不同包中的子类）和同一个包中的所有其他的类所访问。

4）public：类中限定为 public 的成员，可以被所有的类访问。

下面是封装的示例。

【例 3-14】 封装的使用

```java
package ad;
  class EncapTest{
        private String name;
        private String idNum;
        private int age;

        public int getAge(){
            return age;
        }

        public String getName(){
            return name;
        }
        public String getIdNum(){
            return idNum;
        }
        public void setAge( int newAge){
            age = newAge;
        }
        public void setName(String newName){
            name = newName;
        }
        public void setIdNum( String newId){
            idNum = newId;
        }
    }public class People{
        public static void main(String args[]){
                EncapTest encap = new EncapTest();
                encap.setName("moqinglin");
                encap.setAge(21);
                encap.setIdNum("16008019");
                System.out.print("Name : " + encap.getName()+
                                        " Age : "+ encap.getAge());

        }
    }
```

程序运行结果如 3-14 所示。

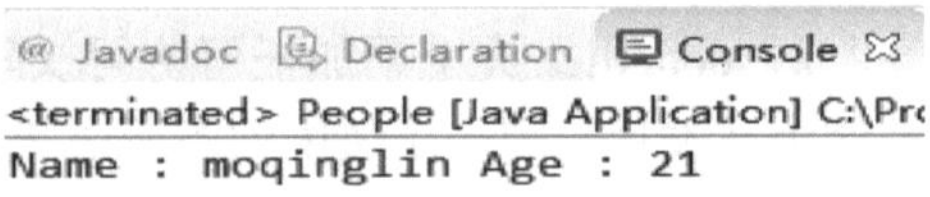

● 在此程序中，定义一个 EncapTest 类，同时
对三个属性进行定义，随后再利用类的方
法进行属性的赋值。在主函数中对对象进
行实例化，并对类的属性进行赋值，随后

```
@ Javadoc   Declaration   Console  ⌧
<terminated> People [Java Application] C:\Pro
Name : moqinglin Age : 21
```

图 3-14 封装

利用类的方法输出人员的基本信息。这是一个很明显的封装的体现，可以看到这里
通过 private 对类的属性进行了最认真的封装，属性设置为私有的，只能本类才能访

问，其他类都访问不了，如此就对信息进行了隐藏。在之后的引用中可以做到调用属性，不会让其他的类对这封装的类进行调用，当然实例中 public 方法是外部类访问该类成员变量的入口。

2. 继承

子类的对象拥有父类的全部属性与方法，称作子类对父类的继承。

子类继承父类，可以继承父类的方法和属性，实现了多态以及代码的重用，因此解决了系统的重用性和扩展性。但是继承破坏了封装，因为它是对子类开放的，修改父类会导致所有子类的改变，因此继承一定程度上又破坏了系统的可扩展性。所以，继承需要慎用，只有明确的 is-a 关系才能使用。同时继承是在程序开发过程中重构得到的，而不是程序设计之初就使用继承，很多面向对象开发者滥用继承，结果造成后期的代码解决不了需求的变化。因此优先使用组合而不是继承，是面向对象开发中一个重要的经验。

1）Java 中父类可以拥有多个子类，但是子类只能继承一个父类，称为单继承。

2）继承实现了代码的复用。

3）Java 中所有的类都是通过直接或间接地继承 Java.lang.Object 类得到的。

4）子类不能继承父类中访问权限为 private 的成员变量和方法。

5）子类可以重写父类的方法，即命名与父类同名的成员变量。

6）访问父类被隐藏的成员变量，如 super.variable。

7）调用父类中被重写的方法，如 super.Method([paramlist])。

8）调用父类的构造函数，如 super([paramlist])。

9）父类变，子类就必须变。

下面是继承的示例。

【例 3-15】 Java 继承的意义

```java
class SuperClass {
    private int n;
    SuperClass(){
        System.out.println("SuperClass()");
    }
    SuperClass(int n) {
        System.out.println("SuperClass(int n)");
        this.n = n;
    }
}
class SubClass extends SuperClass{
    private int n;

    SubClass(){
        super(50);
        System.out.println("SubClass");
    }

    public SubClass(int n){
        System.out.println("SubClass(int n):"+n);
```

```
            this.n = n;
        }
    }
    public class People{
        public static void main (String args[]){
            SubClass t1 = new SubClass();
            SubClass s2 = new SubClass(100);
        }
    }
```

程序运行结果如图 3-15 所示。

- 在此程序中定义 SuperClass 类，随后定义一个 SubClass 对这个类进行继承，利用 super 调用父类的方法，再利用 this 对父类的属性进行修改，在主函数中对对象进行实例化并对类的属性进行赋值。

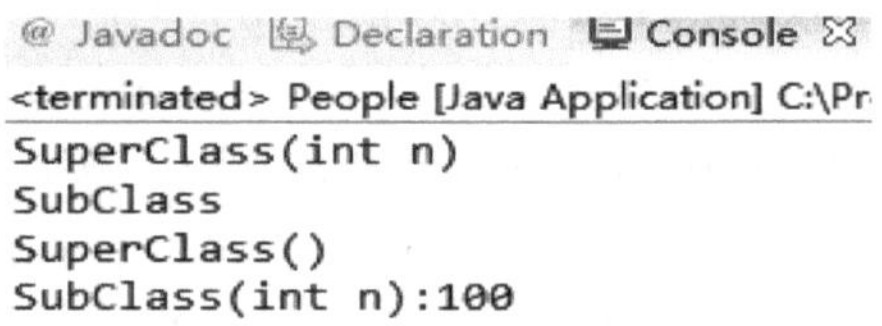

@ Javadoc ⓘ Declaration ▭ Console ⊠
\<terminated\> People [Java Application] C:\Pr
SuperClass(int n)
SubClass
SuperClass()
SubClass(int n):100

图 3-15　继承

3.3.3　多态

对象的多态性是指在父类中定义的属性或方法被子类继承之后，可以具有不同的数据类型或表现出不同的行为。这使得同一个属性或方法在父类及其各个子类中具有不同的语义。例如："几何图形"的"绘图"方法，"椭圆"和"多边形"都是"几何图"的子类，其"绘图"方法功能不同。

继承是通过重写父类的同一方法的几个不同子类来体现的，那么就是通过实现接口并覆盖接口中同一方法的几个不同的类体现的。在接口的多态中，指向接口的引用必须是指定实现了该接口的一个类的实例程序，在运行时，根据对象引用的实际类型来执行对应的方法。

其实在继承链中对象方法的调用存在一个优先级：this.show(O)、super.show(O)、this.show((super)O)、super.show((super)O)。

Java 的多态性体现在两个方面：由方法重载实现的静态多态性（编译时多态）和方法重写实现的动态多态性（运行时多态）。

1）编译时多态：在编译阶段，具体调用哪个被重载的方法，编译器会根据参数的不同来静态确定调用相应的方法。

2）运行时多态：由于子类继承了父类所有的属性（私有的除外），所以子类对象可以作为父类对象使用。程序中凡是使用父类对象的地方，都可以用子类对象来代替。一个对象可以通过引用子类的实例来调用子类的方法。

3.3.4　接口和抽象类

1. 接口

接口，英文称作 Interface，在软件工程中，接口泛指供别人调用的方法或者函数。从这里，我们可以体会到 Java 语言设计者的初衷，它是对行为的抽象。在 Java 中，定一个接口的形式如下：

```
public interface InterfaceName {}
```

implements 是一个类，实现一个接口用的关键字，它是用来实现接口中定义的抽象方法。实现一个接口，必须实现接口中的所有方法。

下面是接口的示例。

【例 3-16】 接口的实现

```
interface Animal {
        public void eat();
        public void travel();
    }
public class People implements Animal{

        public void eat(){
            System.out.println("Mammal eats");
        }

        public void travel(){
            System.out.println("Mammal travels");
        }

        public int noOfLegs(){
            return 0;
        }

        public static void main(String args[]){
            People m = new People();
            m.eat();
            m.travel();
        }
    }
```

程序运行结果如图 3-16 所示。

● 在此程序中，创建一个 Animal 接口，并创建 People 类来实现 Animal 接口，同时在 People 类中实现接口中的方法，在主函数中对这个对象来进行实例化，实现接口的方法。

@ Javadoc Declaration Console ☒
<terminated> People [Java Application] C:\Pr
Mammal eats
Mammal travels

图 3-16 接口

2. 抽象类

如果想要灵活地使用抽象类就要首先了解抽象方法。抽象方法是一种特殊的方法：它只有声明，而没有具体的实现。抽象方法的声明格式如下：

```
abstract void fun();
```

如果一个类含有抽象方法，则称这个类为抽象类，抽象类必须在类前用 abstract 关键字修饰。因为抽象类中含有无具体实现的方法，所以不能用抽象类创建对象。

抽象类就是为了继承而存在的，如果你定义了一个抽象类，却不去继承它，那么等于白白创建了这个抽象类，因为你不能用它来做任何事情。对于一个父类，如果它的某个方法在父类中实现出来没有任何意义，必须根据子类的实际需求来进行不同的实现，那么就可以将这个方法声明为抽象方法，此时这个类也就成为抽象类了。

包含抽象方法的类称为抽象类，但并不意味着抽象类中只能有抽象方法，它和普通类一样，同样可以拥有成员变量和普通的成员方法。注意，抽象类和普通类的主要有以下三点区别。

1）抽象方法必须为 public 或者 protected（因为如果为 private，则不能被子类继承，子类便无法实现该方法），缺省情况下默认为 public。

2）抽象类不能用来创建对象。

3）如果一个类继承于一个抽象类，则子类必须实现父类的抽象方法。如果子类没有实现父类的抽象方法，则必须将子类也定义为抽象类。

除此之外，抽象类和普通的类并没有区别。

下面是抽象类示例。

【例 3-17】 抽象类 Animal 的声明和使用

```
package ad;
    abstract class Animal {
        String name;
        int age;
        public abstract void cry();}
    class cat extends Animal {
    public void cry() {
        System.out.println("猫叫:");
    }
    }
    public class People
    {
    public static void main(String [] args)
    {
     cat t1 = new cat();
     t1.cry();
    }
    }
```

程序运行结果如图 3-17 所示。

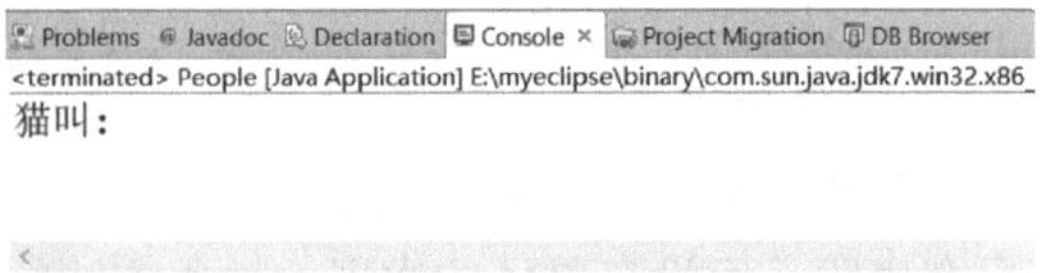

- 这是个最基本的经典的简洁的抽象类的方法继承，在这里面主函数中抽象类不能被实例化，所以也就是需要一个继承抽象类的类来实现抽象类中的

图 3-17　抽象类

方法，"不确定动物怎么叫的"，定义成抽象方法，来解决父类方法的不确定性。

- 抽象方法在父类中不能实现，所以没有函数体。但在后续继承时，要具体实现此方法。当继承的父类是抽象类时，需要将抽象类中的所有抽象方法全部实现。

实例 3-1：一个典型流程控制应用

例如下面的应用，先定义一个接口，该接口的代码如下：

```
interface GradeCalculate {
    public String getGrade(int [] scores);
}
```

上面的接口定义了一个 getGrade 方法，该方法用于获得学生的学分等级。

```
abstract class Student {
    final static int COURSE_COUNT=3;
    private String name;
    private String type;
    private int [] scores;
    private String grade;
    private GradeCalculate criterion;
    public Student(String name) {
        this.name=name;
    }
    public void setName(String name){
        this.name=name;
    }
    public String getName(){
        return name;
    }
    public void setType(String type){
        this.type = type;
    }
    public String getType(){
        return type;
    }
    public void setScores(int [] scores){
        this.scores=scores;
    }
    public int[] getScores(){
        return scores;
    }
    public void setGrade(String grade){
        this.grade=grade;
    }
    public String getGrade(){
        return grade;
    }
    public void setCriterion(GradeCalculate criterion){
        this.criterion=criterion;
    }
    public GradeCalculate getCriterion(){
        return criterion;
    }
```

```
        }
```

此类为抽象类，将本科生和研究生抽象成学生类。成员变量表示了学生的姓名、学生类型、成绩、年级，以及学分等级。成员函数分别表示了设置和获得学生姓名、类型、成绩、年级、学分等级。

```
class UnderGradeCalculate implements GradeCalculate{
    public String getGrade(int[] scores) {
    int average;
    int sum=0;
    for(int i=0;i<Student.COURSE_COUNT;i++){
        sum+=scores[i];
    }
    average=sum/Student.COURSE_COUNT;
    if(average>=85){
        return "A";
    }else if(average>=75){
        return "B";
    }else if(average>=65){
        return "C";
    }else if(average>=60){
        return "D";
    }else{
        return "F";
    }
    }
}
```

为了能够获得学生学分等级，定义一个类用于实现 GradeCalculate 接口，并重写getGrade 函数用于计算本科生学分等级。采用 if-else 判断成绩属于某个区间，用以返回对应的学分等级。

```
class PostGradeCalculate implements GradeCalculate{
    public String getGrade(int[] scores) {
    int average;
    int sum=0;
    for(int i=0;i<Student.COURSE_COUNT;i++){
        sum+=scores[i];
    }
    average=sum/Student.COURSE_COUNT;
    int flag=(int)average/10;
    switch(flag){
    case 10:return "A";
    case 9:return "A";
    case 8:return "B";
    case 7:return "C";
    case 6:return "D";
    default:return "F";
    }
    }
```

```
        }
```

由于研究生的学分等级和本科生的学分等级计算方法不同，因此需要重新定义一个类用于计算研究生的学分等级。该类同样实现了 GradeCalculate 接口。计算方法采用 switch 循环进行。到此已将用于计算学生学分等级的方法全部实现，现在需要定义对应的学生类型。

```
class Undergraduate extends Student{
    public Undergraduate(String name,int[] scores) {
    super(name);
    this.setType("Undergraduate");
    this.setScores(scores);
    this.setCriterion(new UnderGradeCalculate());
    this.setGrade(this.getCriterion().getGrade(scores));
    }
}
```

此类为本科生类，继承了学生抽象类。该类包含一个构造函数，用于初始化所创建的对象实例。

```
class Postgraduate extends Student{
    public Postgraduate(String name,int [] scores) {
    super(name);
    this.setType("Postgraduate");
    this.setScores(scores);
    this.setCriterion(new PostGradeCalculate());
    this.setGrade(this.getCriterion().getGrade(scores));
    }
}
```

同样，还需要一个研究生类。该类也是继承至学生抽象类。构造函数也用以初始化对象实例。

```
public class test {
    public static void main(String[] args) {
    Student[] s=new Student[10];
    int [][] scores = new int[10][Student.COURSE_COUNT];
    for(int i=0;i<5;i++){
        for(int j=0;j<Student.COURSE_COUNT;j++){
            scores[i][j]=(int)(Math.random()*61+40);
        }
        s[i]=new Undergraduate("Undergraduate"+(i+1),scores[i]);
    }
    for(int i=5;i<10;i++){
        for(int j=0;j<Student.COURSE_COUNT;j++){
            scores[i][j] = (int)(Math.random()*61+40);
        }
        s[i]=new Postgraduate("Postgraduate"+(i-4),scores[i]);
    }
    int[] c;
    for(int i=0;i<10;i++){
        System.out.print(s[i].getName()+"\t");
```

```
                System.out.print(s[i].getType()+"\t");
                c=s[i].getScores();
                for(int j=0;j<Student.COURSE_COUNT;j++){
                    System.out.print(c[j]+"\t");
                }
                System.out.println(s[i].getGrade());
            }
        }
    }
```

在定义完所有类以后，创建一个 test 类，用于测试所有的类和方法。这里定义了十个学生对象的数组用于存放学生实例。首先用 for 循环将其初始化，并随机获得学生的成绩用于计算学分等级。初始化完成后，再使用 for 循环将学生的信息进行输出。

编译并运行程序，其结果如图 3-18 所示。

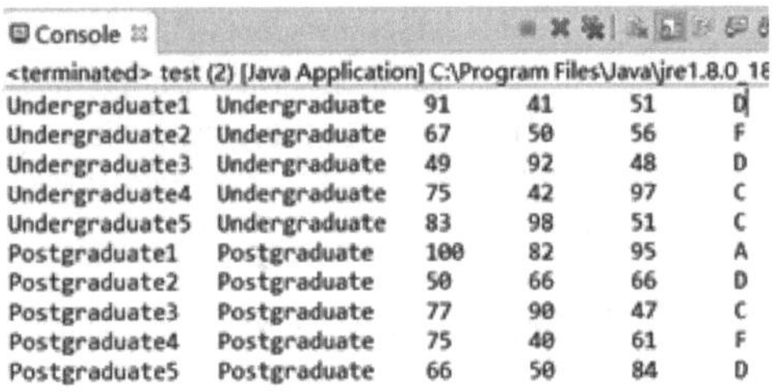

图 3-18　一个典型的流程控制应用

实例 3-2：类继承实现效果

例如以下程序代码，定义父类 Plant 类，设置 getter 和 setter 方法（即 get 和 set 方法）对私有变量进行设置和访问，设置 PrintPlant()方法打印信息。

```
public class Plant {
    private String color;
    private String name;
    public void setName(String name) {
    this.name=name;
    }
    public String getName() {
     return name;
    }
    public void setColor(String color) {
    this.color=color;
    }
    public String getColor() {
    return color;
    }
    public void PrintPlant() {
    System.out.println(getName()+"的颜色是"+getColor());
    }
}
```

定义 Flower 类，该类继承自类 Plant，除了拥有类 Plant 的成员外，还定义了私有变量 origin、公有方法 getOrigin()和 PrintFlower。Flower 类中对于 Plant 类中私有成员无法访问。

```
public class Flower extends Plant{
    private String origin;
    public void setOrigin(String origin) {
     this.origin=origin;
    }
    public String getOrigin() {
     return origin;
    }
    public void PrintFlower() {
     System.out.println(getName()+"起源于"+getOrigin());
    }
}
```

以下代码为一个测试类，分别初始化了一个 Plant 类的 p1 对象和 Flower 类的对象 f1，并为其设置成员变量的值。

```
public class Test {
    public static void main(String[] args) {
    Plant p1=new Plant();
    p1.setName("白杨");
    p1.setColor("绿色");
    p1.PrintPlant();
    Flower f1=new Flower();
    f1.setName("玫瑰花");
    f1.setColor("红色");
    f1.setOrigin("成都");
    f1.PrintFlower();
    }
}
```

用 eclipse 编译并运行程序，其结果如图 3-19 所示。

图 3-19　类继承实现效果

实例 3-3：抽象类和接口结合实例

以下代码定义了抽象类 Door，包含抽象方法 open 和 close：

```
public abstract class Door {
    abstract void open();
    abstract void close();
}
```

以下代码定义接口 Alarm，包含抽象方法 alarm：

```
public interface Alarm {
```

```
        void alarm();
    }
```

定义类 AlarmDoor 继承 Door，实现接口 Alarm：

```
public    class AlarmDoor extends Door implements Alarm {

    public void alarm() {
    System.out.println("响铃，我实现 Alarm 接口中的 alarm 方法");
    }

    public void open() {
    System.out.println("开门操作，我实现了 Door 类中 open 方法");
    }

    public void close() {
    System.out.println("关门操作，我实现了 Door 类中的 close 方法");
    }

}
```

下面定义了一个测试类 Test，初始化了一个对象 a1，并调用其中的方法：

```
public class Test {

    public static void main(String[] args) {
    AlarmDoor a1=new AlarmDoor();
    a1.open();
    a1.close();
    a1.alarm();
    }

}
```

用 eclipse 编译并运行程序，其结果如图 3-20 所示。

图 3-20　抽象类和接口结合实例

本章小结

面向对象是 Java 的基本特性之一，对这个特性的深刻理解是学习 Java 的关键。本章围绕三个基本特性（封装、继承、多态）具体地讲解了类的定义和结构、对象的创建和使用、数据的隐藏和封装、类的继承和多态等。其中多态是本章的难点。多态可以分为编译时的多态和运行时的多态。其中前者是由方法的重载实现的，后者则是上溯造型、方法和重写、动态联编等高级技术实现。多态可以提高程序的可读性、扩展性、维护性。深入理解和掌控多态的概念，对于充分使用 Java 的面向对象特性是至关重要的。

课后练习

1. 选择题

1）Java 语言是一种（　　　）语言。

A. 机器　　　　　　B. 汇编　　　　　　C. 面向过程的　　　　　D. 面向对象的

2）将对象 objectA 强制转换为 someclass 类的类型的正确代码为（　　　）。

A. objectA.someclass　　　　　　B. objectA someclass

C. objectA(someclass)　　　　　　D. (objectA)someclass

3）下列选项中哪个不是 Java 多态的表现？（　　　）

A. 方法重载　　　B. 方法重写　　　C. 变量覆盖　　　　D. 变量封装

4）下面命令中，可以用来正确执行 HelloWorld 案例的是（　　　）。

A. java HelloWorld　　　　　　B. java HelloWorld.java

C. javac HelloWorld　　　　　　D. javac HelloWorld.java

5）若在 Java 源文件中给出以下两个类的定义：

```
class Example{
public Example(){//do something}
protected Example(int i){//do something}
protected void method(){//do something}
}
class Hello extends Example{
//member method and member variable
}
```

则下列哪些方法可以在类 Hello 中定义？（　　　）

A. public void Example(){}　　　　　　B. public void method(){}

C. protected void method(){}　　　　　　D. private void method(){}

6）当编译运行下列代码时，运行结果是（　　　）。

```
class Base{
    protected int i=99;
}
public class Ab{
    private int i=1;
    public static void main(String args[]){
        Ab a=new Ab();
        a. hallow();
    }
    abstract void hallow(){
        System.out.println("Clainess"+i);
    }
```

A．编译错误

B．编译正确，运行时输出：Claines 99

C．编译正确，运行时输出：Claines 1

D．编译正确，但运行时无输出

2．改错题

```java
public class Outer {
    private class Inner {
        static String name=new String("Inner");
        public void method(){
        System.out.println(name);
        }
    }
    public static void main(String[] args) {
        Inner a=new Outer().new Inner();
        a.method();
    }
}
```

3．填空题

1）请完成下面程序，使得程序可以输出枚举常量值：RED、GREEN 和 BLUE。

```java
public class Ball {
    public _____ T {
        _____
    }
    public static void main(String[] args) {
        Ball.T[] t=Ball.T.values();
        for(int i=0;i<t.length;i++) {
            System.out.println(t[i]);
        }
    }
}
```

2）请完成下面程序，使得程序可以输出"hi"。

```java
public class Car {
    _____{
        Engine() {
        _____
        }
    }
    public static void main(String[] args) {
        new Car().go();
    }
    void go() {
        new Engine();
    }
    void drive() {
        System.out.println("hi");
    }
}
```

}

4．编程题

1）设计一个交通类 vehicle，其中的属性包括速度 speed、种类 kind；方法包括：设置颜色 setColor，取得颜色 getColor。再设计一个子类 Car，增加属性 passenger 表示可容纳乘客人数，添加方法取得可容纳乘客人数 getPassenger()。

2）编写三个接口 A、B、C，它们之间具有继承关系。B 接口继承 A，C 接口继承 B。且每个接口中包含一个常量字符串。试通过一个类 ImpInterfaceABC 继承这些接口，通过 interTest 类显示接口中的常量字符串来展示接口的特性。

第 4 章　Android 布局管理器

本章要介绍的内容为 Android 平台下的布局管理器。Android 中的布局包括线性布局、表格布局、相对布局、帧布局和绝对布局。

在介绍 Android 的布局管理器之前，有必要让读者了解 Android 平台下的控件类。首先要了解的是 View 类，该类为所有可视化控件的基类，主要提供了控件绘制和事件处理的方法。创建用户界面所使用的控件都继承自 View，如 TextView、Button、CheckBox 等。

关于 View 及其子类的相关属性，既可以在布局 XML 文件中进行设置，也可以通过成员方法在代码中动态设置。

4.1　线性布局（LinearLayout）

线性布局是程序中最常见的一种布局方式。程序中线性布局的特点是：各个子元素彼此连接，中间不留空白。

4.1.1　LinearLayout 介绍

线性布局在 XML 布局文件中使用<LinearLayout>标签进行配置。线性布局可以分为水平线性布局和垂直线性布局。通过 android:orientation 属性设置线。

<LinearLayout>标签有一个非常重要的 Gravity 属性，该属性用于控制布局中的视图位置。该属性可取的主要值如表 4-1 所示。

表 4-1　LinearLayout 属性值的含义

属　性　值	描　　　述
Top	将视图放到屏幕顶端
Bottom	将视图放到屏幕底端
Left	将视图放到屏幕左端
Right	将视图放到屏幕右端
Center_vertical	将视图按垂直方向居中显示
Center_horizontal	将视图按水平方向居中显示
Center	将视图按垂直和水平方向居中显示

● 如果设置多个属性值，需要使用 "|" 进行分隔，在属性值和 "|" 之间不能有其他符号（如空格等）。
● <LinearLayout>中的子标签还可以使用 layout_gravity 和 layout_weight 属性来设置每一个视图的位置。

- layout_gravity: 可取值与 gravity 属性相同，表示当前视图在布局中的位置。
- layout_weight: 是一个非负数整数值，如果该属性值大于 0，线性布局会根据水平线方向不同视图的 layout_weight 属性值之和的比例为这些视图分配自己所占的区域，视图将按照相应比例拉伸。

如果在<LinearLayout>标签中有两个<Button>标签，这两个标签的 layout_weight 属性值都是 1，并且<LinearLayout>标签的 orientation 属性值是 horizontal，这两个按钮都会被拉伸到屏幕宽度的一半，并显示在屏幕的正上方。

若 layout_weight 属性值为 0，视图会按原大小显示（不会被拉伸）。对于其余 layout_weight 属性值大于 0 的视图，系统将会减去 layout_weight 属性值为 0 的视图的宽度或高度，再用剩余的宽度和高度按相应的比例来分配每一个视图所占的宽度和高度。

4.1.2 LinearLayout 实例

线性布局（LinieLayout）最重要的一个属性为"orientation"，当不设置此属性时，默认布局中的元素都为水平方向排列成一行，因此如果要求元素垂直排列时，一定要将此属性设置为垂直（Vertical），见下面示例。

【例 4-1】 LinearLayout 实例的 main.xml

```xml
<?xml version="1.0" encoding="utf-8"?>
<LinearLayout xmlns:android="http://schemas.android.com/apk/res/android"
    android:layout_width="fill_parent"
    android:layout_height="fill_parent"
    android:orientation="vertical" >
    <LinearLayout
      android:orientation="horizontal"
      android:layout_width="fill_parent"
      android:layout_height="wrap_content"
      android:baselineAligned="false"
      android:layout_weight="1" >
      <LinearLayout
        android:orientation="horizontal"
        android:layout_width="wrap_content"
        android:layout_height="fill_parent"
        android:layout_weight="1">
        <TextView
          android:text="@string/color_green"
          android:textColor="#ff0000"
          android:background="#00aa00"
          android:layout_width="wrap_content"
          android:layout_height="fill_parent"
          android:layout_weight="1"/>
      <TextView
        android:text="@string/color_blue"
        android:background="#0000aa"
        android:layout_width="wrap_content"
        android:layout_height="fill_parent"
        android:layout_weight="1"/>
```

```xml
        </LinearLayout>
        <LinearLayout
            android:orientation="vertical"
            android:layout_width="wrap_content"
            android:layout_height="fill_parent"
            android:layout_weight="1">
            <TextView
                android:text="@string/color_black"
                android:background="#000000"
                android:layout_width="fill_parent"
                android:layout_height="wrap_content"
                android:layout_weight="1"/>
            <TextView
                android:text="@string/color_yellow"
                android:background="#aaaa00"
                android:layout_width="fill_parent"
                android:layout_height="wrap_content"
                android:layout_weight="1"/>
            <TextView
                android:text="@string/color_unknown"
                android:background="#00aaaa"
                android:layout_width="fill_parent"
                android:layout_height="wrap_content"
                android:layout_weight="1"/>
        </LinearLayout>
    </LinearLayout>
    <LinearLayout
        android:orientation="vertical"
        android:layout_width="fill_parent"
        android:layout_height="wrap_content"
        android:layout_weight="2">
        <TextView
            android:text="@string/color_red"
            android:gravity="fill_vertical"
            android:background="#aa0000"
            android:layout_width="fill_parent"
            android:layout_height="wrap_content"
            android:layout_weight="2"/>
        <TextView
            android:text="@string/color_white"
            android:textColor="#ff0000"
            android:background="#ffffff"
            android:layout_width="fill_parent"
            android:layout_height="wrap_content"
            android:layout_weight="2"/>
    </LinearLayout>
</LinearLayout>
string.xml
<?xml version="1.0" encoding="utf-8"?>
<resources>
```

```
            <string name="hello">Hello World, TestAbsoluteLayoutActivity!</string>
            <string name="app_name">TestAbsoluteLayout</string>
            <string name="color_red">red</string>
            <string name="color_green">green</string>
            <string name="color_blue">blue</string>
            <string name="color_white">white</string>
            <string name="color_black">black</string>
            <string name="color_yellow">yellow</string>
            <string name="color_unknown">unknown</string>
        </resources>
```

效果如图 4-1 所示。

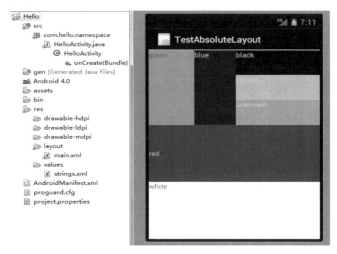

图 4-1　布局管理

4.2　表格布局（TableLayout）

TableLayout 将子元素的位置分配在行或者列中。一个 TableLayout 由许多的 TableRow 组成，每个 TableRow 都会定义一个 Row。每个 Row 拥有 0 个或者多个 Cell，每个 Cell 拥有一个 View 对象。表格由列或者行组成许多单元格，允许单元格为空，单元格不能跨列。列可以被隐藏，也可以被设置为强制收缩，直到表格匹配屏幕大小。

TableLayout 常用属性如表 4-2 所示。

表 4-2　TableLayout 属性值的含义

属　性　值	描　　述
Collapsecolumns	以第 0 行为序，隐藏指定的列
Shrinkcolumns	以第 0 行为序，自动延伸指定的列填充可用部分，当 tablerow 里的控件还没有布满布局时，该属性不起作用
Strechcolumns	以第 0 行为序，填充指定列空白部分

下面我们来看一个 TableLayout 布局设计表格的例子。

【例 4-2】　TableLayout 布局设计表格

```xml
<?xml version="1.0" encoding="utf-8"?>
<TableLayout xmlns:android="http://schemas.android.com/apk/res/android"
    android:layout_width="match_parent"
    android:layout_height="match_parent"
    android:shrinkColumns="1">
    <TableRow>
        <Button
            android:id="@+id/button01"
            android:layout_width="wrap_content"
            android:layout_height="wrap_content"
            android:text="按钮 1"
            >
        </Button>
        <Button
            android:id="@+id/button02"
            android:layout_width="wrap_content"
            android:layout_height="wrap_content"
            android:text="按钮 2"
            >
        </Button>
        <Button
            android:id="@+id/button03"
            android:layout_width="wrap_content"
            android:layout_height="wrap_content"
            android:text="按钮 3"
            >
        </Button>
    </TableRow>
    <TableRow >
        <Button
            android:layout_width="wrap_content"
            android:layout_height="wrap_content"
            android:text="按钮 4"
            >
        </Button>
        <Button
            android:layout_width="wrap_content"
            android:layout_height="wrap_content"
            android:text="按钮 5"
            >
        </Button>
        <Button
            android:layout_width="wrap_content"
            android:layout_height="wrap_content"
            android:text="按钮 6"
            >
        </Button>
    </TableRow>
```

```
        <TableRow >
            <Button
                android:id="@+id/button04"
                android:layout_width="wrap_content"
                android:layout_height="wrap_content"
                android:text="按钮 7"
                >
            </Button>
            <Button
                android:id="@+id/button05"
                android:layout_width="wrap_content"
                android:layout_height="wrap_content"
                android:text="按钮 8"
                >
            </Button>
            <Button
                android:id="@+id/button06"
                android:layout_width="wrap_content"
                android:layout_height="wrap_content"
                android:text="按钮 9"
                >
            </Button>
        </TableRow>
    </TableLayout>
```

编译并运行，结果如图 4-2 所示。

【程序说明】

表格布局模型以行列的形式管理子控件，每一行为一个
TableRow 的对象，当然也可以是一个 View 的对象。TableRow
可以添加子控件，每添加一个为一列。

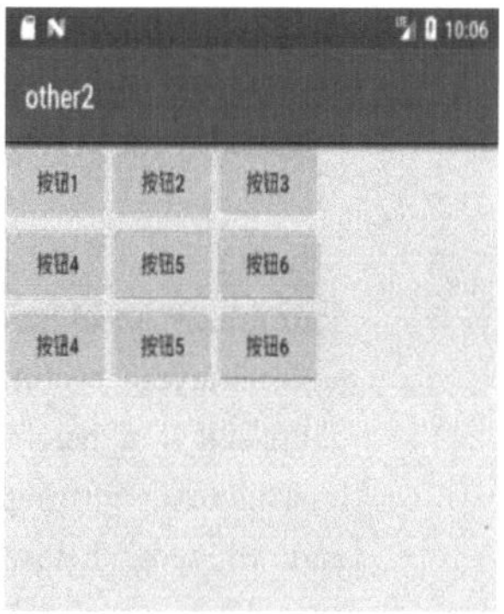

4.3 相对布局（**RelativeLayout**）

相对布局可以设置某一个视图相对于其他视图的位置，这
些位置包括上、下、左、右。设置这些位置的属性是 android:
layout_above、android:layout_below、android:layout_toLeftOf、
android:layout_toRightOf。除此之外，还可以通过 android:layout_alignBaseline 属性设置视图
的底端对齐。

这 5 个属性的值必须是存在的资源 ID，也就是另一个视图的 android:id 属性值。

下面我们来看一个 RelativeLayout 布局设计控制界面的例子，主要代码如下。

【例 4-3】 利用 RelativeLayout 设计控制界面

图 4-2 布局设计表格运行结果

```
<?xml version='1.0' encoding='utf-8'?>
<RelativeLayout xmlns:android='http://schemas.android.com/apk/res/android'
android:layout_width='fill_parent'
```

```
android:layout_height='fill_parent'>
<TextView
android:id='@+id/textView1'
android:layout_width='fill_parent'
android:layout_height='wrap_content'
android:text='请输入用户名：'
android:layout_marginTop='10dp'
/>
<EditText
android:id='@+id/editText1'
android:layout_width='fill_parent'
android:layout_height='wrap_content'
android:layout_below='@id/textView1'
/>
<TextView
android:id='@+id/textView2'
android:layout_width='fill_parent'
android:layout_height='wrap_content'
android:text='请输入密码：'
android:layout_below='@id/editText1'
android:layout_marginTop='10dp'
/>
<EditText
android:id='@+id/editText2'
android:layout_width='fill_parent'
android:layout_height='wrap_content'
android:layout_below='@id/textView2'
/>
<Button
android:id='@+id/btntry'
android:layout_width='wrap_content'
android:layout_height='wrap_content'
android:text='@string/login'
android:layout_below='@id/editText2'
android:layout_alignParentRight='true'
android:layout_marginRight='10dp'
/>
<Button
android:id='@+id/btnlog'
android:layout_width='wrap_content'
android:layout_height='wrap_content'
android:text='@string/region'
android:layout_toLeftOf='@id/btntry'
android:layout_alignTop='@id/btntry'
/>
</RelativeLayout>
```

编译并运行，结果如图 4-3 所示。

【程序说明】

使用 RelativeLayout 实现一种登录界面，学习 RelativeLayout 布局中如何对齐与调整组件相对位置。

RelativeLayout 中使用如下属性调整组件相对位置。

layout_alignParentLeft：表示组件左对齐布局。

layout_alignParentRight：表示组件右对齐布局。

layout_below="@+id/edit1"：表示组件在 edit1 组件下面。

layout_toRightOf="@+id/edit1"：表示组件放在 edit1 的右边。

android:layout_centerInparent="true"，表示该控制在父控制的水平与垂直方向居中。

图 4-3 RelativeLayout
控制界面运行结果

4.4 绝对布局（AbsoluteLayout）

绝对布局一般是不会被使用的，但作为一个优秀的程序员，还是必须要掌握它的用法。开发应用需要在很多机型上进行适配，如果使用了绝对布局，会因为手机屏幕尺寸差别比较大，适应性比较差，在屏幕上的适配会产生缺陷，所以不建议使用。

4.4.1 AbsoluteLayout 介绍

AbsoluteLayout 又可以叫作坐标布局，采用坐标轴的方式定位组件，左上角是（0,0）点，往右 x 轴递增，往下 y 轴递增。

AbsoluteLayout 子类控件的属性如下。

1）android:layout_x="35dip" 控制当前子类控件的 x 位置。

2）android:layout_y="40dip" 控制当前子类控件的 y 位置。

使用示例：

1）先设置成 AbsoluteLayout 绝对布局，如图 4-4 所示。

2）从左边拖拉两个 TextView 和 EditText 以及一个按钮到界面上，如图 4-5 所示。

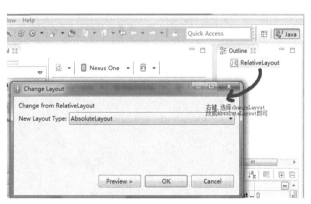

图 4-4 设置 AbsoluteLayout

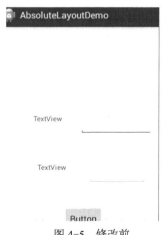

图 4-5 修改前

3）在代码中修改坐标，如图 4-6 和图 4-7 所示。

图 4-6　修改后（a）

图 4-7　修改后（b）

4.4.2　AbsoluteLayout 实例

AbsoluteLayout 可以直接指定子元素的绝对位置，这种布局简单直接，直观性强。但是由于手机屏幕尺寸差别比较大，使用绝对定位的适应性会比较差。

【例 4-4】　布局 XML

```xml
<?xml version="1.0" encoding="utf-8"?>
<AbsoluteLayout xmlns:android="http://schemas.android.com/apk/res/android"
android:layout_width="match_parent"
android:layout_height="match_parent" >
<Button
android:layout_width="wrap_content"
android:layout_height="wrap_content"
android:layout_x="20px"
android:layout_y="20px"
android:text="A" />
<Button
android:layout_width="wrap_content"
android:layout_height="wrap_content"
android:layout_x="60px"
android:layout_y="20px"
android:text="B" />
<Button
android:layout_width="wrap_content"
android:layout_height="wrap_content"
android:layout_x="20px"
android:layout_y="80px"
android:text="C" />
<Button
android:layout_width="wrap_content"
android:layout_height="wrap_content"
```

```
android:layout_x="60px"
android:layout_y="80px"
android:text="D" />
</AbsoluteLayout>
```

编译并运行，结果如图 4-8 所示。

【程序说明】

Button 中对按钮的属性进行配置。

配置声明了按钮的大小、位置以及名称。

图 4-8　运行结果

4.5　帧布局（FrameLayout）

FrameLayout 可以说是六大布局中最为简单的一个布局，这个布局直接在屏幕上开辟出一块空白的区域，当我们往其中添加控件的时候，会默认把它们放到这块区域的左上角，而这种布局方式却没有任何的定位方式，所以它应用的场景并不多。帧布局的大小由控件中最大的子控件决定，如果控件的大小相同，那么同一时刻就只能看到最上面的那个组件。后续添加的控件会覆盖前一个。虽然默认会将控件放置在左上角，但是我们也可以通过 layout_gravity 属性指定到其他的位置。

4.5.1　FrameLayout 介绍

帧布局通常默认是从屏幕的左上角（0,0）点的坐标开始布局，可以通过 gravity 属性来设置帧布局的对齐方式。首先，创建一个安卓项目，在安卓项目下有个 res 资源文件夹中 layout 下的布局文件，打开该布局文件，即 layout_main.xml，将默认的 RelativeLayout 相对布局改成 FrameLayout 帧布局，用来标记使用的是帧布局管理器。

FrameLayout 帧布局的属性如下。

1）android:foreground 属性：用于设置该帧布局管理器的前景图像。

2）android:foregroundGravity 属性：用来定义绘制前景图像的 gravity 属性，即前景图像显示的位置，可以把前景图像设置在左上角或右下角等角的地方，右下角应设置为 bottom|right，左上角应设置为 top|left。

4.5.2　FrameLayout 实例

FrameLayout 帧布局的主要布局文件代码如下：

```
<FrameLayout
xmlns:android="http://schemas.android.com/apk/res/android"
xmlns:tools="http://schemas.android.com/tools"
android:id="@+id/frameLayout1"
android:layout_width="fill_parent"
android:layout_height="fill_parent"
android:background="@drawable/logo"
```

```
android:foreground="@drawable/icon"
android:foregroundGravity="bottom|right"
android:paddingBottom="@dimen/activity_vertical_margin"
android:paddingLeft="@dimen/activity_horizontal_margin"
android:paddingRight="@dimen/activity_horizontal_margin"
android:paddingTop="@dimen/activity_vertical_margin"
tools:context=".MainActivity" >
android:id="@+id/textView1"
android:background="#FFFF0000"
android:layout_gravity="center"
android:layout_width="400px"
android:layout_height="400px"/>
android:id="@+id/textView2"
android:layout_width="300px"
android:layout_height="300px"
android:background="#FFFF6600"
android:layout_gravity="center"/>
android:id="@+id/textView3"
android:layout_width="200px"
android:layout_height="200px"
android:background="#FFFFEE00"
android:layout_gravity="center"/>
    </FrameLayout>
```

在安卓项目下单击鼠标右键，选择 Run As 下拉菜单下的
Android Application，等待一段时间，在模拟器下可显示结果。如
图 4-9 所示。

【程序说明】

● 布局中，三个 TextView 设置不同大小与背景色，依次覆盖。

图 4-9　实例结果

● 右下角的是前景图像，通过 android:foreground="@drawable/
logo"设置前景图像的图片，android:foregroundGravity="right|bottom"设置前景图像的
位置在右下角。

4.6　Fragment

Fragment 是 Android 3.0 后引入的一个新的 API，它的设计初衷是为了适应大屏幕的平
板电脑，当然现在它仍然是平板 APP UI 设计的宠儿，而且普通手机开发也会加入这个
Fragment，可以把它看成一个小型的 Activity，又称 Activity 片段。

4.6.1　Fragment 介绍

如果一个很大的界面只有一个布局，写起界面来就会有很多麻烦，而且如果组件多的
话管理起来也很麻烦。而使用 Fragment 可以把屏幕划分成几块，然后进行分组，进行一个模
块化的管理，从而可以更加方便地在运行过程中动态地更新 Activity 的用户界面。另外，
Fragment 并不能单独使用，它需要嵌套在 Activity 中使用，尽管它拥有自己的生命周期，但
是还是会受到宿主 Activity 的生命周期的影响。比如，当 Activity 暂停时，其中的所有片段也

会暂停；当 Activity 被销毁时，其中的所有片段也会被销毁。不过，当 Activity 正在运行（处于已恢复生命周期状态）时，您可以独立操纵每个片段，如添加或移除它们。当执行此类片段事务时，也可以将其添加到由 Activity 管理的返回栈，Activity 中的每个返回栈条目都是一条已发生片段事务的记录。返回栈让用户可以通过按"返回"按钮撤销片段事务（后退）。

Fragment 的生命周期如图 4-10 所示。

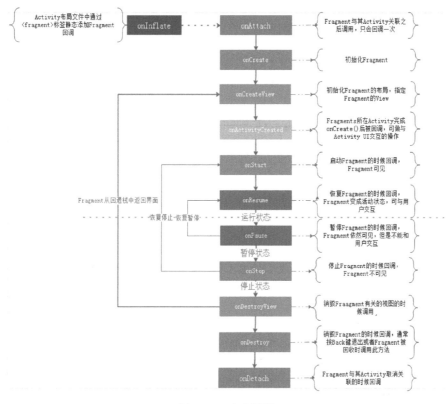

图 4-10　生命周期

由于 Fragment 必须嵌入在 Activity 中使用，所以 Fragment 的生命周期和它所在的 Activity 是密切相关的。假设 Activity 是暂停状态，当中全部的 Fragment 都是暂停状态；假设 Activity 是 stopped 状态，这个 Activity 中全部的 Fragment 都不能被启动；假设 Activity 被销毁，那么它当中的全部 Fragment 都会被销毁。可是，当 Activity 在运行状态，能够独立控制 Fragment 的状态，比如加上或者移除 Fragment，当这样进行 Fragment Transaction（转换）的时候，能够把 Fragment 放入 Activity 的 back stack 中，这样用户就能够进行返回操作。

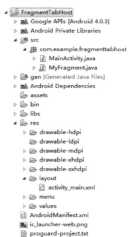

图 4-11　项目结构

4.6.2　Fragment 实例

Activity 与 Fragment 通信，项目结构如图 4-11 所示。

布局文件 activity_main.xml 如下：

```
<LinearLayout xmlns:android="http://schemas.android.com/apk/res/android" xmlns:tools="http://schemas.
android.com/tools" android:layout_width="match_parent"
        android:layout_height="match_parent"
        android:orientation="vertical"
        tools:context=".MainActivity" >
        <FrameLayout
        android:layout_weight="1"
        android:id="@+id/content"
        android:layout_width="wrap_content"
        android:layout_height="0dp" >
        </FrameLayout>
        <android.support.v4.app.FragmentTabHost
        android:id="@+id/tab"
        android:layout_width="fill_parent"
        android:layout_height="wrap_content" />
    </LinearLayout>
```

MainActivity 主要代码如下:

```
package com.example.fragmenttabhost;
import android.os.Bundle;
import android.support.v4.app.ListFragment;
import android.widget.ArrayAdapter;
import android.widget.Toast;
public class MyFragment extends ListFragment{
String show1[] = {"1.1","1.2","1.3","1.4"};
String show2[] = {"2.1","2.2","2.3","2.4"};
@Override
public void onActivityCreated(Bundle savedInstanceState) {
super.onActivityCreated(savedInstanceState);
String show[] = null;
Bundle bundle = getArguments();
if(bundle == null)
show = show1;
else { show = show2;
Toast.makeText(getActivity(), (CharSequence) bundle.get("key"), 1).show();
}
setListAdapter(newArrayAdapter<String>(getActivity(),android.R.layout.simple_list_item_1, show));
}
}
package com.example.fragmenttabhost;
import android.os.Bundle;
import android.support.v4.app.FragmentActivity;
import android.support.v4.app.FragmentTabHost;
public class MainActivity extends FragmentActivity {
protected void onCreate(Bundle savedInstanceState) {
super.onCreate(savedInstanceState);
setContentView(R.layout.activity_main);
FragmentTabHost tabHost = (FragmentTabHost) findViewById(R.id.tab);
tabHost.setup(this, getSupportFragmentManager(), R.id.content);
tabHost.addTab(tabHost.newTabSpec("tab1").setIndicator("Tab1"),MyFragment.class, null);
```

```
Bundle b = new Bundle();
b.putString("key", "I am tab2");
tabHost.addTab(tabHost.newTabSpec("tab2").setIndicator("Tab2",getResources().getDrawable(R.drawable.i
c_launcher)), MyFragment.class, b);
}
}
```

定义 Fragment 类代码如下：

```
public class MyFragment extends ListFragment{
String show1[] = {"1.1","1.2","1.3","1.4"};
String show2[] = {"2.1","2.2","2.3","2.4"};
@Override
public void onActivityCreated(Bundle savedInstanceState) {
super.onActivityCreated(savedInstanceState);
String show[] = null;
Bundle bundle = getArguments();
if(bundle == null)
show = show1;
else { show = show2;
Toast.makeText(getActivity(), (CharSequence) bundle.get("key"), 1).show();
}
setListAdapter(newArrayAdapter<String>(getActivity(),android.R.layout.simple_list_item_1, show));
}
}
```

程序运行结果如图 4-12 和图 4-13 所示。

图 4-12　运行结果 1

图 4-13　运行结果 2

【程序说明】

● 在要用到 Fragment 的 Activity 所对应的 XML 文件中添加 fragment 控件。

● 要为 tab 添加 name 属性（android:name="包名.Fragment 类名"）和 id 属性（如不加
id，会在程序运行时出现闪退）。

4.7 百分比布局

Android 提供了 Android-percent-support 这个库，支持百分比布局，在一定程度上可以解决屏幕适配的问题。该库提供了两个类 PercentRelativeLayout、PercentFrameLayout，通过名字就可以看出，这是继承自 RelativeLayout 和 FrameLayout 两个布局类。

4.7.1 百分比布局介绍

什么是百分比布局？简单来说就是按照父布局的宽高进行百分比分隔，以此来确定视图的大小。根布局使用百分比相对布局，子 View 就可以使用百分比确定自己的宽高。

1. 百分比布局

PercentRelativeLayout 和 PercentFrameLayout 由 google 出品，其用法和原始的 RelativeLayout、FrameLayout 差不多。

2. 百分比属性

layout_widthPercent

layout_heightPercent

layout_marginPercent

layout_marginLeftPercent

layout_marginTopPercent

layout_marginRightPercent

layout_marginBottomPercent

layout_marginStartPercent

layout_marginEndPercent

下面通过实例具体了解一下百分比布局如何使用。

【例 4-5】 使用 PercentRelativeLayout 实现百分比布局

```
E:\AndroidStudioProjects\PercentRelativeLayout\app\src\main\res\layout\activity_main.xml
<?xml version="1.0" encoding="utf-8"?>
<android.support.percent.PercentRelativeLayout xmlns:android="http://schemas.android.com/apk/res/
android"
        xmlns:app="http://schemas.android.com/apk/res-auto"
        xmlns:tools="http://schemas.android.com/tools"
        android:layout_width="match_parent"
        android:layout_height="match_parent"
        android:clickable="true"
        tools:context=".MainActivity">
        <TextView
            android:id="@+id/text1"
            android:layout_height="50dip"
            android:layout_alignParentTop="true"
            app:layout_widthPercent="25%"
            android:background="#ff0000"
            android:textColor="#fff"
            android:textSize="20dp"
```

```
            android:text="1,25%" />
        <TextView
            android:id="@+id/text2"
            android:layout_height="50dip"
            android:layout_below="@+id/text1"
            android:layout_marginTop="1dip"
            app:layout_widthPercent="50%"
            android:background="#ff0000"
            android:textColor="#fff"
            android:textSize="20dp"
            android:text="2,50%" />
        <TextView
            android:id="@+id/text3"
            android:layout_height="50dip"
            android:layout_below="@+id/text2"
            android:layout_marginTop="1dip"
            app:layout_widthPercent="75%"
            android:background="#ff0000"
            android:textColor="#fff"
            android:textSize="20dp"
            android:text="3,75%" />
        <TextView
            android:id="@+id/text4"
            android:layout_height="50dip"
            android:layout_below="@+id/text3"
            android:layout_marginTop="1dip"
            app:layout_marginLeftPercent="25%"
            app:layout_widthPercent="50%"
            android:background="#ff0000"
            android:textColor="#fff"
            android:textSize="20dp"
            android:text="4,50%" />
        <TextView
            android:id="@+id/text5"
            android:layout_height="50dip"
            android:layout_below="@+id/text4"
            android:layout_marginTop="1dip"
            app:layout_marginLeftPercent="50%"
            app:layout_widthPercent="50%"
            android:background="#ff0000"
            android:textColor="#fff"
            android:textSize="20dp"
            android:text="5,50%" />
        <TextView
            android:id="@+id/text6"
            android:layout_height="50dip"
            android:layout_below="@+id/text5"
            android:layout_marginTop="1dip"
            app:layout_marginLeftPercent="25%"
            app:layout_widthPercent="25%"
```

```
            android:background="#ff0000"
            android:textColor="#fff"
            android:textSize="20dp"
            android:text="6,25%" />
    </android.support.percent.PercentRelativeLayout>
```

运行结果如图 4-14 所示。

【程序说明】

为每个 TextView 设定 50dip 高度，但是宽度要设定百分比形式：layout_widthPercent=
"百分比数值"。

在第四个 TextView 中添加 app:layout_marginLeftPercent="25%"，使 TextView 在距离父
元素左边百分比为 25%的位置处。

在 build.gradle 文件中添加依赖库，网上一般都是 compare，但是会在 Android studio 中
报错，要将 compare 改成 implementation。添加语句如下所示：implementation 'com.android.
support:percent:28.0.0 '。

📖 注意：PercentRelativeLayout 和 PercentFrameLayout 就是多了九个布局属性的 RelativeLayout 和
FrameLayout，用法完全和这两个布局一样，不过只有父布局是百分比布局（PercentRelativeLayout 和
PercentFrameLayout）的时候，child 才能使用百分比布局属性进行布局，否则无效。

【例 4-6】 使用 PercentFrameLayout 实现百分比布局

```
        E:\AndroidStudioProjects\PercentFrameLayout\app\src\main\res\layout\activity_main.xml
        <?xml version="1.0" encoding="utf-8"?>
        <android.support.percent.PercentFrameLayout xmlns:android="http://schemas.android.com/apk/res/
android"
            xmlns:app="http://schemas.android.com/apk/res-auto"
            xmlns:tools="http://schemas.android.com/tools"
            android:layout_width="match_parent"
            android:layout_height="match_parent"
            tools:context=".MainActivity">
            <TextView
                app:layout_heightPercent="90%"
                app:layout_widthPercent="90%"
                android:background="#000" />
            <TextView
                app:layout_heightPercent="80%"
                app:layout_widthPercent="80%"
                android:background="#858793" />
            <TextView
                app:layout_heightPercent="70%"
                app:layout_widthPercent="70%"
                android:background="#ff00ff" />
            <TextView
                app:layout_heightPercent="60%"
                app:layout_widthPercent="60%"
                android:background="#00ffff" />
            <TextView
```

```
        app:layout_heightPercent="50%"
        app:layout_widthPercent="50%"
        android:background="#e57373" />
    </android.support.percent.PercentFrameLayout>
```

运行结果如图 4-15 所示。

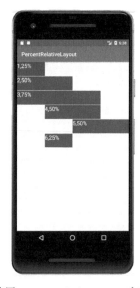

图 4-14   使用 PercentRelativeLayout 实现百分比   图 4-15   使用 PercentFrameLayout 实现百分比
            布局运行结果   布局运行结果

【程序说明】

在 build.gradle 文件中添加依赖库，很多人在 denpendencies 中用 compile 来写，但新版本的 AS 采用了新的 gradle 编译版本。compile 已过时，都是使用 implenmentation。添加语句如下：

```
implementation 'com.android.support:percent:28.0.0 '
```

示例中定义了 5 个 TextView，将每个 TextView 定义不同的百分比高度和宽度，并定义背景颜色。

4.7.2   百分比布局实例

【例 4-7】   百分比布局综合应用

```
E:\AndroidStudioProjects\PercentTotal\app\src\main\res\layout\activity_main.xml
<?xml version="1.0" encoding="utf-8"?>
<android.support.percent.PercentFrameLayout xmlns:android="http://schemas.android.com/apk/res/
android"
        xmlns:app="http://schemas.android.com/apk/res-auto"
        xmlns:tools="http://schemas.android.com/tools"
        android:layout_width="match_parent"
        android:layout_height="match_parent"
        tools:context=".MainActivity">
```

```xml
<TextView
    app:layout_heightPercent="20%"
    app:layout_widthPercent="50%"
    android:text="这是 TextView"
    android:textColor="@color/colorPrimaryDark"
    android:textSize="30dp"
    android:background="#00ffff" />
<android.support.percent.PercentRelativeLayout
    android:layout_width="match_parent"
    android:layout_marginTop="120dp"
    android:layout_height="450dp">
    <Button
        android:id="@+id/btn1"
        android:text="w:20% h:10"
        android:textAllCaps="false"
        app:layout_widthPercent="20%"
        app:layout_heightPercent="10%"/>
    <Button
        android:id="@+id/btn2"
        android:text="w:40% h:10"
        app:layout_widthPercent="40%"
        app:layout_heightPercent="10%"
        android:textAllCaps="false"
        android:layout_below="@id/btn1"/>
    <Button
        android:id="@+id/btn3"
        android:text="w:60% h:10"
        android:textAllCaps="false"
        app:layout_widthPercent="60%"
        app:layout_heightPercent="10%"
        android:layout_below="@id/btn2"/>
    <Button
        android:id="@+id/btn4"
        android:text="w:80% h:10"
        app:layout_widthPercent="80%"
        app:layout_heightPercent="10%"
        android:textAllCaps="false"
        android:layout_below="@id/btn3"/>
    <Button
        android:id="@+id/btn5"
        android:text="w:100% h:10"
        app:layout_widthPercent="100%"
        app:layout_heightPercent="10%"
        android:textAllCaps="false"
        android:layout_below="@id/btn4"/>
    <Button
        android:id="@+id/btn6"
        android:text="w:80% h:10"
        app:layout_widthPercent="80%"
        app:layout_heightPercent="10%"
```

```
                    android:textAllCaps="false"
                    android:layout_below="@id/btn5"/>
                <Button
                    android:id="@+id/btn7"
                    android:text="w:60% h:10"
                    app:layout_widthPercent="60%"
                    app:layout_heightPercent="10%"
                    android:textAllCaps="false"
                    android:layout_below="@id/btn6"/>
                <Button
                    android:id="@+id/btn8"
                    android:text="w:40% h:10"
                    app:layout_widthPercent="40%"
                    app:layout_heightPercent="10%"
                    android:textAllCaps="false"
                    android:layout_below="@id/btn7"/>
                <Button
                    android:id="@+id/btn9"
                    android:text="w:20% h:10"
                    app:layout_widthPercent="20%"
                    app:layout_heightPercent="10%"
                    android:textAllCaps="false"
                    android:layout_below="@id/btn8"/>
            </android.support.percent.PercentRelativeLayout>
        </android.support.percent.PercentFrameLayout>
```

运行结果如图 4-16 所示。

【程序说明】

- 在外部首先定义一个 PercentFrameLayout，宽、高为整个容器的长度。
- 在里面定义一个 TextView，宽、高均用百分比显示。再定义一个 PercentRelativeLayout，宽度为整个布局容器的长度，高度为整个布局容器高度。
- android:layout_marginTop="120dp"是定义 PercentRelativeLayout 距离父容器的外边距为 120dp，使整个布局向下到 TextView 底部。
- 在 PercentRelativeLayout 布局里放置 Button，每个 Button 有不同的百分比宽、高。

图 4-16　运行结果

4.8　引入布局

在之前的内容中我们已经介绍了线性布局、表格布局、相对布局、绝对布局、帧布局和百分比布局。但在一般情况下，我们的程序可能会有多个标题栏，但所有的标题栏的展示效果都是相同的，如果在每个 Activity 的布局中都编写同样的标题栏代码，明显就会导致代码的大量重复，降低了代码的效率。

因此，我们可以使用引入布局的方式来解决这个问题。下面介绍两种方式解决此问题。

【例 4-8】 引入布局 title

1．使用 include 引入布局

被引入的布局文件 title.xml 代码：

```xml
<?xml version="1.0" encoding="utf-8"?>
<LinearLayout xmlns:android="http://schemas.android.com/apk/res/android"
    android:layout_width="match_parent"
    android:layout_height="wrap_content"
    android:background="#cccccc">
    <Button
        android:id="@+id/title_back"
        android:layout_width="wrap_content"
        android:layout_height="wrap_content"
        android:layout_gravity="center"
        android:layout_margin="0dp"
        android:background="#DC143C"
        android:text="Back"
        android:textColor="#fff"/>
</LinearLayout>
```

【程序说明】

将创建的布局引入主布局文件，替代原有的标题栏，用 androidt:text 的方法为该按钮显示文本属性。

activity_main.xml 代码：

```xml
<?xml version="1.0" encoding="utf-8"?>
<LinearLayout xmlns:android="http://schemas.android.com/apk/res/android"
    xmlns:app="http://schemas.android.com/apk/res-auto"
    xmlns:tools="http://schemas.android.com/tools"
    android:layout_width="match_parent"
    android:layout_height="match_parent"
    tools:context=".MainActivity"
    android:id="@+id/activity_main"
    android:paddingBottom="@dimen/activity_vertical_margin"
    android:paddingLeft="@dimen/activity_horizontal_margin"
    android:paddingRight="@dimen/activity_horizontal_margin"
    android:paddingTop="@dimen/activity_vertical_margin"
    android:orientation="vertical">
    <include layout="@layout/title"/>
</LinearLayout>
```

　　只需要通过一行 include 语句就可以将标题栏引入进来了。

MainActivity 代码：

```java
public class MainActivity extends AppCompatActivity {
    @Override
    protected void onCreate(Bundle savedInstanceState) {
```

```
        super.onCreate(savedInstanceState);
        setContentView(R.layout.activity_main);
        ActionBar actionBar = getSupportActionBar();
        if (actionBar != null)
        {
            actionBar.hide();
        }
    }
}
```

编译并运行程序，结果如图 4-17 所示。

【程序说明】

● 调用 getSupportActionBar()方法来获得 ActionBar 实例，再
用 ActionBar 的 hide()方法将系统的标题栏隐藏起来。

引入标题栏的主要步骤分下面三步：

● 创建一个标题栏，显示一个名字叫 BACK 的按钮。
● 在 activiy_main.xml 布局文件中通过 include 引入该标题栏
布局。
● 在 MainActivity 中隐藏系统原有的标题栏，将自定义的标
题栏显示出来。

2. 创建自定义控件

引入布局的技巧确实解决了重复编写布局代码的问题，但是
如果布局中有一些控件要求能够响应事件，我们还是需要在每个
Activity 中为这些控件单独编写一次事件注册代码。这种情况最好使用自定义控件的方式来
解决。

图 4-17　引入标题

例如，可以创建自定义的一个 Layout，然后将这个布局文件加入主布局文件：
activity_main.xml 代码：

```
<com.example.dell.myapplication.TitleLayout
        android:layout_width="match_parent"
        android:layout_height="wrap_content"/>
```

实例 4-1：页面转换

本实例通过线性布局和帧布局的综合使用，完成页面的点击切换的效果。页面显示的
最终结果是定义三个界面分别命名为电影、音乐和图片。在点击电影界面时，电影界面的图
标变亮并在下方有横线提示，页面的内容为彩色的文本，文本显示的内容与标题相对应，其
余两个界面的显示效果与该界面的效果相同。

MFragmentPagerAdapter 代码：

```
public class MFragmentPagerAdapter extends FragmentPagerAdapter {   //存放 Fragment 的数组
        private ArrayList<Fragment> fragmentsList;
        public MFragmentPagerAdapter(FragmentManager fm, ArrayList<Fragment> fragmentsList) {
```

```
            super(fm);
            this.fragmentsList = fragmentsList;
        }
        @Override
        public Fragment getItem(int position) {
            return fragmentsList.get(position);
        }
        @Override
        public int getCount() {
            return fragmentsList.size();
        }
        @Override
        public void destroyItem(ViewGroup container, int position, Object object) {
            super.destroyItem(container, position, object);
        }
    }
```

MovieFragment 代码：

```
public class MovieFragment extends Fragment {
    @Override
    public void onCreate(Bundle savedInstanceState) {
        super.onCreate(savedInstanceState);
    }
    @Override
    public View onCreateView(LayoutInflater inflater, ViewGroup container,
                             Bundle savedInstanceState) {
        // Inflate the layout for this fragment
        return inflater.inflate(R.layout.fragment_movie, container, false);   //实现电影界面效果
    }
}
```

- MusicFragment 和 PictureFragment 代码与 MovieFragment 代码相似，只需更改 R.layout.fragment 所指向的对象。

activity_main.xml 代码：

```
<?xml version="1.0" encoding="utf-8"?>
<LinearLayout xmlns:android="http://schemas.android.com/apk/res/android"
    xmlns:app="http://schemas.android.com/apk/res-auto"
    xmlns:tools="http://schemas.android.com/tools"
    android:layout_width="match_parent"
    android:layout_height="match_parent"
    android:orientation="vertical"
    tools:context=".MainActivity">
    <LinearLayout
        android:id="@+id/linearLayout1"
        android:layout_width="fill_parent"
        android:layout_height="@dimen/top_tab_height"
        android:background="@color/main_top_color" >
        <TextView
            android:id="@+id/picture_text"
```

```xml
            android:layout_width="fill_parent"
            android:layout_height="fill_parent"
            android:layout_weight="1.0"
            android:gravity="center"
            android:text="@string/picture"
            android:textStyle="bold"
            android:textColor="@color/red"
            android:textSize="@dimen/main_top_tab_text_size" />
        <TextView
            android:id="@+id/movie_text"
            android:layout_width="fill_parent"
            android:layout_height="fill_parent"
            android:layout_weight="1.0"
            android:gravity="center"
            android:text="@string/movie"
            android:textStyle="bold"
            android:textColor="@color/colorPrimaryDark"
            android:textSize="@dimen/main_top_tab_text_size" />
        <TextView
            android:id="@+id/music_text"
            android:layout_width="fill_parent"
            android:layout_height="fill_parent"
            android:layout_weight="1.0"
            android:gravity="center"
            android:text="@string/music"
            android:textStyle="bold"
            android:textColor="@color/main_top_tab_color"
            android:textSize="@dimen/main_top_tab_text_size" />
    </LinearLayout>
    <LinearLayout
        android:layout_width="match_parent"
        android:layout_height="@dimen/main_line_height"
        android:layout_gravity="bottom"
        android:orientation="vertical"
        android:background="@color/main_top_color">
        <ImageView
            android:id="@+id/cursor"
            android:layout_width="@dimen/main_matrix_width"
            android:layout_height="@dimen/main_line_height"
            android:scaleType="matrix"
            android:src="@color/matrix_color" />
    </LinearLayout>
    <View
        android:layout_width="fill_parent"
        android:layout_height="0.5dp"
        android:background="@color/main_top_color"/>
    <android.support.v4.view.ViewPager
        android:id="@+id/vPager"
        android:layout_width="fill_parent"
        android:layout_height="0dp"
        android:layout_gravity="center"
        android:layout_weight="1.0"
        android:background="@color/white"
```

```
            android:flipInterval="30"
            android:persistentDrawingCache="animation" />
    </LinearLayout>
```

【程序说明】

● 在 activity_main 中设置三个 TextView，分别显示页面中的文本展示效果。

● android:text：设置文本显示的内容。

● android:textColor：设置文本的颜色。

fragment_movie.xml 代码：

```
<?xml version="1.0" encoding="utf-8"?>
<FrameLayout xmlns:android="http://schemas.android.com/apk/res/android"
    xmlns:tools="http://schemas.android.com/tools"
    android:layout_width="match_parent"
    android:layout_height="match_parent">
    <TextView
        android:layout_gravity="center"
        android:layout_width="200dp"
        android:layout_height="200dp"
        android:background="@drawable/dotshape"/>
    <TextView
        android:gravity="center"
        android:layout_width="match_parent"
        android:layout_height="match_parent"
        android:text="@string/movie"    //显示页面所对应的文字
        android:textSize="@dimen/text_size"
        android:textColor="@color/colorPrimaryDark"/>
</FrameLayout>
```

【程序说明】

fragment_music.xml 和 fragment_picture.xml 的代码与 fragment_movie.xml 相似，只需改动 android:text 的属性值。

编译并运行程序结果如图 4-18～图 4-20 所示。

图片　　　　　　　　　　　　电影　　　　　　　　　　　　音乐

图 4-18　页面转换效果（a） 　　　图 4-19　页面转换效果（b） 　　图 4-20　页面转换效果（c）

在该实例中，使用线性布局添加三个 TextView 设计了三个页面，对其 id、长宽高、text、gravity 和 color 等属性分别赋值，分别得到电影、音乐、图片三个基本页面并且实现其动态切换的效果；在每个页面使用帧布局，分别通过新建 TextView 对其 text、gravity 和 color 赋值，得到每个页面中不同的显示文本。

实例 4-2：布局的嵌套

本实例通过线性布局、引用布局和相对布局的综合使用，完成页面的点击切换的效果。与上一实例不同的地方是，本次实例在页面的内容上稍作调整，将按钮以相对布局的形式显示输出，复习一下相对布局的形式及其属性赋值。

activity_main.xml 代码：

```
<RelativeLayout xmlns:android="http://schemas.android.com/apk/res/android"
    android:layout_width="fill_parent"
    android:layout_height="45dp"
    android:background="@mipmap/title_bar">
<TextView
    android:layout_width="wrap_content"
    android:layout_height="wrap_content"
    android:text="Hello World!"
    app:layout_constraintBottom_toBottomOf="parent"
    app:layout_constraintLeft_toLeftOf="parent"
    app:layout_constraintRight_toRightOf="parent"
    app:layout_constraintTop_toTopOf="parent"
</RelativeLayout>
<android.support.v4.view.ViewPager
    android:id="@+id/viewpager"
    android:layout_width="match_parent"
    android:layout_height="0dp"
    android:layout_weight="1"></android.support.v4.view.ViewPager>
<include layout="@layout/bottom_bar"/>     //引入标题栏
</android.support.constraint.ConstraintLayout>
```

使用 TextView 为主 Activity 设置标题栏，布局的引入使用单节点。

bottom_bar.xml 代码：

```
<LinearLayout
    android:layout_width="fill_parent"
    android:layout_height="55dp" >
    <LinearLayout
        android:id="@+id/ll_first"
        android:layout_width="0dp"
        android:layout_height="fill_parent"
        android:layout_weight="1"
        android:descendantFocusability="beforeDescendants"
        android:gravity="center"
        android:orientation="vertical" >
        <ImageButton
```

```
                android:id="@+id/btn_first"
                android:layout_width="wrap_content"
                android:layout_height="wrap_content"
                android:background="#0000"
                android:clickable="false"
                android:src="@mipmap/one_normal" />
            <TextView                     //设计界面
                android:layout_width="wrap_content"
                android:layout_height="wrap_content"
                android:text="页面 1" />
        </LinearLayout>
    </LinearLayout>
</android.support.constraint.ConstraintLayout>
```

【程序说明】

● 使用 TextView 添加三个界面。

● 页面 2 和页面 3 中的 LinearLayout 与页面 1 相似，只需更改 id 和 test 的值。

tab_01.xml 代码：

```
<LinearLayout xmlns:android="http://schemas.android.com/apk/res/android"
        android:id="@+id/tab_01"
        android:layout_width="fill_parent"
        android:layout_height="fill_parent"
        android:background="#fcfcfc"
        android:orientation="vertical" >
        <RelativeLayout
        android:layout_width="match_parent"
        android:layout_height="match_parent">
        <Button
            android:id="@+id/button4"
            android:layout_width="wrap_content"
            android:layout_height="wrap_content"
            android:text="Button2"
            android:layout_centerVertical="true"
            android:layout_toLeftOf="@+id/button6"
            android:layout_toStartOf="@+id/button6" />
        <Button                    //设计按钮
            android:id="@+id/button5"
            android:layout_width="wrap_content"
            android:layout_height="wrap_content"
            android:text="Button4"        //为按钮命名
            android:layout_above="@+id/button4"
            android:layout_centerHorizontal="true" />
        <Button
            android:id="@+id/button6"
            android:layout_width="wrap_content"
            android:layout_height="wrap_content"
            android:text="Button1"
            android:layout_below="@+id/button7"
            android:layout_alignLeft="@+id/button5"
```

```
                android:layout_alignStart="@+id/button5" />
            <Button
                android:id="@+id/button7"
                android:layout_width="wrap_content"
                android:layout_height="wrap_content"
                android:text="Button3"
                android:layout_below="@+id/button5"
                android:layout_toRightOf="@+id/button5"
                android:layout_toEndOf="@+id/button5" />
        </RelativeLayout>
    </LinearLayout>
</android.support.constraint.ConstraintLayout>
```

- 在相对布局中定义了四个按钮，通过 android:text 属性对四个按钮分别命名。
- tab_02.xml、tab_03.xml 代码与 tab_01.xml 相似，只需修改 Button 中的 android:text。

MainActivity.java 代码：

```
public class MainActivity extends FragmentActivity implements OnClickListener {
private ViewPager viewPager;
    private FragmentPagerAdapter adapter;
    private List<Fragment> fragments = new ArrayList<>();
    private LinearLayout tab01;
    private LinearLayout tab02;
    private LinearLayout tab03;
    private ImageButton ib01;
    private ImageButton ib02;
    private ImageButton ib03;
    @Override
    protected void onCreate(Bundle savedInstanceState) {
        super.onCreate(savedInstanceState);
        setContentView(R.layout.activity_main);
        viewPager = (ViewPager) findViewById(R.id.viewpager);
        initView();          initEvent();
        adapter = new FragmentPagerAdapter(getSupportFragmentManager()) {
            @Override
            public Fragment getItem(int position) {
                return fragments.get(position);
            }
            @Override
            public int getCount() {
                return fragments.size();
            }
        };
        viewPager.setAdapter(adapter);
        viewPager.setOnPageChangeListener(new ViewPager.OnPageChangeListener() {
            @Override
            public void onPageScrolled(int position, float positionOffset, int positionOffsetPixels) {
            }
            public void onPageSelected(int position) {
                Log.i("logging", position+"");
                resetTabBtn();
                switch (position) {
```

```
                              case 0:
                                  ib01.setImageResource(R.mipmap.one_clicked);
                                  break;
                              case 1:
                                  ib02.setImageResource(R.mipmap.two_clicked);
                                  break;
                              case 2:
                                  ib03.setImageResource(R.mipmap.one_clicked);
                          }
                      }
                      @Override
                      public void onPageScrollStateChanged(int state) {
                      }
              });
          }
  protected void resetTabBtn() {
          ib01.setImageResource(R.mipmap.one_normal);
          ib02.setImageResource(R.mipmap.two_normal);
          ib03.setImageResource(R.mipmap.three_normal);
      }
  private void initView() {
          tab01 = (LinearLayout) findViewById(R.id.ll_first);
          tab02 = (LinearLayout) findViewById(R.id.ll_second);
          tab03 = (LinearLayout) findViewById(R.id.ll_third);
          ib01 = (ImageButton) findViewById(R.id.btn_first);
          ib01.setImageResource(R.mipmap.one_clicked);
          ib02 = (ImageButton) findViewById(R.id.btn_second);
          ib03 = (ImageButton) findViewById(R.id.btn_third);
          Tab01 frag01 = new Tab01();          //实例化 3 个 Fragment
          Tab02 frag02 = new Tab02();
          Tab03 frag03 = new Tab03();
          fragments.add(frag01);
          fragments.add(frag02);
          fragments.add(frag03);
      }
  private void initEvent() {
          tab01.setOnClickListener(this);
          tab02.setOnClickListener(this);
          tab03.setOnClickListener(this);
      }
      @Override
  public void onClick(View view) {
          int currentIndex = 0;
          switch (view.getId()) {
              case R.id.ll_first:
                  currentIndex = 0;
                  break;
              case R.id.ll_second:
                  currentIndex = 1;
                  break;
              case R.id.ll_third:
                  currentIndex = 2;
      }
```

```
                    viewPager.setCurrentItem(currentIndex);
            }
            public void setSelect(int i)
            {
                switch (i) {
                    case 0:
                        ((ImageButton) findViewById(R.id.btn_first)).setImageResource(R.mipmap.one_
clicked);
                        break;
                    case 1:
                        ((ImageButton) findViewById(R.id.btn_second)).setImageResource(R.mipmap.
two_clicked);
                        break;
                    case 2:
                        ((ImageButton) findViewById(R.id.btn_third)).setImageResource(R.mipmap.one_
clicked);
                }
                viewPager.setCurrentItem(i);
            }
        }
```

Tab01.java 代码:

```
    public class Tab01 extends    Fragment {
        @Override
        public View onCreateView(LayoutInflater inflater, ViewGroup container, Bundle savedInstanceState) {
            return inflater.inflate(R.layout.tab_01,container,false);      //第一个界面的响应
        }
    }
```

Tab02.java、Tab03.java 与 Tab02.java 相似，只需修改 R.layout.tab 的值。

编译并运行程序，结果如图 4-21～图 4-23 所示。

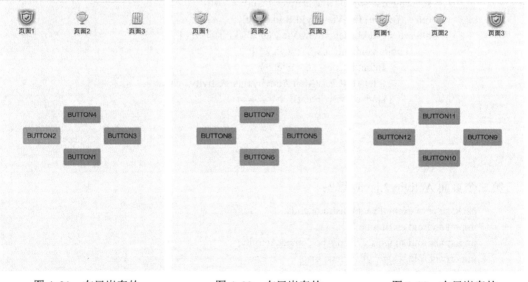

    图 4-21 布局嵌套的   图 4-22 布局嵌套的   图 4-23 布局嵌套的
            效果展示（a）   效果展示（b）   效果展示（c）

在该实例中，在主函数中设计三个界面并添加图标，实现页面切换的效果。使用引入布局引入了自定义标题栏；在页面的显示中添加了按钮组件，使用 android:text 方法分别对各个按钮进行命名，并将它们的显示方式通过相对布局的方式展示出来。

实例 4-3：页面切换效果

1. 任务目的

为了使页面能够更加方便使用，我们在页面中添加两个按钮，负责切换两页面，只是在原地切换。

2. 实现页面切换的示例代码

MainActivity.java 代码（主页面代码）：

```java
package com.example.administrator.ch04;
import android.content.Intent;
import android.support.v7.app.AppCompatActivity;
import android.os.Bundle;
import android.view.View;
import android.widget.Button;
import android.widget.EditText;
import android.widget.TextView;
public class MainActivity extends AppCompatActivity {
    Button btn,reBackBtn;
    private EditText User;
    private EditText Password;
    TextView tv;
    @Override
    protected void onCreate(Bundle savedInstanceState) {
        super.onCreate(savedInstanceState);
        setContentView(R.layout.activity_main);
        btn = (Button) findViewById(R.id.btnId);
        btn.setOnClickListener(new View.OnClickListener() {
            public void onClick(View view) {
                Intent intent = new Intent();
                intent.setClass(MainActivity.this, Activity2.class);
                startActivity(intent);
            }
        });
    }
}
```

第二个页面 Activity2.java 代码：

```java
package com.example.administrator.ch04;
import android.os.Bundle;
import android.support.v7.app.AppCompatActivity;
import android.widget.TextView;
public class Activity2 extends AppCompatActivity {
    private TextView tv;
    @Override
```

```
        protected void onCreate(Bundle savedInstanceState) {
            super.onCreate(savedInstanceState);
            setContentView(R.layout.activity_2);
            tv = (TextView)findViewById(R.id.tv2);
            tv.setText("欢迎你!");
        }
    }
```

ctivity_2.xml 代码（布局文件）：

```
    <?xml version="1.0" encoding="utf-8"?>
    <android.support.constraint.ConstraintLayout xmlns:android="http://schemas.android.com/apk/res/android"
        xmlns:app="http://schemas.android.com/apk/res-auto"
        xmlns:tools="http://schemas.android.com/tools"
        android:layout_width="match_parent"
        android:layout_height="match_parent"
        tools:context=".Activity2">
        <TextView
            android:layout_width="wrap_content"
            android:layout_height="match_parent"
            android:textSize="40sp"
            android:id="@+id/tv2"
            app:layout_constraintBottom_toBottomOf="parent"
            app:layout_constraintLeft_toLeftOf="parent"
            app:layout_constraintRight_toRightOf="parent"
            app:layout_constraintTop_toTopOf="parent" />
    </android.support.constraint.ConstraintLayout>
```

页面切换效果如图 4-24 与图 4-25 所示。

图 4-24　初始界面　　　　　　　　　　　　图 4-25　转换界面

总的来说，可以归纳以下两种方法实现界面的切换。

1）方法 1：layout 切换（通过 setContentView 切换 layout），setContentView 适合同一 Activity 里的不同 View 之间跳转。

步骤如下：

- 新建一个界面的 layout 的 xml 文件。
- 触发某一控件（如 Button），该控件已经加载监听器，监听器通过 setContentView 函数切换 layout。

整个过程都是在一个 Activity 上面实现的，所有变量都在同一状态，因此所有变量都可以在这个 Activity 状态中获得。

优点：按返回键不会返回到前一页面，需要自己添加按键监听代码来实现，只切换 Layout 运行速度会快点，因为启动 Activity 是最耗时的，数据传递也简单，不用 Intent.setExtra 之类的。

缺点：所有控件的事件处理、加载之类的操作全集中由 Activity 管理，拆分不够清晰。

2）方法 2：利用 Intent 组件对 Activity 进行切换

Intent 适合 Activity 与 Activity 之间的跳转，按返回键可以直接返回前一页面，具体步骤如下：

- 创建一个 Activity 类。
- 把该类注册到 AndroidManifest.xml，如下：

```
<activity android:name=".LoginActivity"></activity>
```

- 在原来的 Activity 中创建 Intent 类，并通过 Intent 来进行不同 Activity 的切换。

缺点：需要到 Manifest 注册 Activity。

实例 4-4：模仿 QQ 登录效果

登录界面一直是大部分 App 软件都需要制作的一个界面，其中 QQ 的登录界面最为经典，所以我们要去尝试制作 QQ 的登录效果，让自己对这个部分掌握得更加娴熟。

1. 任务目的

模仿 QQ 登录界面，登录界面有账号、密码文本和编辑框，登录和返回按钮在程序中维护一组账号和密码，用以判断正确登录与否。如果登录成功，则进入 QQ 主界面。

2. 实现代码

MainActivity.java（主页面实现代码）：

```java
package com.example.administrator.ch04;
import android.content.Intent;
import android.support.v7.app.AlertDialog;
import android.support.v7.app.AppCompatActivity;
import android.os.Bundle;
import android.view.View;
import android.widget.Button;
import android.widget.EditText;
import android.widget.TextView;
public class MainActivity extends AppCompatActivity {
    Button btn,reBackBtn;
    private EditText User;
    private EditText Password;
    private TextView tv;
```

```java
    @Override
    protected void onCreate(Bundle savedInstanceState) {
        super.onCreate(savedInstanceState);
        setContentView(R.layout.activity_main);
        User = (EditText) findViewById(R.id.login_user_edit);
        Password = (EditText) findViewById(R.id.login_psw_edit);
        btn = (Button) findViewById(R.id.btnId);
        reBackBtn = (Button) findViewById(R.id.login_reback_btn);
        btn.setOnClickListener(new View.OnClickListener() {
            public void onClick(View view){
                Intent intent = new Intent();
                if("10000".equals(User.getText().toString()) && "123".equals((Password.
getText().toString())))
                {
                    intent.setClass(MainActivity.this,Activity2.class);
                    intent.putExtra("et1",User.getText().toString());
                    startActivity(intent);
                }
                else if("".equals(User.getText().toString()) || "".equals(Password.getText().toString()))
                {
                    new AlertDialog.Builder(MainActivity.this)
                            .setTitle("Error")
                            .setMessage("QQ 号和密码都不能为空!!")
                            .create().show();
                }
                else{
                    new AlertDialog.Builder(MainActivity.this)
                            .setTitle("登录失败")
                            .setMessage("失败原因：QQ 号或密码不正确")
                            .create().show();
                }
            }
        });
        reBackBtn.setOnClickListener(new View.OnClickListener() {
            public void onClick(View view){
                System.exit(0);
            }
        });
    }
}
```

Activity2.java：

```java
package com.example.administrator.ch04;
import android.content.Intent;
import android.os.Bundle;
import android.support.v7.app.AppCompatActivity;
import android.widget.TextView;
public class Activity2 extends AppCompatActivity {
    private TextView tv;
```

```
@Override
protected void onCreate(Bundle savedInstanceState) {

    super.onCreate(savedInstanceState);
    setContentView(R.layout.activity_2);
    Intent intent = getIntent();
    tv = (TextView) findViewById(R.id.tv2);
    String a = intent.getStringExtra("et1");
    tv.setText("欢迎使用 QQ，"+a+"!");
}
```

activity_2.xml：

```
<?xml version="1.0" encoding="utf-8"?>
<android.support.constraint.ConstraintLayout xmlns:android="http://schemas.android.com/apk/res/
android"
    xmlns:app="http://schemas.android.com/apk/res-auto"
    xmlns:tools="http://schemas.android.com/tools"
    android:layout_width="match_parent"
    android:layout_height="match_parent"
    tools:context=".Activity2">
    <TextView
        android:layout_width="wrap_content"
        android:layout_height="match_parent"
        android:textSize="40sp"
        android:id="@+id/tv2"
        app:layout_constraintBottom_toBottomOf="parent"
        app:layout_constraintLeft_toLeftOf="parent"
        app:layout_constraintRight_toRightOf="parent"
        app:layout_constraintTop_toTopOf="parent" />
</android.support.constraint.ConstraintLayout>
```

QQ 登录实现效果如图 4-26 与图 4-27 所示。

图 4-26　登录界面 　　　　　图 4-27　用户输入账号、密码

登录成功效果如图 4-28 所示。

本章小结

　　本章针对 Android 系统常用的界面布局进行了详细的介绍，并为每种布局都列举了一个相关的实例，通过实例代码加深对各个布局功能的认识。本章介绍的界面布局中，线性布局是按照水平或垂直顺序将子元素依次按序排列；表格布局则适用于多行多列的布局格式；相对布局是按照子元素之间的位置关系完成布局；绝对布局使用绝对坐标为所有子元素设定位置；帧布局将所有子元素放在整个界面的左上角，后面的子元素直接覆盖前面的子元素。大家以后在设计界面时应根据实际需求灵活运用这些布局来完成 Android 开发设计。

图 4-28　登录成功

课后练习

　　1．选择题

　　1）下列 LinearLayout 线性布局管理器中哪个属性是为容器内的控件设置该控件在父容器中的对齐方式的？（　　）

　　　　A．android:orientation　　　　　　　B．android:layout_weight

　　　　C．android:layout_gravity　　　　　　D．android:gravity

　　2）AbsoulteLayout 绝对布局管理器的用途是（　　）。

　　　　A．容器内的控件布局总是相对于父容器或兄弟组件的位置

　　　　B．为容器内的控件创建一块空白区域（帧），一帧一个控件

　　　　C．将容器划分为行×列的网格，每个控件置于网格中

　　　　D．容器内控件的位置大小，开发人员通过指定 X、Y 坐标指定组件的位置

　　3）最灵活的布局管理器是（　　）。

　　　　A．RelativeLayout　　　　　　　　　B．TableLayout

　　　　C．GridLayout　　　　　　　　　　　D．FrameLayout

　　4）Android 中的显示单位 px 和 dp 存在换算关系，每英寸 160 像素的屏幕 1px=（　　）dp。

　　　　A．10　　　　　　B．100　　　　　　C．0.5　　　　　　D．1

　　5）类似于 Java 中的 AWT 中的 CardLayout 布局的布局管理器是（　　）。

　　　　A．TableLayout　　　　　　　　　　B．FrameLayout

　　　　C．LinearLayout　　　　　　　　　　D．AbsoluteLayout

　　2．简答题

　　1）为什么要使用布局管理器？

　　2）六大布局管理器都是什么？

3）简述网格布局管理器的作用。

4）简述 TableLayout 中的重要属性及作用。

5）Android UI 组件类图主要分为两大部分，都是什么？

3．编程题

1）AbsoluteLayout 绝对布局管理器，设计图 4-29 所示的绝对布局管理器 Demo。

2）TableLayout 表格布局管理器，设计图 4-30 所示的表格布局管理器 Demo。

图 4-29　绝对布局管理器 Demo　　　　　　　图 4-30　表格布局管理器 Demo

3）LinearLayout 线性布局管理器，设计图 4-31 所示的线性布局管理器 Demo。

4）RelativeLayout 相对布局管理器，设计图 4-32 所示的相对布局管理器 Demo。

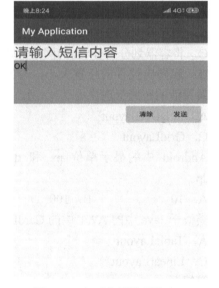

图 4-31　线性布局管理器 Demo　　　　　　　图 4-32　相对布局管理器 Demo

5）AbsoulteLayout 绝对布局管理器，设计图 4-33 所示的绝对布局管理器 Demo。

图 4-33　绝对布局管理器 Demo

第5章 Android 基本控件

前面介绍了 Android 的 Activity、Service、Intent 和 BroadcastReceiver 等应用级组件，以及 Android 3.0 中新增的 Fragment 等新功能特性，对 Android 应用的底层运行机制有了一定了解。

下面将开始学习开发更新更加有趣的 Android 应用。界面是应用程序与用户交互的桥梁，界面设计在应用程序设计中占据至关重要的位置，在 Android 中也不例外。界面是由一个个 UI 组件组成的，本章将介绍一类组件，此类组件主要实现与用户的交互。

5.1 文本控件

文本控件包括两种控件：文本框和编辑框。这两个文本控件最大的区别就是前者不可以进行编辑，而后者可以。下面来学习它们的属性及应用。

5.1.1 文本控件（TextView）

文本框（TextView）是 Android 中最常见的控件之一，它一般使用在需要显示一些信息的时候，其不能输入，只能通过初始化设置或在程序中修改。下面就简述一下 TextView。

首先介绍 TextView 的布局代码。

【例 5-1】 TextView 实例

```
<TextView
android:id="@+id/TextView"
android:layout_width="fill_parent"
android:layout_height="wrap_content"
android:layout_margin="30dp"
android:textSize="20dip"
android:padding="30dp"
android:textColor="#222222"
android:background="#FFFFFF"
android:text="Hello World!"
/>
```

上面这段布局代码中包括 TextView 常见的一些属性：

● android:id="@+id/TextView"是设置该组件的唯一标识，即 key。

● android:layout_width="fill_parent"是设置文本所占的宽度，其中 fill_parent 是指占父控件宽度的全部。

● android:layout_height="wrap_content"是设置文本所占的高度，其中 wrap_content 将根据使用该值的控件来决定大小，一般使用这个值的控件会显得较小，优点是不需要测量具体大小，它一定会正好把所有的值给显示出来。

- Android:layout_margin="30dp"是设置边界。
- Android:textSize="20dp"是设置文本字体的大小。
- Android:padding="30dp"是设置边距。
- Android:textColor="#222222"是设置文本字体的颜色。
- Android:background="#FFFFFF"是设置文本背景颜色。
- Android:text="Hello World!"是设置文本的内容，即所要表达的信息内容。

下面分别通过 XML 和代码设置 TextView 显示的内容，如图 5-1 所示。

1）我们先来了解一下这个实例的布局文件，里面有两个 TextView，前面的是通过 xml 资源来设置文字，后面通过代码设置文字。xml 详细代码如下：

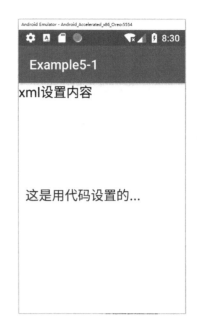

图 5-1　TextView 实例

```
<?xml version="1.0" encoding="utf-8"?>
<LinearLayout xmlns:android="http://schemas.android.com/apk/res/android"
android:orientation="vertical"
android:layout_width="fill_parent"
android:layout_height="fill_parent"
android:background="#ffffff"
>
<TextView
android:id="@+id/textView"
android:layout_width="fill_parent"
android:layout_height="wrap_content"
android:text="xml 设置内容"
android:textColor="#000000"
android:textSize="20sp" />
<TextView
android:id="@+id/myTxt"
android:layout_width="fill_parent"
android:layout_height="wrap_content"
android:layout_margin="10dip"
android:textColor="#000000"
android:textSize="20sp"/>
</LinearLayout>
```

2）获取 TextView 的 id，再设置其内容。java 详细代码如下：

```
public class MainActivity extends AppCompatActivity {
private TextView myTxt;
@Override
public void onCreate(Bundle savedInstanceState){
```

```
super.onCreate(savedInstanceState);
setContentView(R.layout.activity_main);
myTxt=(TextView) findViewById(R.id.myTxt);
myTxt.setText("\n\n\n\n\n 这是用代码设置的...");
myTxt.setTextColor(Color.BLUE);
myTxt.setTextSize(20);
}
}
```

从这个例子可以看出，TextView 的应用比较简单，属性也比较简单。该控件在以后的程序中使用频率很高，大家要对其熟练掌握。

5.1.2 编辑框（EditText）

EditText 相当于一个文本输入框，用来获取用户的输入信息，它是 TextView 的子类，因此，它具有上面所说的 TextView 组件的所有属性。另外，为了方便用户输入信息，Android 还特意提供了以下特殊属性。

- Android:maxLength：设置最大输入字符个数，如 android:maxLength="5"表示最多能输入 5 个字符。
- Android:hint：设置显示在输入文本框内的提示信息。
- Android:numeric：设置输入数字的类型，其中设置为"integer"表示只能输入整数，设置为"decimal"表示允许输入小数。
- Android:singleLine：设置是否为单行输入，设置为"true"表示单行输入。一旦设置为"true"，则文字不会自动换行。
- Android:password：设置是否为密码输入，设置为"true"表示只能输入密码。
- Android:inputType：设置文本的类型，让输入法选择合适的软键盘。常用的允许值有"phone" "date" "datetime" "time"和"number"等。

下面通过一个 Activity 示例来演示 EditText 组件的使用。

【例 5-2】 EditText 实例

main.xml 详细代码如下：

```
<?xml version="1.0" encoding="utf-8"?>
<LinearLayout xmlns:android="http://schemas.android.com/apk/res/android"
android:orientation="vertical"
android:layout_width="fill_parent"
android:layout_height="fill_parent"
android:background="#ffffff">
<TextView
android:layout_width="fill_parent"
android:layout_height="wrap_content"
android:text="文本框实例"
android:textSize="20dip"
android:textColor="#000000"/>
<EditText
android:id="@+id/myEdit"
android:layout_width="fill_parent"
```

```
android:layout_height="wrap_content"
android:textColor="#ff0000"
android:textSize="20dip"/>
<TextView
android:layout_width="fill_parent"
android:layout_height="wrap_content"
android:textColor="#000000"
android:text="运用了 hint 属性效果"/>
<EditText
android:layout_width="fill_parent"
android:layout_height="wrap_content"
android:hint="点击请输入..."/>
<TextView
android:layout_width="fill_parent"
android:layout_height="wrap_content"
android:textColor="#000000"
android:text="输入类型为密码类型效果"/>
<EditText
android:layout_width="fill_parent"
android:layout_height="wrap_content"
android:inputType="textPassword"/>
</LinearLayout>
```

程序运行结果如图 5-2 所示。

从上面的实例可以看出，EditText 不仅是简单的编辑框，还可以作为密码输入控件，但是要对其属性 android:inputType 进行设置。

5.2　按钮控件

Button 类提供了控制按钮的功能，本节将介绍 Button 类的主要方法及属性，并通过实例介绍 Button 类的用法。Button 类属于 android.Widget 包并继承 android.widget.TextView 类。从层次关系上来说，Button 类继承了 TxetView 类的方法和属性，同时又是 CompoundButton、CheckBox 及 ToggleButton 的父类。

5.2.1　普通按钮（Button）

按钮在许多 Windows 窗口应用程序中是最常见的

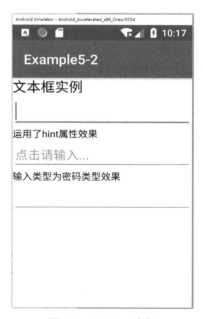

图 5-2　EditText 实例

控件（Controls），此控件也常在网页设计中出现，诸如网页注册窗体、应用程序里的"确定"等。当用户单击时，将执行特定的操作来响应用户输入。

下面通过一个 Activity 示例来演示 Button 组件的使用。

【例 5-3】 Button 实例

xml 详细代码如下：

```
<?xml version="1.0" encoding="utf-8"?>
<LinearLayout xmlns:android="http://schemas.android.com/apk/res/android"
android:orientation="vertical"
android:layout_width="fill_parent"
android:layout_height="fill_parent"
android:background="#ffffff">
<TextView
android:layout_width="fill_parent"
android:layout_height="wrap_content"
android:text="普通按钮实例"
android:textSize="20dip"
android:textColor="#000000" />
<Button
android:id="@+id/myButton"
android:layout_width="wrap_content"
android:layout_height="wrap_content"
android:text="确定"/>
</LinearLayout>
```

图 5-3　Button 实例

- 本例在第 7~12 行在页面上显示说明是哪种按钮实例。
- 本例在第 13~17 行对普通按钮的属性进行设置。

程序运行结果如图 5-3 所示。

5.2.2　图片按钮（ImageButton）

在 Android 中，不但可以提供文本按钮，还可以提供图像按钮，此时，显示在按钮上的将是图像，而不再是文字。

下面通过一个 Activity 示例来演示 Button 组件的使用。

【例 5-4】　ImageButton 实例

xml 详细代码如下：

```
<?xml version="1.0" encoding="utf-8"?>
<LinearLayout xmlns:android="http://schemas.android.com/apk/res/android"
android:orientation="vertical"
android:layout_width="fill_parent"
android:layout_height="fill_parent"
android:background="#ffffff">
<TextView
android:layout_width="fill_parent"
android:layout_height="wrap_content"
android:text="ImageButton 实例"
android:textSize="20dip"
android:textColor="#000000" />
<ImageButton
android:id="@+id/myImgBtn"
android:layout_width="wrap_content"
```

```
android:layout_height="wrap_content"
android:src="@drawable/ic_launcher_background"/>
</LinearLayout>
```

- 本例在第 7～12 行在页面上显示说明是哪种按钮实例。
- 本例在第 13～17 行对图片按钮属性进行设置，17 行的 android:src 是设置图片按钮的 drawable。

程序运行结果如图 5-4 所示。

5.2.3 开关按钮（ToggleButton）

ToggleButton 可以理解为一个开关按钮，它具有两种不同的状态，不同的状态可以表现为不同的背景图像或者文本标签。当用户单击开关按钮时，除了触发单击事件外，还将在两种状态之间进行切换。下面通过一个 Activity 实例来演示 ToggleButton 组件的使用。

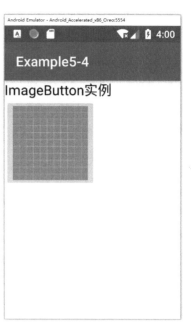

图 5-4　ImageButton 实例

【例 5-5】 ToggleButton 实例

xml 详细代码如下：

```
xl version="1.0" encoding="utf-8"?>
<LinearLayout xmlns:android="http://schemas.android.com/apk/res/android"
android:orientation="vertical"
android:layout_width="match_parent"
android:layout_height="match_parent">
<TextView
android:id="@+id/tv1"
android:layout_width="wrap_content"
android:layout_height="wrap_content"
android:text="" />
<ToggleButton
android:id="@+id/toggleButton1"
android:layout_height="wrap_content"
android:layout_width="wrap_content"
android:disabledAlpha="0.8" >
</ToggleButton>
</LinearLayout>
```

Java 详细代码如下：

```
public class MainActivity extends AppCompatActivity {
@Override
protected void onCreate(Bundle savedInstanceState) {
super.onCreate(savedInstanceState);
this.setContentView(R.layout.activity_main);
final ToggleButton btn=(ToggleButton)this.findViewById(R.id.toggleButton1);
```

```
btn.setTextOn("开灯");
btn.setTextOff("关灯");
btn.setOnClickListener(new Button.OnClickListener() {
@Override
public void onClick(View v) {
TextView txt=(TextView)MainActivity.this.findViewById(R.id.tv1);
txt.setText("按钮状态: "+String.valueOf(btn.isChecked()));
}
});
}
}
```

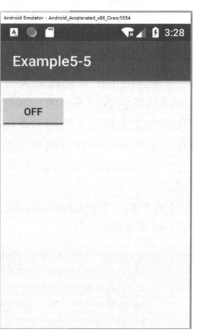

- 在上面的代码中，通过方法 findViewById()获得 ToggleButton 的引用后，分别调用 setTextOn 和 setTextOff 在两个状态下的显示标签，并通过 setOnClickListener()方法对 ToggleButton 的单击事件进行了处理。

程序运行结果如图 5-5 所示。

图 5-5   ToggleButton 实例

5.3   选择按钮控件

选择按钮对于大家来说并不陌生，它包括两种：单选按钮和复选按钮。例如，选择性别的时候，我们采用的是单选按钮，而选择爱好的时候我们应该采用复选按钮。它们两个最大的区别就是，前者只能选择一个，而后者则可以选择多个。下面来看看它们具体的用法。

5.3.1   单选控件（RadioButton）

RadioButton 为单选按钮，通常与 RadioGroup 一起使用。一个 RadioGroup 中的 RadioButton 通常只能有一个被选中。下面通过一个 Activity 示例来演示 RadioButton 组件的使用。

【例 5-6】 RadioButton 实例
xml 详细代码如下：

```
<?xml version="1.0" encoding="utf-8"?>
<LinearLayout xmlns:android="http://schemas.android.com/apk/res/android"
android:orientation="vertical"
android:layout_width="fill_parent"
android:layout_height="fill_parent"
>
<TextView

android:id="@+id/myTextView"
android:layout_width="wrap_content"
```

```
android:layout_height="wrap_content"
android:text="你选择的设备是" />
<RadioGroup
android:id="@+id/rBtnGroup_mobile"
android:layout_width="wrap_content"
android:layout_height="wrap_content">
<RadioButton
android:id="@+id/moto"
android:layout_width="wrap_content"
android:layout_height="wrap_content"
android:text="Moto"/>
<RadioButton
android:id="@+id/samsung"
android:layout_width="wrap_content"
android:layout_height="wrap_content"
android:text="Samsung"/>
<RadioButton
android:id="@+id/htc"
android:layout_width="wrap_content"
android:layout_height="wrap_content"
android:text="HTC"/>
</RadioGroup>
<TextView
android:id="@+id/myTextView2"
android:layout_width="wrap_content"
android:layout_height="wrap_content"
android:text="你选择的运营商是"/>
<RadioGroup
android:id="@+id/rBtnGroup_service"
android:layout_width="wrap_content"
android:layout_height="wrap_content">
<RadioButton
android:id="@+id/tele"
android:layout_width="wrap_content"
android:layout_height="wrap_content"
android:text="电信"/>
<RadioButton
android:id="@+id/mbile"
android:layout_width="wrap_content"
android:layout_height="wrap_content"
android:text="移动"/>
<RadioButton
android:id="@+id/unicomm"
android:layout_width="wrap_content"
android:layout_height="wrap_content"
android:text="联通"/>
</RadioGroup>
</LinearLayout>
```

● 在上面的布局中定义了两个 RadioGroup 组件，每个 RadioGroup 包含多个 RadioButton 组件。

MainActivity 详细代码如下：

```
public class MainActivity extends AppCompatActivity {
private TextView myTextView;
private TextView myTextView2;
private RadioButton Btn1;
private RadioButton Btn2;
private RadioButton Btn3;
private RadioButton Btns1;
private RadioButton Btns2;
private RadioButton Btns3;
private RadioGroup service;
private RadioGroup device;
@Override
public void onCreate(Bundle savedInstanceState) {
super.onCreate(savedInstanceState);
setContentView(R.layout.activity_main);
myTextView=(TextView)findViewById(R.id.myTextView);
myTextView2=(TextView)findViewById(R.id.myTextView2);
Btn1=(RadioButton)findViewById(R.id.moto);
Btn2=(RadioButton)findViewById(R.id.samsung);
Btn3=(RadioButton)findViewById(R.id.htc);
device=(RadioGroup)findViewById(R.id.rBtnGroup_mobile);
device.setOnCheckedChangeListener(new RadioGroup.OnCheckedChangeListener() {
@Override
public void onCheckedChanged(RadioGroup group, int checkedId) {
if(R.id.moto==checkedId){
myTextView.setText("您选择的设备是："+Btn1.getText().toString());
}
else if(R.id.samsung==checkedId){
myTextView.setText("您选择的设备是："+Btn2.getText().toString());
}
else if(R.id.htc==checkedId){
myTextView.setText("您选择的设备是："+Btn3.getText().toString());
}
}
});
Btns1=(RadioButton)findViewById(R.id.tele);
Btns2=(RadioButton)findViewById(R.id.mbile);
Btns3=(RadioButton)findViewById(R.id.unicomm);
service.setOnCheckedChangeListener(new RadioGroup.OnCheckedChangeListener() {
@Override
public void onCheckedChanged(RadioGroup group, int checkedId) {
if(R.id.tele==checkedId){
myTextView2.setText("您选择的运营商是："+Btns1.getText().toString());
}
else if(R.id.mbile==checkedId){
myTextView2.setText("您选择的运营商是："+Btns2.getText().toString());
```

```
}
else if (R.id.unicomm==checkedId){
myTextView2.setText("您选择的运营商是："+Btns3.getText().toString());
}
}
});
}
}
```

● 在上面的代码中，可以看到对 RadioButton 的事件处理都是以 RadioGroup 来组织的，通过调用 setOnCheckedChangeListener()方法为 RadioGroup 设置事件监听器，OnCheckedChangeListener 需要实现方法 onCheckedChanged（RadioGroup group,int checkedId），其中第一个参数为 RadioGroup 的引用，第二个参数为 RadioButton 的 ID。

程序运行结果如图 5-6 所示。

5.3.2 多选控件（CheckBox）

单选按钮只能选择一个，而有时需要选择多个，这时就需要用到复选按钮（CheckBox）。复选按钮也是一种双状态的按钮，可以选中或不选中。

相对于 RadioButton，CheckBox 在代码方面就没有那么复杂，一个选项就一个 CheckBox，两个选项就两个 CheckBox。对于事件监听，它与 RadioButton 的监听是一样的，同样是通过 onCheckedChangeListener 来监听的。

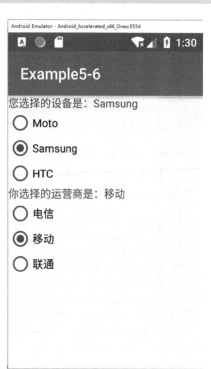

图 5-6　RadioButton 实例

【例 5-7】　CheckBox 实例
xml 详细代码如下：

```
<?xml version="1.0" encoding="utf-8"?>
<LinearLayout xmlns:android="http://schemas.android.com/apk/res/android"
android:orientation="vertical"
android:layout_width="fill_parent"
android:layout_height="fill_parent">
<TextView
android:id="@+id/textview1"
android:layout_width="fill_parent"
android:layout_height="wrap_content"
android:text="@string/mobileos" />
<CheckBox
android:id="@+id/checkbox1"
android:layout_width="wrap_content"
android:layout_height="wrap_content"
```

```
android:text="@string/Android"/>
<CheckBox
android:id="@+id/checkbox2"
android:layout_width="wrap_content"
android:layout_height="wrap_content"
android:text="@string/IOS"/>
<CheckBox
android:id="@+id/checkbox3"
android:layout_width="wrap_content"
android:layout_height="wrap_content"
android:text="@string/Wphone"/>
</LinearLayout>
```

- 在上面的代码中，可以看到从 11~15 行、16~20 行、21~25 行分别定义了三个 CheckBox 选项和属性。

MainActivity 详细代码如下：

```
public class MainActivity extends AppCompatActivity {
private TextView tv;
private CheckBox cb1;
private CheckBox cb2;
private CheckBox cb3;
public void onCreate(Bundle savedInstanceState) {
super.onCreate(savedInstanceState);
setContentView(R.layout.activity_main);
tv=(TextView)findViewById(R.id.textview1);
cb1=(CheckBox)findViewById(R.id.checkbox1);
cb2=(CheckBox)findViewById(R.id.checkbox2);
cb3=(CheckBox)findViewById(R.id.checkbox3);
cb1.setOnCheckedChangeListener(cbListener);
cb2.setOnCheckedChangeListener(cbListener);
cb3.setOnCheckedChangeListener(cbListener);
}
private CheckBox.OnCheckedChangeListener cbListener= new CheckBox.OnCheckedChangeListener() {
}@Override
public void onCheckedChanged(CompoundButton buttonView, boolean isChecked) {
String stv=getString(R.string.mobileos);
String scb1=getString(R.string.Android);
String scb2=getString(R.string.IOS);
String scb3=getString(R.string.Wphone);
String temp=stv;
if(cb1.isChecked()==true)temp+=scb1;
if(cb2.isChecked()==true)temp+=""+scb2;
if(cb3.isChecked()==true)temp+=""+scb3;
}
};
```

- 对 CheckBox 的事件处理需要调用 OnCheckedChangeListener 来注册一个监听器，并 在监听器的实现中调用方法 isChecked()判断检查框是否被选中。

程序运行结果如图 5-7 所示。

5.4 下拉控件和选项卡

在 Web 开发中，HTML 提供了下拉列表的实现，就是使用<select>元素实现一个下拉列表，在其中每个下拉列表项使用<option>表示即可。这是在 Web 开发中一个必不可少的交互性组件，而在 Android 中的对应实现就是 Spinner。

在微信中我们会见到最下面的选项卡，那么在 Android 中也有相应的 TabHost 控件可以实现类似功能。

5.4.1 下拉列表（Spinner）

Spinner 控件也是一种列表类型的控件，可以极大地提高用户的体验性。当需要用户选择时，可以提供一个下拉列表将所有可选的项列出来，供用户选择。

图 5-7　CheckBox 实例

在编码的同时，首先需要在布局中设定 Spinner 组件，然后将可选内容通过 ArrayAdapter 和下拉列表连接起来，最后要获得用户选择的选项，我们需要设计事件监听器 setOnItemSelectedListener 并实现 onItemSelected，从而获得用户所选择的内容，最后通过 setVisibility 方法设置当前的显示项。

Spinner 是一个列表选择框，会在用户选择后，展示一个列表供用户进行选择。Spinner 是 ViewGroup 的间接子类，它和其他的 Android 控件一样，数据需要使用 Adapter 进行封装。

Spinner 常用的 XML 属性如表 5-1 所示。

表 5-1　Spinner 属性

属　　性	说　　明
android:spinnerMode	列表显示的模式，有两个选择，为弹出列表（dialog）以及下拉列表（dropdown），如果不特别设置，为下拉列表
android:entries	使用<string-array.../>资源配置数据源
android:prompt	对当前下拉列表设置标题，仅在 dialog 模式下有效。传递一个"@string/name"资源，需要在资源文件中定义<string.../>

Spinner 类提供了用于设置和控制下拉列表的方法，表 5-2 列举了 Spinner 类的常用方法。

表 5-2　Spinner 类常用方法

方　　法	功　能　说　明	返　回　值
getBaseline	获取组件文本基线的偏移	Int（组件文本基线的偏移值，如果这个控件不支持基线对齐，那么返回-1）
getPeompt	获取被聚焦时的提示信息	CharSequence
performClick	效果同单击一样，会触发 OnClickListener	Boolean（true：调用指定的 OnClickListener；false：调用指定的 OnClickListener 失败）

方　　法	功　能　说　明	返　回　值
setOnItemClickListener	此方法不可用。Spinner 不支持 item 单击事件，调用此方法将引发异常	void
setPromptId	设置对话框弹出时显示的文本	void
setOnItemSelectedListener	设置下拉列表子项被选中监听器	void

　　Spinner 功能类似于 RadioGroup，相比 RadioGroup，Spinner 提供了体验性更强的 UI 设计模式，一个 Spinner 对象包含多个子项，每个子项只有两种状态，选中或者未被选中。Spinner 类是 AbsSpinner 的子类。

　　Spinner 同 RadioGroup 一样，多个子元素组合成一个 Spinner，多个子元素之间相互影响，它最多只能有一个被选中。

　　【例 5-8】　利用 Spinner 实现下拉选择效果

```xml
<?xml version="1.0" encoding="utf-8"?>
<LinearLayout xmlns:android="http://schemas.android.com/apk/res/android"
    xmlns:app="http://schemas.android.com/apk/res-auto"
    xmlns:tools="http://schemas.android.com/tools"
    android:layout_width="match_parent"
    android:layout_height="match_parent"
    android:id="@+id/activity_main"
    tools:context=".MainActivity">
    <Spinner
        android:id="@+id/spinner1"
        android:layout_width="0dp"
        android:layout_height="wrap_content"
        android:layout_weight="1"
        android:entries="@array/letter" />
    <Spinner
        android:id="@+id/spinner2"
        android:layout_width="0dp"
        android:layout_height="wrap_content"
        android:layout_weight="1" />
    <Spinner
        android:id="@+id/spinner3"
        android:layout_width="0dp"
        android:layout_height="wrap_content"
        android:layout_weight="1" />
</LinearLayout>
```

下面是定义资源文件：

```xml
<?xml version="1.0" encoding="utf-8"?>
<resources>
    <string-array name="letter">
        <item>A</item>
        <item>B</item>
        <item>C</item>
```

        </string-array>

    </resources>

下面是主类 MainActivity 实现的具体代码:

```java
public class MainActivity extends AppCompatActivity implements AdapterView.OnItemSelected
Listener {
    private Spinner spinner1;
    private Spinner spinner2;
    private Spinner spinner3;
    private String[] list1;
    private ArrayList<String> list2;
    @Override
    protected void onCreate(Bundle savedInstanceState) {
        super.onCreate(savedInstanceState);
        setContentView(R.layout.activity_main);
        initView();
        initData();
        initListener();
    }
    private void initView() {
        spinner1 = (Spinner) findViewById(R.id.spinner1);
        spinner2 = (Spinner) findViewById(R.id.spinner2);
        spinner3 = (Spinner) findViewById(R.id.spinner3);
    }
    private void initData() {
        list1 = new String[]{"1","2","3"};
        ArrayAdapter<String> adapter = new ArrayAdapter<>(this,android.R.layout.simple_spinner_
item, list1);
        adapter.setDropDownViewResource(android.R.layout.simple_spinner_dropdown_item);
        spinner2.setAdapter(adapter);
        list2 = new ArrayList<>();
        list2.add("Android");
        list2.add("IOS");
        list2.add("H5");
        spinner3.setAdapter(new MyAdapter());
    }
    private void initListener() {
        spinner1.setOnItemSelectedListener(this);
        spinner2.setOnItemSelectedListener(this);
        spinner3.setOnItemSelectedListener(this);
    }
    @Override
    public void onItemSelected(AdapterView<?> parent, View view, int position, long id) {
        switch (parent.getId()){
            case R.id.spinner1:
                String[] letter = getResources().getStringArray(R.array.letter);
                Log.i("spinner1 点击------",letter[position]);
                break;
            case R.id.spinner2:
```

```java
                    Log.i("spinner2 点击------",list1[position]);
                    break;
                case R.id.spinner3:

                    Log.i("spinner3 点击------",list2.get(position));
                    break;
            }
        }
        @Override
        public void onNothingSelected(AdapterView<?> parent) { }
        private class MyAdapter extends BaseAdapter {
            @Override
            public int getCount() {
                return list2.size();
            }
            @Override
            public Object getItem(int i) {
                return null;
            }
            @Override
            public long getItemId(int i) {
                return 0;
            }
            @Override
            public View getView(int position, View convertView, ViewGroup viewGroup) {
                ViewHolder holder ;
                if(convertView==null){
                    convertView = LayoutInflater.from(MainActivity.this).inflate(R.layout.item_text,
viewGroup, false);
                    holder = new ViewHolder();
                    holder.itemText= (TextView) convertView.findViewById(R.id.item_text);
                    convertView.setTag(holder);
                }else{
                    holder = (ViewHolder) convertView.getTag();
                }
                holder.itemText.setText(list2.get(position));
                return convertView;
            }
        }
        class ViewHolder {
            TextView itemText;
        }
    }
```

程序运行结果如图 5-8 所示。

【程序说明】

● array.xml 文件应放在 res 文件夹下的 values 文件夹中。

● 在 activity_main.xml 中定义了三个 spinner 控件，三种 spinner 实现了不同的效果。

图 5-8   下拉列表

5.4.2   选项卡（TabHost）

如果屏幕上需要放置很多控件，可能一屏放不下，除了使用滚动视图的方式外，还可以使用标签控件对屏幕进行分页显示。当单击标签控件的不同标签时，会显示单击标签的内容。在 Android 系统中，每个标签可以显示一个 View 或一个 Activity。

TabHost 是标签控件的核心类，也是标签的集合。每个标签都是 TabHost.TabSpec 对象。通过 TabHost 类的 addTab 方法可以添加多个 TabHost.TabSpec 对象。如果从布局文件中添加 View，首先需要建立一个布局文件，并且根节点要使用 <FrameLayout> 或 <TabHost> 标签。

TabHost 常用组件如表 5-3 所示。

表 5-3   TabHost 常用组件

组件	相关说明
TabWidget	该组件就是 TabHost 标签页中上部或者下部的按钮，可以点击按钮切换选项卡
TabSpec	代表了选项卡界面，添加一个 TabSpec 即可添加到 TabHost 中

创建选项卡：newTabSpec(String tag)。

添加选项卡：addTab(tabSpec)。

【例 5-9】   利用 TabHost 实现顶部 Tab 切换功能

```xml
<?xml version="1.0" encoding="utf-8"?>
<TabHost xmlns:android="http://schemas.android.com/apk/res/android"
    xmlns:app="http://schemas.android.com/apk/res-auto"
```

```xml
    xmlns:tools="http://schemas.android.com/tools"
    android:layout_width="match_parent"
    android:layout_height="match_parent"
    android:id="@android:id/tabhost"

    android:layout_weight="1"
    tools:context=".MainActivity">
    <LinearLayout
        android:layout_width="match_parent"
        android:layout_height="match_parent"
        android:orientation="vertical">
        <TabWidget
            android:id="@android:id/tabs"
            android:layout_width="match_parent"
            android:layout_height="wrap_content">
        </TabWidget>
        <FrameLayout
            android:id="@android:id/tabcontent"
            android:layout_width="match_parent"
            android:layout_height="match_parent"
            android:layout_above="@android:id/tabs">
            <LinearLayout
                android:layout_width="match_parent"
                android:layout_height="match_parent"
                android:id="@+id/tab1"
                android:orientation="vertical">
                <TextView
                    android:layout_width="match_parent"
                    android:layout_height="match_parent"
                    android:text="@string/first"
                    android:layout_gravity="center"
                    android:gravity="center"/>
            </LinearLayout>
            <LinearLayout
                android:layout_width="match_parent"
                android:layout_height="match_parent"
                android:id="@+id/tab2"
                android:orientation="vertical">
                <TextView
                    android:layout_width="match_parent"
                    android:layout_height="match_parent"
                    android:text="@string/second"
                    android:layout_gravity="center"
                    android:gravity="center"/>
            </LinearLayout>
            <LinearLayout
                android:layout_width="match_parent"
                android:layout_height="match_parent"
                android:id="@+id/tab3"
                android:orientation="vertical">
                <TextView
```

```
                    android:layout_width="match_parent"
                    android:layout_height="match_parent"
                    android:text="@string/third"
                    android:layout_gravity="center"
                    android:gravity="center"/>
            </LinearLayout>
            <LinearLayout
                android:layout_width="match_parent"
                android:layout_height="match_parent"
                android:id="@+id/tab4"
                android:orientation="vertical">
                <TextView
                    android:layout_width="match_parent"
                    android:layout_height="match_parent"
                    android:text="@string/fourth"
                    android:layout_gravity="center"
                    android:gravity="center"/>
            </LinearLayout>
            <LinearLayout
                android:layout_width="match_parent"
                android:layout_height="match_parent"
                android:id="@+id/tab5"
                android:orientation="vertical">
                <TextView
                    android:layout_width="match_parent"
                    android:layout_height="match_parent"
                    android:text="@string/fifth"
                    android:layout_gravity="center"
                    android:gravity="center"/>
            </LinearLayout>
        </FrameLayout>
    </LinearLayout>
</TabHost>
```

资源文件如下：

```
<resources>
    <string name="app_name">TabHostDemo</string>
    <string name="first">一个一个一个</string>
    <string name="second">二个二个二个</string>
    <string name="third">三个三个三个</string>
    <string name="fourth">四个四个四个</string>
    <string name="fifth">五个五个五个</string>
</resources>
```

主类 MainActivity 代码如下：

```
public class MainActivity extends AppCompatActivity {
    @Override
    protected void onCreate(Bundle savedInstanceState) {
        super.onCreate(savedInstanceState);
```

```
        setContentView(R.layout.activity_main);
        TabHost tab = (TabHost) findViewById(android.R.id.tabhost);
        tab.setup();
        tab.addTab(tab.newTabSpec("tab1").setIndicator("首页", null).setContent(R.id.tab1));
        tab.addTab(tab.newTabSpec("tab2").setIndicator("直播", null).setContent(R.id.tab2));
        tab.addTab(tab.newTabSpec("tab3").setIndicator("排行", null).setContent(R.id.tab3));
        tab.addTab(tab.newTabSpec("tab4").setIndicator("搜索", null).setContent(R.id.tab4));

        tab.addTab(tab.newTabSpec("tab5").setIndicator("更多", null).setContent(R.id.tab5));
    }
}
```

程序运行结果如图 5-9 所示。

图 5-9　选项卡

【程序说明】

● 在 activity_main.xml 中最外层定义 TabHost，用 TabWidget 定义顶部的 Tab 选项卡，用 FrameLayout 包括每个 Ttab 选项卡中的内容。

● 在 MainActivity.java 中调用 newTabSpec()和 addTab()方法创建、添加选项卡。

5.5　视图控件

视图其实就是 View 视图组，由多个视图组成。常用控件包括 Button、TextView、EditView、ListView 等，所有的控件都继承于 View，都是 View 的子类。组件其实就是功能比较完善的 UI 库，用户可以基于该组件的接口实现一些复杂的操作。比如我们平时开发过程使用的一些常用组件，用户也可以自定义一些开源控件。

5.5.1 滚动视图（ScrollView）

滚动视图（ScrollView）用于为其他组件添加滚动条，在默认的情况下，当窗体中内容比较多，而一屏显示不下时，超出的部分不能被用户所看到。因为 Android 的布局管理器本身没有提供滚动屏幕的功能。如果要让其滚动，就要使用滚动视图 ScrollView。滚动视图是FrameLayout 的子类，因此，在滚动视图中可以添加任何想要放入其中的组件，但是一个滚动视图中只能放一个组件。如果要放置多个，可以先放一个布局管理器，再将要放置的组件放置到该布局管理器中。滚动视图的作用有以下两点。

1）使用滚动视图后能让里面的视图控件没展示的部分滚动后可以展示。比如一个TextView，文本过长后，超出屏幕或框体的内容是不能显示出来的，但是如果把这个TextView 放到一个滚动视图中，就能上下滚动显示没有显示的文本内容。

2）水平滚动的视图内显示横向拉伸的布局的内容。比如一个水平的 LinearLayout 放置十个按钮，正常状态下只能显示五个。如果把这个 LinearLayout 放在一个水平滚动的视图中，就可以水平地拖动视图显示后面的按钮。

ScrollView 类提供了操作滚动视图的方法和属性，开发人员可根据这些方法实现滚动视图的相关应用。表 5-4 列举了 ScrollView 类常用的方法。

表 5-4　ScrollView 类常用的方法

方　　法	功　能　说　明	返　回　值
ScrollView	提供了三个构造函数： ScrollView(Context context) ScrollView(Context context,AttributeSet attrs) ScrollView(Context context,AttributeSet attrs,int defStyle)	null
arrowScroll(int direction)	该方法响应单击上下箭头时对滚动条的处理。参数 direction 指定了滚动的方向	boolean
addView(View child)	该方法用于自视图的添加。参数 View 指定了添加的子视图。注意，除此方法外，还有以下三种 addView 方法。 public void addView(View child,int index) public void addView(View c,int index,ViewGroup.LayoutParams params) public void addView(View c,ViewGroup.LayoutParams params)	void
setMaxWidth	设置按钮控件的最大宽度	void
fullScroll(int direction)	将视图滚动到 direction 指定的方向	boolean

📖　注意：ScrollView 只支持垂直方向的滚动，不支持水平方向的滚动。

ScrollView 在 XML 文件中的属性如表 5-5 所示。

表 5-5　ScrollView 属性

属　　性	属　性　说　明
android:scrollbars	设置滚动条显示：none（隐藏），horizontal（水平），vertical（垂直）
android:scrollbarStyle	设置滚动条的风格和位置。设置值：insideOverlay、insideInset、outsideOverlay 和 outsideInset
android:scrollbarThumbHorizontal	设置水平滚动条的 drawable
android:soundEffectsEnabled	设置点击或触摸时是否有声音效果
android:fadingEdge	设置拉滚动条时边框渐变的方向：none（边框颜色不变），horizontal（水平方向颜色变淡），vertical（垂直方向颜色变淡）。参照 fadingEdgeLength 的效果图 android:fadingEdgeLength 设置边框渐变的长度

属　　性	属 性 说 明
android:scrollX	以像素为单位设置水平方向滚动的偏移值，在 GridView 中可看到这个效果
android:scrollY	以像素为单位设置垂直方向滚动的偏移值
android:scrollbarAlwaysDrawHorizontalTrack	设置是否始终显示垂直滚动条
android:scrollbarDefaultDelayBeforeFade	设置 N 毫秒后开始淡化，以毫秒为单位

【例 5-10】　利用 ScrollView 实现回到底部、回到顶部操作

```xml
<?xml version="1.0" encoding="utf-8"?>
<LinearLayout xmlns:android="http://schemas.android.com/apk/res/android"
    xmlns:app="http://schemas.android.com/apk/res-auto"
    xmlns:tools="http://schemas.android.com/tools"
    android:layout_width="match_parent"
    android:layout_height="match_parent"
    android:orientation="vertical"
    tools:context=".MainActivity">
    <Button
        android:id="@+id/btn1"
        android:layout_width="match_parent"
        android:layout_height="wrap_content"
        android:text="回到顶部"/>
    <Button
        android:id="@+id/btn2"
        android:layout_width="match_parent"
        android:layout_height="wrap_content"
        android:layout_marginTop="10dp"
        android:text="回到底部"/>
    <ScrollView
        android:id="@+id/sv"
        android:layout_width="match_parent"
        android:layout_height="wrap_content">
        <TextView
            android:id="@+id/tv1"
            android:layout_width="match_parent"
            android:layout_height="wrap_content"
            android:scrollbarThumbVertical="@mipmap/ic_launcher"
            android:text="哈哈"/>
    </ScrollView>
</LinearLayout>
```

MainActivity 类代码如下：

```java
public class MainActivity extends AppCompatActivity implements View.OnClickListener{
    private TextView textView;
    private ScrollView scrollView;
    private Button btn1;
```

```java
        private Button btn2;
        @Override
        protected void onCreate(Bundle savedInstanceState) {
            super.onCreate(savedInstanceState);
            setContentView(R.layout.activity_main);
            textView = (TextView) findViewById(R.id.tv1);
            scrollView = (ScrollView) findViewById(R.id.sv);
            btn1 = (Button) findViewById(R.id.btn1);
            btn2 = (Button) findViewById(R.id.btn2);
            btn1.setOnClickListener(this);
            btn2.setOnClickListener(this);
            StringBuffer sb = new StringBuffer();
            for(int i = 0;i < 100;i++){
                sb.append("呵呵" + i + "\n");
            }
            textView.setText(sb.toString());
        }
        @Override
        public void onClick(View view) {
            switch (view.getId()){
                case    R.id.btn1:{
                    scrollView.fullScroll(ScrollView.FOCUS_UP);
                    break;
                }
                case R.id.btn2:{
                    scrollView.fullScroll(ScrollView.FOCUS_DOWN);
                    break;
                }
            }
        }
    }
```

程序运行结果如图 5-10 所示。

【程序说明】

● 在 activity_main.xml 中定义两个 Button 按钮，分别定义 id 进行控制。

● 定义 ScrollView 控件，在控件中添加 TextView 显示数据。

● 在 MainActivity.java 文件中绑定 Button，当点击相应的 Button 时，会触发绑定 Button 的方法，进行向上滚动到顶端和向下滚动到底端操作。

5.5.2 列表视图（ListView）

列表视图（ListView）将元素按照条目的方式自上而下列出。通常，每一列只有一个元素。列表视图将子元素以列表的方式组织，用户可通过滑动滑块来显示界面之外的元素。ListView 类是 android.Widget 包中的一个应用，该类继承了 AdapterView 类。

ListView 的两个职责：一是将数据填充到布局；二是处理用户的选择、点击等操作。

列表的显示需要以下三个元素。

1）ListVeiw：用来展示列表的 View。

2）适配器：用来把数据映射到 ListView 上的中介。

a)   b)

图 5-10　滚动视图

a) 回到顶部　b) 回到底部

3）数据源：将被映射的具体的字符串、图片，或者基本组件。

ListView 常用的 XML 属性如表 5-6 所示。

表 5-6　ListView 常用的 XML 属性

属　　性	属　性　说　明
android:divider	在列表条目之间显示的 drawable 或 color
android:dividerHeight	用来指定 divider 的高度
android:entries	构成 ListView 的数组资源的引用。对于某些固定的资源，这个属性提供了比在程序中添加资源更加简便的方式
android:footerDividersEnabled	当设为 false 时，ListView 将不会在各个 footer 之间绘制 divider。默认为 true
android:headerDividersEnabled	当设为 false 时，ListView 将不会在各个 header 之间绘制 divider。默认为 true

ListView 常用的方法如表 5-7 所示。

表 5-7　ListView 常用的方法

方　　法	功　能　说　明	返　回　值
ListView	提供了以下三个构造函数 ListView(Context context) ListView(Context context,AttributeSet attrs) ListView(Context context,AttributeSet attrs,int defStyle)	null

方　　法	功　能　说　明	返　回　值
getCheckedItemPosition()	返回当前被选中的子元素的位置	int
getMaxScrollAmount()	该方法获取列表视图的最大滚动数量	int
setSelection(int p)	设置当前被选中的列表视图的子元素	void
onKeyUp(int keyCode,KeyEvent event)	释放按键时的处理方法。释放按键时，该方法被调用。其中，keyCode 为 boolean 按键对应的整型值，event 是按键事件	boolean
onKeyDown(int k,KeyEvent e)	按键时的处理方法。按键时，该方法被调用。其中，k 为按键对应的整型值，e 是按键事件。注意，在用户按键的过程中，onKeyDown 先被调用，用户释放按键时，调用 onKeyUp	boolean
isItemChecked(int position)	该方法判断指定位置 position 的元素是否被选中	Boolean（若被选中，则会返回 true，否则返回 false）
addHeaderView(View view)	该方法给视图添加头注，通常头注位于列表视图的顶部，其中，参数 view 指定了要添加的头注的视图	void
getChoiceMode()	返回当前的选择模式	int

【例 5-11】 利用 ListView 实现列表功能

```xml
<?xml version="1.0" encoding="utf-8"?>
<LinearLayout xmlns:android="http://schemas.android.com/apk/res/android"
    xmlns:app="http://schemas.android.com/apk/res-auto"
    xmlns:tools="http://schemas.android.com/tools"
    android:layout_width="match_parent"
    android:layout_height="match_parent"
    tools:context=".MainActivity">
    <ListView
        android:id="@+id/SimpleListView"
        android:layout_width="match_parent"
        android:layout_height="match_parent">
    </ListView>
</LinearLayout>
```

资源文件如下：

```xml
<?xml version="1.0" encoding="utf-8"?>
<TextView xmlns:android="http://schemas.android.com/apk/res/android"
    android:id="@+id/ListTextView"
    android:orientation="vertical"
    android:layout_width="wrap_content"
    android:layout_height="wrap_content"
    android:padding="10dp"
    android:layout_marginLeft="20dp"
    android:text="内容"
    android:textSize="20dp">
</TextView>
```

MainActivity 类代码如下：

```
public class MainActivity extends AppCompatActivity {
    private String [] data ={"苹果","橘子","芒果","香蕉","柠檬","火龙果","西瓜","李子",
            "芭乐","石榴","葡萄","荔枝","圣女果","杨梅","柿子","山竹","杨桃","雪梨",
"猕猴桃","榴莲"
            ,"枇杷","樱桃","柚子","水蜜桃","桑葚","莲雾"};
    @Override
    protected void onCreate(Bundle savedInstanceState) {
        super.onCreate(savedInstanceState);
        setContentView(R.layout.activity_main);
        ArrayAdapter<String> adapter = new ArrayAdapter<String>(MainActivity.this,R.layout.text,
data);
        ListView listView = (ListView) findViewById(R.id.SimpleListView);
        listView.setAdapter(adapter);
    }
}
```

程序运行结果如图 5-11 所示。

【程序说明】

- 在 activity_main.xml 布局文件中定义 ListVIew
  控件，在 text.xml 布局文件中定义每行的
  TextView。
- 在 MainActivity.java 定义 adapter，将数据放
  进 ListView 中。

5.5.3 循环器视图（RecyclerView）

从 Android 5.0 开始，谷歌公司推出了一个用于
大量数据展示的新控件 RecyclerView，可以用来
代替传统的 ListView，更加强大和灵活。RecyclerView
的官方定义如下：

A flexible view for providing a limited window into a
large data set.

从定义可以看出，flexible（可扩展性）是
RecyclerView 的特点。

RecyclerView 是 support-v7 包中的新组件，是
一个强大的滑动组件，与经典的 ListView 相比，同
样拥有 item 回收复用的功能，这一点从它的名字
RecyclerView 即回收 view 也可以看出。

图 5-11　列表视图

RecyclerView 并不会完全替代 ListView（这点从 ListView 没有被标记为@Deprecated 可
以看出），两者的使用场景不一样。但是 RecyclerView 的出现会让很多开源项目被废弃，例
如横向滚动的 ListView、横向滚动的 GridView 和瀑布流控件，因为 RecyclerView 能够实现
所有这些功能。

例如，有一个需求是屏幕竖着的时候的显示形式是 ListView，屏幕横着的时候的显示形式是两列的 GridView，此时如果用 RecyclerView，则通过设置 LayoutManager 一行代码实现替换。

RecyclerView 相对于 ListView 的优点罗列如下：

1）RecyclerView 封装了 ViewHolder 的回收复用，也就是说 RecyclerView 标准化了 ViewHolder，编写 Adapter 面向的是 ViewHolder 而不再是 View 了，复用的逻辑被封装了，写起来更加简单，直接省去了 ListView 中 convertView.setTag(holder)和 convertView.getTag() 这些繁琐的步骤。

2）提供了一种插拔式的体验，高度的解耦，异常的灵活，针对一个 Item 的显示，RecyclerView 专门抽取出了相应的类来控制，使其扩展性非常强。

3）设置布局管理器以控制 Item 的布局方式，横向、竖向以及瀑布流方式。

例如，可以控制横向或者纵向滑动列表效果，可以通过 LinearLayoutManager 这个类设置（与 GridView 效果对应的是 GridLayoutManager，与瀑布流对应的是 StaggeredGrid LayoutManager 等）。也就是说，RecyclerView 不再拘泥于 ListView 的线性展示方式，它也可以实现 GridView 的效果等多种效果。

4）可设置 Item 的间隔样式（可绘制）。通过继承 RecyclerView 的 ItemDecoration 这个类，然后针对自己的业务需求去书写代码。

5）可以控制 Item 增删的动画，可以通过 ItemAnimator 这个类进行控制。当然，针对增删的动画，RecyclerView 有其自己默认的实现，但是关于 Item 的点击和长按事件，需要用户自己去实现。

1. RecyclerView 的四大组成

1）Layout Manager：Item 的布局。

2）Adapter：为 Item 提供数据。

3）Item Decoration：提供 Item 之间的 Divider。

4）Item Animator：可以添加、删除 Item 动画。

2. Layout Manager 布局管理器

在最开始就提到，RecyclerView 能够支持各种各样的布局效果，这是 ListView 所不具有的功能。那么这个功能如何实现呢？其核心关键在于 RecyclerView.LayoutManager 类中。从前面的基础使用可以看出，RecyclerView 在使用过程中要比 ListView 多一个 setLayoutManager 步骤，这个 LayoutManager 就用于控制 RecyclerView 最终的展示效果的。

LayoutManager 负责 RecyclerView 的布局，其中包含了 Item View 的获取与回收。

3. RecyclerView 提供了三种布局管理器

1）LinerLayoutManager：以垂直或者水平列表方式展示 Item。

2）GridLayoutManager：以网格方式展示 Item。

3）StaggeredGridLayoutManager：以瀑布流方式展示 Item。

5.5.4 网格视图（GridView）

GridView 是按照行列的形式来显示内容，一般用于图片、图标的显示。GridView 也可以像 ListView 一样，以列表的形式来显示内容。

GridView 和 ListView 具有相同的父类 AbsListView，因此，GridView 和 ListView 具有很高的相似性。GridView 和 ListView 唯一的区别在于：ListView 只显示一列，而 GridView 可以显示多列。

GridView 常用的 XML 属性如表 5-8 所示。

表 5-8　GridView 常用的 XML 属性

属　　性	属　性　说　明
android:columnWidth	设置列的宽度
android:gravity	组件对齐方式
android:horizontalSpacing	水平方向每个单元格的间距
android:verticalSpacing	垂直方向每个单元格的间距
android:numColumns	设置列数
android:stretchMode	设置拉伸模式，可选值如下：none，不拉伸；spacingWidth，拉伸元素间的间隔空隙；columnWidth，仅仅拉伸表格元素自身；spacingWidthUniform，既拉伸元素间距，又拉伸它们之间的间隔空隙

📖　注意：使用 GridView 时一般都应该指定 numColumns 大于 1；否则该属性的默认值为 1，如果将该属性设为 1，则意味着该 GridView 只有一列，那么 GridView 就变成了 ListView

【例 5-12】　创建 GridView 实例

```xml
<?xml version="1.0" encoding="utf-8"?>
<RelativeLayout xmlns:android="http://schemas.android.com/apk/res/android"
    xmlns:app="http://schemas.android.com/apk/res-auto"
    xmlns:tools="http://schemas.android.com/tools"
    android:id="@+id/activity_main"
    android:layout_width="match_parent"
    android:layout_height="match_parent"
    tools:context=".MainActivity">
    <GridView
        android:id="@+id/gridview"
        android:numColumns="3"
        android:layout_width="match_parent"
        android:layout_height="match_parent">
    </GridView>
</RelativeLayout>
```

每个 Item 的布局代码：

```xml
<?xml version="1.0" encoding="utf-8"?>
<LinearLayout xmlns:android="http://schemas.android.com/apk/res/android"
    android:layout_width="match_parent"
    android:layout_height="match_parent"
    android:orientation="vertical">
    <ImageView
        android:id="@+id/imageView"
        android:layout_width="wrap_content"
```

```
            android:layout_height="wrap_content"
            android:layout_gravity="center"/>
        <TextView
            android:id="@+id/text"
            android:layout_width="wrap_content"
            android:layout_height="wrap_content"
            android:layout_gravity="center"/>
    </LinearLayout>
```

MainActivity.java 的代码：

```
public class MainActivity extends AppCompatActivity {
    public int[] ids = new int[]{
            R.drawable.exportimg, R.drawable.exportimg,
            R.drawable.exportimg, R.drawable.exportimg,
            R.drawable.exportimg, R.drawable.exportimg,
    };
    public String[] names = new String[]{
            "name1", "name2","name3", "name4","name5", "name6",
    };
    public GridView gridView;
    @Override
    protected void onCreate(Bundle savedInstanceState) {
        super.onCreate(savedInstanceState);
        setContentView(R.layout.activity_main);
        List<Map<String, Object>> data = new ArrayList<Map<String, Object>>();
        for (int i = 0; i < 6; i++){
            Map<String, Object> map = new HashMap<String, Object>();
            map.put("id", ids[i]);
            map.put("name", names[i]);
            data.add(map);
        }
        gridView = (GridView) findViewById(R.id.
gridview);
        SimpleAdapter simpleAdapter = new Simple-
Adapter(this, data, R.layout.item, new String[] {"id", "name"}, new int[]
{R.id.imageView, R.id.text}
        gridView.setAdapter(simpleAdapter);
    }
}
```

图 5-12 网格视图

程序运行结果如图 5-12 所示。

【程序说明】

● 将图片放在 res 文件夹下的 drawable 文件夹下，
   通过 R.drawable.图像名进行调用。

● 将所有图片放进数组 ids 中，将图片对应的名字放
   进 name 数组中。

● 在 Android 的 XML 布局文件中，定义 GridView，设
   置 id。

5.6 进度条

进度条也是 UI 界面中的一种非常实用的组件，通常用于向用户显示某个耗时操作完成的百分比。进度条可以动态地显示进度，避免了长时间地执行某个耗时操作时，让用户感觉程序失去了响应，从而更好地提高用户界面的友好性。

Android 支持集中风格的进度条，通过 style 属性可以为 ProgressBar 指定风格。该属性可支持如下几个属性值。

- @android:style/Widget.ProgressBar.Horizontal：水平进度条。
- @android:style/Widget.ProgressBar.Inverse：普通大小进度条。
- @android:style/Widget.ProgressBar.Large：大进度条。
- @android:style/Widget.ProgressBar.Large.Inverse：大进度条。
- @android:style/Widget.ProgressBar.Small：小进度条。
- @android:style/Widget.ProgressBar.Small.Inverse：小进度条。

除此之外，ProgressBar 还支持如表 5-9 所示的常用 XML 属性。

表 5-9　ProgressBar 常用的 XML 属性

XML 属性	说　　明
android:max	设置该进度条的最大值
android:progress	设置该进度条的已完成进度值
android:progressDrawable	设置该进度条的轨道的绘制形式
android:indeterminate	该属性为 true，设置进度条不精确显示进度
android:indeterminateDrawable	设置绘制不显示进度的进度条的 Drawable 对象
android:indeterminateDuration	设置绘制不显示进度的持续时间

表 5-9 中 android:progressDrawable 用于指定进度条的轨道的绘制形式，该属性可指定为一个 LayerDrawable 对象（该对象可通过在 XML 文件中用<layer-list>元素进行配置）的引用。ProgressBar 提供了如下方法来操作进度。

- setProgress(int)：设置进度的完成百分比。
- incrementProgressBy(int)：设置进度条的进度增加或减少。当参数为正数时进度增加，当参数为负数时进度减少。

【例 5-13】 水平进度条

```xml
<?xml version="1.0" encoding="utf-8"?>
<LinearLayout xmlns:android="http://schemas.android.com/apk/res/android"
    android:orientation="vertical"
    android:layout_width="fill_parent"
    android:layout_height="fill_parent"
    >
<TextView
    android:layout_width="fill_parent"
    android:layout_height="wrap_content"
```

```
                    android:text="任务完成的进度" />
            <ProgressBar
                    android:id="@+id/bar"
                    android:layout_width="fill_parent"
                    android:layout_height="wrap_content"
                    android:max="100"
                    style="@android:style/Widget.ProgressBar.Horizontal"/>
        </LinearLayout>
```

- 上面的布局文件中定义的进度条最大值为 100，样式为水平进度条。
- 以下的主程序用一个填充数组的任务模拟了耗时操作，并以进度条来标识任务的完成百分比。

```
public class ProgressBarTest extends AppCompatActivity {
        private int[] data=new int[100];
        int hasData=0;
        int status=0;
        @Override
        public void onCreate(Bundle savedInstanceState) {
            super.onCreate(savedInstanceState);
            setContentView(R.layout.activity_main);
            final ProgressBar bar=(ProgressBar) findViewById(R.id.bar);
            final Handler mHandler=new Handler()
            {
                @Override
                public void handleMessage(Message msg)
                {
                    if(msg.what==0x111)
                    {
                        bar.setProgress(status);
                    }
                }
            };
            new Thread()
            {
                public void run()
                {
                    while(status<100)
                    {
                        status=doWork();
                        Message m=new Message();
                        m.what=0x111;
                        mHandler.sendMessage(m);
                    }
                }
            }.start();
        }
```

```
        public int doWork()
        {
            data[hasData++]=(int)(Math.random()*100);
            try
            {
                Thread.sleep(100);
            }
            catch(InterruptedException e)
            {
                e.printStackTrace();
            }
            return   hasData;
        }
    }
```

程序运行结果如图 5-13 所示。此图为进度条众多
种类中的一种——水平进度条，进度条的黄色部分代
表任务完成的进度。

5.7   日期选择器

DatePicker 是一个简单易用的组件，它从 Frame-
Layout 派生而来，供用户选择日期。

DataPicker 在 FrameLayout 的基础上提供了一些方
法来获取当前用户所选择的日期；如果程序需要获取
用户选择的时间，则可通过为 DatePicker 添加
OnDateChangedListener 进行监听。

图 5-13   水平进度条

使用 DatePicker 时可指定如表 5-10 所示的常见 XML 属性。

表 5-10   **DatePicker** 支持的常见 **XML** 属性

XML 属性	说　明
android:calendarViewShown	设置该日期选择器是否显示 calendarView 组件
android:endYear	设置该日期选择器允许选择的最后一年
android:maxDate	设置该日期选择器支持的最大日期，以 mm/dd/yyyy 格式指定最大日期
android:minDate	设置该日期选择器支持的最小日期，以 mm/dd/yyyy 格式指定最小日期
android:spinnersShown	设置该日期选择器是否显示 Spinner 日期选择组件
android:startYear	设置日期选择器允许选择的第一年

下面以一个让用户选择日期的实例来示范 DatePicker 的功能与用法。

【例 5-14】 日期选择器

```
<?xml version="1.0" encoding="utf-8"?>
```

```xml
<LinearLayout xmlns:android="http://schemas.android.com/apk/res/android"
        android:layout_width="fill_parent"
        android:layout_height="fill_parent"
        android:gravity="center"
        android:orientation="vertical">
<TextView            android:id="@+id/dateDisplay"
        android:layout_width="wrap_content"
        android:layout_height="wrap_content"
        android:text="我是默认时间显示"/>
    <Button         android:id="@+id/dateChoose"
        android:layout_width="wrap_content"
        android:layout_height="wrap_content"
        android:text="选择日期" /></LinearLayout>
```

● 通过 activity.xml 页面布局显示一个"选择日期"的按钮，可以通过按钮来选择日期，默认日期是当前日期。

```java
class Datapicker extends Activity {
        int mYear, mMonth, mDay;//定义三个记录时间的变量
        Button btn;
        TextView dateDisplay;
        final int DATE_DIALOG = 1;
            private GoogleApiClient client;
        @Override
        public void onCreate(Bundle savedInstanceState) {
            super.onCreate(savedInstanceState);
            setContentView(R.layout.activity_datepicker);
            btn = (Button) findViewById(R.id.dateChoose);
            dateDisplay = (TextView) findViewById(R.id.dateDisplay);
            btn.setOnClickListener(new OnClickListener() {
                @Override
                public void onClick(View v) {
                    showDialog(DATE_DIALOG);
                }
            });
            final Calendar ca = Calendar.getInstance();
            mYear = ca.get(Calendar.YEAR);
            mMonth = ca.get(Calendar.MONTH);
            mDay = ca.get(Calendar.DAY_OF_MONTH);
            client = new GoogleApiClient.Builder(this).addApi(AppIndex.API).build();
//获取当前的年、月、日
        }
        @Override
        protected Dialog onCreateDialog(int id) {
            switch (id) {
                case DATE_DIALOG:
                    return new DatePickerDialog(this, mdateListener, mYear, mMonth, mDay);
            }
```

```
                    return null;
                }
                /**
                 * 设置日期 利用 StringBuffer 追加
                 */
                public void display() {
                        dateDisplay.setText(new StringBuffer().append(mMonth + 1).append("-").append
(mDay).append("-").append(mYear).append(""));
                }//显示当前年、月、日
                private DatePickerDialog.OnDateSetListener mdateListener = new DatePickerDialog.
OnDateSetListener() {
                        @Override
                        public void onDateSet(DatePicker view, int year, int monthOfYear,
                                              int dayOfMonth) {
                            mYear = year;
                            mMonth = monthOfYear;
                            mDay = dayOfMonth;
                            display();
                        }
                };
                    public Action getIndexApiAction() {
                    Thing object = new Thing.Builder()
            .setName("Datapicker Page")
            .setUrl(Uri.parse("http://[ENTER-YOUR-URL-HERE]"))
                        .build();
            return new Action.Builder(Action.TYPE_VIEW)
                            .setObject(object)
                            .setActionStatus(Action.STATUS_TYPE_COMPLETED)
                            .build();
                }
                @Override
                public void onStart() {
                    super.onStart();
                        client.connect();
                    AppIndex.AppIndexApi.start(client, getIndexApiAction());
                }
                @Override
                public void onStop() {
                    super.onStop();
                            AppIndex.AppIndexApi.end(client, getIndexApiAction());
                    client.disconnect();
                }
        }
```

● 上面的程序通过 new 关键字创建 DatePickerDialog 实例，调用 display()方法即可将日
  期选择对话框显示出来，为组件 DatePicker 绑定事件监听器，当用户通过该组件来

选择日期时，监听器被触发。

● 运行上面的程序，如果单击"选择日期"按钮（如图 5-14a 所示），系统就会显示如图 5-14b 所示的日期选择对话框。

a)

b)

图 5-14　日期选择器

a) 单击"选择日期"按钮　b) 日期选择对话框

5.8　视图滑动切换

ViewPager 非常适合用于实现多页面的滑动切换效果，相同的多页面切换可以是 TabHost，但是 TabHost 标题栏需要重写，稍微麻烦一点。所以采用 ViewPager 来实现滑动切换，网络上也有很多都是使用 ViewPager 来加载 View 做一些静态的页面展示，如图片展示、导航和使用教程等。

ViewPager 类提供了多界面切换的新效果。新效果有如下特征：

1）当前显示一组界面中的其中一个界面。

2）当用户通过左右滑动界面时，当前的屏幕显示当前界面和下一个界面的一部分。

3）滑动结束后，界面自动跳转到当前选择的界面中。

【例 5-15】　视频滑动切换

```
<?xml version="1.0" encoding="utf-8"?>
<RelativeLayout
        xmlns:android="http://schemas.android.com/apk/res/android"
        xmlns:tools="http://schemas.android.com/tools"
```

```xml
        android:id="@+id/activity_media_player"
        android:layout_width="match_parent"
        android:layout_height="match_parent"
        android:paddingBottom="@dimen/activity_vertical_margin"
        android:paddingLeft="@dimen/activity_horizontal_margin"
        android:paddingRight="@dimen/activity_horizontal_margin"
        android:paddingTop="@dimen/activity_vertical_margin"
        tools:context="com.example.asus.a584.MediaPlayerActivity">
    <LinearLayout
        android:id="@+id/linearLayout"
        android:layout_width="match_parent"
        android:layout_height="50.0dip"
        android:background="#FFFFFF"
        >
        <!--layout_weight 这个属性为权重，让两个 textview 平分这个 linearLayout-->
        <TextView
            android:id="@+id/videoLayout"
            android:layout_width="match_parent"
            android:layout_height="match_parent"
            android:layout_weight="1.0"
            android:gravity="center"
            android:text="视频"
            android:textColor="#000000"
            android:textSize="20dip"
            android:background="@drawable/selector"/>
        <TextView
            android:id="@+id/musicLayout"
            android:layout_width="match_parent"
            android:layout_height="match_parent"
            android:layout_weight="1.0"
            android:gravity="center"
            android:text="音乐"
            android:textColor="#000000"
            android:textSize="20dip"
            android:background="@drawable/selector"/>
    </LinearLayout>
    <ImageView
            android:layout_width="match_parent"
            android:layout_height="10dp"
            android:layout_below="@id/linearLayout"
            android:id="@+id/scrollbar"
            android:scaleType="matrix"
            android:src="@drawable/scrollbar"/>
    <android.support.v4.view.ViewPager
            android:id="@+id/viewPager"
            android:layout_width="match_parent"
            android:layout_height="wrap_content"
            android:layout_below="@id/scrollbar">
    </android.support.v4.view.ViewPager>
</RelativeLayout>
```

```xml
<?xml version="1.0" encoding="utf-8"?>
    <selector
        xmlns:android="http://schemas.android.com/apk/res/android">
        <item
            android:state_pressed="true"
            android:drawable="@color/press" />
    </selector>
<?xml version="1.0" encoding="utf-8"?>
    <resources>
        <color name="press">#25fa55</color>
    </resources>
<?xml version="1.0" encoding="utf-8"?>
    <RelativeLayout
        xmlns:android="http://schemas.android.com/apk/res/android"
        android:orientation="vertical"
        android:layout_width="match_parent"
        android:layout_height="match_parent"
        android:background="#ad2929">
    </RelativeLayout>
<?xml version="1.0" encoding="utf-8"?>
    <RelativeLayout
        xmlns:android="http://schemas.android.com/apk/res/android"
        android:orientation="vertical"
        android:layout_width="match_parent"
        android:layout_height="match_parent"
        android:background="#acbbcf">
    </RelativeLayout>
```

- ViewPager 就是一个简单的页面切换组件,可以往里面填充多个 View,然后可以进行左右滑动,从而切换不同的 View。所以在上面的布局文件中填充了音乐和视频这两个 View。

```java
public class MediaPlayerActivity extends Activity implements View.OnClickListener{
    private ViewPager viewPager;
    private ArrayList<View> pageview;
    private TextView videoLayout;
    private TextView musicLayout;
    private ImageView scrollbar;
    private int offset = 0;
    private int currIndex = 0;
    private int bmpW;
    private int one;
    @Override
    protected void onCreate(Bundle savedInstanceState) {
        super.onCreate(savedInstanceState);
        setContentView(R.layout.activity_media_player);
        viewPager = (ViewPager) findViewById(R.id.viewPager);
        LayoutInflater.inflate
        LayoutInflater inflater =getLayoutInflater();
        View view1 = inflater.inflate(R.layout.video_player, null);
```

```java
            View view2 = inflater.inflate(R.layout.media_player, null);
            videoLayout = (TextView)findViewById(R.id.videoLayout);
            musicLayout = (TextView)findViewById(R.id.musicLayout);
            scrollbar = (ImageView)findViewById(R.id.scrollbar);
            videoLayout.setOnClickListener(this);
            musicLayout.setOnClickListener(this);
            pageview =new ArrayList<View>();
            pageview.add(view1);
            pageview.add(view2);
            PagerAdapter mPagerAdapter = new PagerAdapter(){
                @Override
                public int getCount() {
                    // TODO Auto-generated method stub
                    return pageview.size();
                }
                @Override
                public boolean isViewFromObject(View arg0, Object arg1) {
                    // TODO Auto-generated method stub
                    return arg0==arg1;
                }
                //使从 ViewGroup 中移出当前 View
                public void destroyItem(View arg0, int arg1, Object arg2) {
                    ((ViewPager) arg0).removeView(pageview.get(arg1));
                }
                    public Object instantiateItem(View arg0, int arg1){
                    ((ViewPager)arg0).addView(pageview.get(arg1));
                    return pageview.get(arg1);
                }
            };
            viewPager.setAdapter(mPagerAdapter);
            viewPager.setCurrentItem(0);
            viewPager.addOnPageChangeListener(new MyOnPageChangeListener());
            bmpW = BitmapFactory.decodeResource(getResources(), R.drawable.scrollbar).getWidth();
            DisplayMetrics displayMetrics = new DisplayMetrics();
            getWindowManager().getDefaultDisplay().getMetrics(displayMetrics);
            int screenW = displayMetrics.widthPixels;
            offset = (screenW / 2 - bmpW) / 2;
            one = offset * 2 + bmpW;
            Matrix matrix = new Matrix();
            matrix.postTranslate(offset, 0);
            scrollbar.setImageMatrix(matrix);
    }
    public class MyOnPageChangeListener implements ViewPager.OnPageChangeListener {
        @Override
        public void onPageSelected(int arg0) {
            Animation animation = null;
            switch (arg0) {
                case 0:
                    animation = new TranslateAnimation(one, 0, 0, 0);
                    break;
```

```
                    case 1:
                        animation = new TranslateAnimation(offset, one, 0, 0);
                        break;
                }
                currIndex = arg0;
                animation.setFillAfter(true);
                animation.setDuration(200);
                scrollbar.startAnimation(animation);
            }
            @Override
            public void onPageScrolled(int arg0, float arg1, int arg2) {
            }
            @Override
            public void onPageScrollStateChanged(int arg0) {
            }
        }
        @Override
        public void onClick(View view){
            switch (view.getId()){
                case R.id.videoLayout:
                    viewPager.setCurrentItem(0);
                    break;
                case R.id.musicLayout:
                    viewPager.setCurrentItem(1);
                    break;
            }
        }
    }
```

- 创建一个 ViewPager 界面并设置图片更换的动画效果，添加一个滚动条。调用 onClick 方法使页数可以来回切换，当滚动条滑到位置时，界面呈现不同颜色。

运行上面的程序，滑动滑块，当滑块滑到"视频"下方时，滑块显示蓝色；当滑到其他文字下方时，滑块显示其他颜色，如图 5-15 所示。

图 5-15　视图滑动切换

实例 5-1：个人应用中心

在 Android 系统中，组件 GridView 经常被用到，它可以在屏幕内实现以网格的形式显示一些信息。下面通过编写个人应用中心的实例来介绍 GridView 的用法。本实例采用 SimpleAdapter 为 GridView 提供数据。我们首先需要在主程序中实例化适配器 Adapter，之后调用它的 setAdapter 方法来加载数据。除此之外，我们还需要实例化一个字符串数组 iconName 来保存应用的名字，以及实例化一个资源数组 icon 来保持应用的图片。

```java
public class MainActivity extends Activity implements AdapterView.OnItemClickListener{
    private GridView gridView;
    private List<Map<String,Object>> dataList;
    private int[] icon={R.mipmap.a1,R.mipmap.a2,R.mipmap.a3
            ,R.mipmap.a4,R.mipmap.a5,R.mipmap.a6,R.mipmap.a7,R.mipmap.a8,R.mipmap.a9,R.mipmap.a10,R.mipmap.a11,R.mipmap.a12};
    private String[] iconName={"通讯录","电话","电池","腾讯视频","百度"
            ,"超级玛丽","QQ","微信","淘宝","足球","相机","地图"};
    private SimpleAdapter adapter;
    @Override
    protected void onCreate(Bundle savedInstanceState) {
        super.onCreate(savedInstanceState);
        setContentView(R.layout.activity_main)
        gridView=(GridView)findViewById(R.id.gridView);
        /*
        1.准备数据源； 2.新建适配器； 3.GridView 加载适配器；4.GridView 配置事件监听器
        */
        dataList=new ArrayList<>();
        adapter=new SimpleAdapter(this,getData(),R.layout.gridview_item,new String[]{"image", "text"},
                new int[]{R.id.image,R.id.text});
        gridView.setAdapter(adapter);
        gridView.setOnItemClickListener(this);
    }
    private List<Map<String,Object>> getData(){
        for(int i=0;i<icon.length;i++){
            Map<String,Object>map=new HashMap<>();
            map.put("image",icon[i]);
            map.put("text",iconName[i]);
            dataList.add(map);
        }
        return dataList;
    }
    @Override
    public void onItemClick(AdapterView<?> parent, View view, int position, long id) {
        Toast.makeText(this 我是"+iconName[position], Toast.LENGTH_SHORT).show();
        Log.i("tag","我是"+iconName[position]);
    }
}
```

在 Android 系统中常用的有四种 Adapter，分别是：ArrayAdapter、SimpleAdapter、SimpleCursorAdapter 和 BaseAdapter，其中 BaseAdapter 实际上是抽象了前面三种 Adapter 后最常用的一种。

使用 BaseAdapter 比较简单，主要是通过继承此类来实现 BaseAdapter 的四个方法：

1）public int getCount()：适配器中数据集的数据个数。

2）public Object getItem(int position)：获取数据集中与索引对应的数据项。

3）public long getItemId(int position)：获取指定行对应的 ID。

4）public View getView(int position,View convertView,ViewGroup parent)：获取每一行 Item 的显示内容。

下面代码定义的是每个单元格所呈现的效果，需要我们新建一个布局文件。

代码中只定义了一个 ImageView 和一个 TextView。ImageView 显示的是应用图标信息，TextView 显示的是图标下面的应用名字信息。

```xml
<?xml version="1.0" encoding="utf-8"?>
<LinearLayout xmlns:android="http://schemas.android.com/apk/res/android"
    android:orientation="vertical" android:layout_width="match_parent"
    android:layout_height="match_parent">
    <ImageView
        android:id="@+id/image"
        android:layout_width="60dp"
        android:layout_height="60dp" />
    <TextView
        android:layout_marginTop="5dp"
        android:id="@+id/text"
        android:layout_width="wrap_content"
        android:layout_height="wrap_content" />
</LinearLayout>
```

orientation：线性布局的排列方式，分为 vertical（竖直排列）和 horizontal（水平排列）。本例中采用的是 vertical（竖直排列），所以最终呈现的是图片在上面、文字在下面的效果。

下面的网格视图布局代码定义了视图最终呈现的主要面目，它的行数、列数以及行之间的宽度、列之间的宽度都能得到定义。

```xml
<?xml version="1.0" encoding="utf-8"?>
<RelativeLayout xmlns:android="http://schemas.android.com/apk/res/android"
    android:id="@+id/activity_main"
    android:layout_width="match_parent"
    android:layout_height="match_parent">
    <GridView
        android:layout_marginTop="10dp"
        android:numColumns="3"
        android:horizontalSpacing="10dp"
        android:verticalSpacing="10dp"
        android:id="@+id/gridView"
        android:layout_width="wrap_content"
        android:layout_height="wrap_content">
    </GridView>
</RelativeLayout>
```

图 5-16　个人应用中心

1）verticalSpacing：列之间的距离。

2）horizontalSpacing：行之间的距离。

3）numColumns：列数。

本实例最终呈现的效果如图 5-16 所示。

在使用 GridView 时我们需要按照以下四个步骤：

● 准备数据源。

- 新建适配器。
- GridView 加载适配器。
- 设置 GridView 配置事件监听。

实例 5-2：个人应用列表

建立一个个人应用的列表，完成列表的内容展示和点击事件。首先创建布局文件 activity_main.xml，如下所示：

```xml
<?xml version="1.0" encoding="utf-8"?>
<LinearLayout xmlns:android="http://schemas.android.com/apk/res/android"
    xmlns:tools="http://schemas.android.com/tools"
    android:id="@+id/activity_main"
    android:layout_width="match_parent"
    android:layout_height="match_parent"
    tools:context="cn.edu.bu.a13lab07.MainActivity">
    <ListView
        android:layout_width="match_parent"
        android:layout_height="match_parent"
        android:id="@+id/list_view"
        >
    </ListView>
</LinearLayout>
```

在布局中加入 ListView 控件，并为 ListView 指定了一个 id，设置成 match_parent 占满整个空间。

MainActivity 代码如下：

```java
public class MainActivity extends Activity {
    private String[] data = { "通讯录", "电话", "电池", "腾讯视频",
            "百度", "马里奥", "QQ", "微信", "淘宝", "足球" };
    @Override
    protected void onCreate(Bundle savedInstanceState) {
        super.onCreate(savedInstanceState);
        setContentView(R.layout.activity_main);
        ArrayAdapter<String> adapter = new ArrayAdapter<String>(
                MainActivity.this, android.R.layout.simple_list_item_1, data);
        ListView listView = (ListView) findViewById(R.id.list_view);
        listView.setAdapter(adapter);
    }
}
```

既然 ListView 是用于展示大量数据的，那我们就应该先将数据准备好。这些数据可以是从网上下载的，也可以是从数据库中读取的，应该视具体的应用程序场景而定。这里简单使用了一个 data 数组来测试，里面包含了很多应用的名称。

运行效果如图 5-17 所示。

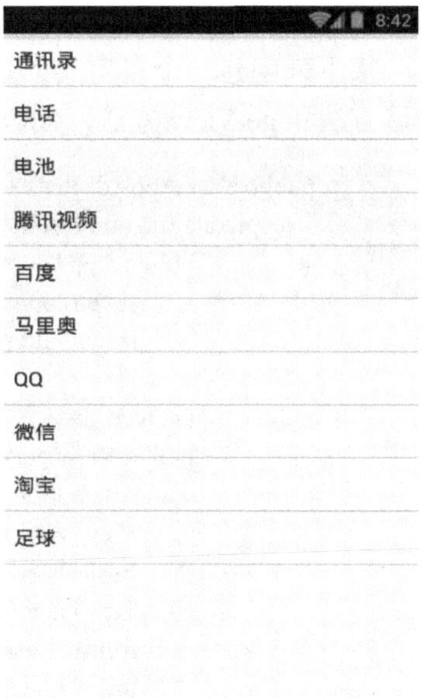

只能显示一段文本的 ListView 实在太单调了，我们现在就来对 ListView 的界面进行定制，让它可以显示更加丰富的内容。

首先需要准备好一组图片，分别对应上面提供的每一个应用。接下来要让这些应用名称的旁边都有一个图样。

其次定义一个实体类，作为 ListView 适配器的适配类型，新建类 App，代码如下：

图 5-17 应用名列表

```java
package cn.edu.bu.a13lab07;
public class App {
    private String name;
    private int imageId;
    public App(String name, int imageId){
        this.name = name;
        this.imageId = imageId;
    }
    public String getName() {
        return name;
    }
    public int getImageId() {
        return imageId;
    }
}
```

实体类中只有两个字段，name 表示获取实体的名字，imageId 表示对应的实体的资源 id。

然后需要为 ListView 的子项指定一个自定义的布局 app_item.xml。代码如下：

```xml
<?xml version="1.0" encoding="utf-8"?>
<LinearLayout xmlns:android="http://schemas.android.com/apk/res/android"
    android:layout_width="match_parent"
    android:layout_height="match_parent">
    <ImageView
        android:id="@+id/app_image"
        android:layout_width="50dp"
        android:layout_height="50dp"
        android:scaleType="centerCrop"
        />
    <TextView
        android:id="@+id/app_name"
        android:layout_width="wrap_content"
        android:layout_height="wrap_content"
        android:layout_gravity="center"
        android:layout_marginLeft="10dip" />
</LinearLayout>
```

在这个布局中，我们定义了一个 ImageView 用于显示应用的图片，又定义了一个

TextView 用于显示应用的名称，并让 TextView 在垂直方向上居中显示。

接下来创建一个自定义的适配器 AppAdapter，这个适配器继承自 ArrayAdapter。重写构造方法和 getView 方法，代码如下：

```
public class AppAdapter extends ArrayAdapter{
    private final int resourceId;
    public AppAdapter(Context context, int textViewResourceId, List<App> objects) {
        super(context, textViewResourceId, objects);
        resourceId = textViewResourceId;
    }
    @Override
    public View getView(int position, View convertView, ViewGroup parent) {
        App app = (App) getItem(position);
        View view = LayoutInflater.from(getContext()).inflate(resourceId, null);
        ImageView fruitImage = (ImageView) view.findViewById(R.id.app_image);
        TextView fruitName = (TextView) view.findViewById(R.id.app_name);
        fruitImage.setImageResource(app.getImageId());
        fruitName.setText(app.getName());
        return view;
    }
}
```

AppAdapter 重写了父类的一组构造函数，用于将上下文、ListVIew 子项布局的 id 和数据都传递进来。另外又重写了 getView()方法，这个方法在每个子项都滚动到屏幕外的时候会被调用。在 getView()方法中，首先通过 getItem()方法得到当前项的 App 实例，然后使用 LayoutInflater 来为这个子项加载我们传入的布局。

这里 LayoutInflater 的 inflate(int resource, ViewGroup root, boolean attachToRoot)方法接收三个参数，第一个参数是指要加载的布局的 id，第二个参数是指给该布局的外部再嵌套一层父布局，如果不想嵌套可以是 null，如果 root 参数不为空并且不设置第三个 attachToRoot 参数时，相当于默认第三个参数是 true，这时 root 参数的布局和 resource 参数的布局都会显示出来，相反如果第三个参数指定成 false，root 布局将不存在。

接下来调用 View 的 findViewById()方法分别获取 ImageView 和 TextView 的实例，并分别调用它们的 setImageResource()和 setText()方法来设置显示的图片和文字，最后将布局返回，这样我们自定义的适配器就完成了。

在 MainActivity 中编写初始化应用数据：

```
public class MainActivity extends Activity {
    private List<App> appList = new ArrayList<App>();
    @Override
    protected void onCreate(Bundle savedInstanceState) {
        super.onCreate(savedInstanceState);
        setContentView(R.layout.activity_main);
        initFruits(); // 初始化水果数据
        AppAdapter adapter = new AppAdapter(MainActivity.this, R.layout.app_item, appList);
        ListView listView = (ListView) findViewById(R.id.list_view);
        listView.setAdapter(adapter);
    }
```

```
private void initFruits() {
    App txl = new App("通讯录", R.drawable.a1);
    appList.add(txl);
    App dh = new App("电话", R.drawable.a2);
    appList.add(dh);
    App dc = new App("电池", R.drawable.a3);
    appList.add(dc);
    App txsp = new App("腾讯视频", R.drawable.a4);
    appList.add(txsp);
    App bd = new App("百度", R.drawable.a5);
    appList.add(bd);
    App mla = new App("马里奥", R.drawable.a6);
    appList.add(mla);
    App QQ = new App("QQ", R.drawable.a7);
    appList.add(QQ);
    App wx = new App("微信", R.drawable.a8);
    appList.add(wx);
    App tb = new App("淘宝", R.drawable.a9);
    appList.add(tb);
    App zq = new App("足球", R.drawable.a10);
    appList.add(zq);
    }
}
```

可以看到，这里添加了一个 initFruits，用于初始化所有的水果数据。在 App 类的构造函数中将应用的名字和对应的图片 id 传入，然后把创建好的对象添加到应用列表中。另外，使用一个 for 循环将所有的应用数据添加了两遍，这是因为如果只添加一遍的话，数据量还是不足以填充整个屏幕。接着 onCreat()方法中创建了 AppAdapter 对象，并将 AppAdapter 作为新的适配器传递给 ListView，这样新的界面就完成了。

运行结果如图 5-18 所示。

图 5-18　应用列表

实例 5-3：简单博客页面

```
Activity main.xml
    <?xml version="1.0" encoding="utf-8"?>
<TabHost xmlns:android="http://schemas.android.com/apk/res/android"
    xmlns:app="http://schemas.android.com/apk/res-auto"
    xmlns:tools="http://schemas.android.com/tools"
    android:layout_width="match_parent"
    android:layout_height="match_parent"
    tools:context=".MainActivity"
    android:id="@android:id/tabhost">
    <LinearLayout
        android:layout_width="wrap_content"
        android:layout_height="wrap_content"
        android:text="@string/app_name"
        android:orientation="vertical">
```

● 线性布局，android:orientation="vertical"表示只有水平方向的属性起作用，如 left、right 和 center_horizontal。

```
<TabWidget
    android:id="@android:id/tabs"
    android:layout_width="fill_parent"
    android:layout_height="wrap_content"
    android:orientation="horizontal" ></TabWidget>
```

● 定义了 TabWidget 控件，用于多标签显示，选中的标签为当前活动标签页。

```
<FrameLayout
    android:id="@android:id/tabcontent"
    android:layout_width="fill_parent"
    android:layout_height="fill_parent"
    android:layout_weight="1">
```

● 帧布局。

```
<LinearLayout
    android:id="@+id/linearlayout"
    android:layout_width="fill_parent"
    android:layout_height="fill_parent"
    android:orientation="vertical">
    <RelativeLayout
        android:layout_width="match_parent"
        android:layout_height="match_parent">
```

● 相对布局。

```
<ImageView
    android:layout_width="50dp"
    android:layout_height="50dp"
    android:src="@mipmap/sb"
```

```
        android:id="@+id/sb_1"/>
```

- 定义了 ImageView 控件，利用 ImageView 控件来显示图片。

```
<ImageView
    android:layout_width="50dp"
    android:layout_height="50dp"
    android:src="@mipmap/xb"
    android:id="@+id/sb_2"
    android:layout_below="@+id/sb_1"/>
```

- 定义了 ImageView 控件利用 ImageView 控件来显示图片。

```
<ImageView
    android:layout_width="50dp"
    android:layout_height="50dp"
    android:src="@mipmap/sb"
    android:id="@+id/sb_3"
    android:layout_below="@+id/sb_2" />
<ImageView
    android:layout_width="50dp"
    android:layout_height="50dp"
    android:src="@mipmap/xb"
    android:id="@+id/sb_4"
    android:layout_below="@+id/sb_3"
    />
<ImageView
    android:layout_width="50dp"
    android:layout_height="50dp"
    android:src="@mipmap/sb"
    android:id="@+id/sb_5"
    android:layout_below="@+id/sb_4"
    />
<ImageView
    android:layout_width="50dp"
    android:layout_height="50dp"
    android:src="@mipmap/xb"
    android:id="@+id/sb_6"
    android:layout_below="@+id/sb_5"
    />
<ListView
    android:id="@+id/listview"
    android:layout_width="fill_parent"
    android:layout_height="fill_parent"
    android:layout_toRightOf="@+id/sb_1"/>
```

- 定义 ListView 控件，利用 ListView 控件加载数据。

```
        </RelativeLayout>
    </LinearLayout>
```

- 第一个页面布局，定义了 5 个 ImageView 控件，利用 ImageView 控件显示图片，将所要展示的图片放在 res/mipmap 路径下，定义 ListView 控件，利用 ListView 控件加载数据。

```
<LinearLayout
    android:id="@+id/linearlayout2"
    android:layout_width="fill_parent"
    android:layout_height="fill_parent"
    android:orientation="vertical">
    <TextView
        android:layout_width="wrap_content"
        android:layout_height="wrap_content"
        android:text="这是第二个页面"
        />
</LinearLayout>
```

● 第二个页面布局，只显示文本"这是第二个页面"。

```
<LinearLayout
    android:id="@+id/linearlayout3"
    android:layout_width="fill_parent"
    android:layout_height="fill_parent"
    android:orientation="vertical">
    <TextView
        android:layout_width="wrap_content"
        android:layout_height="wrap_content"
        android:text="这是第三个页面"
        />
</LinearLayout>
```

● 第三个页面布局，只显示文本"这是第三个页面"。

```
<LinearLayout
    android:id="@+id/linearlayout4"
    android:layout_width="fill_parent"
    android:layout_height="fill_parent"
    android:orientation="vertical">
    <TextView
        android:layout_width="wrap_content"
        android:layout_height="wrap_content"
        android:text="这是第四个页面"
        />
</LinearLayout>
```

● 第四个页面布局，只显示文本"这是第四个页面"。

```
<LinearLayout
    android:id="@+id/linearlayout5"
    android:layout_width="fill_parent"
    android:layout_height="fill_parent"
    android:orientation="vertical">
    <TextView
        android:layout_width="wrap_content"
```

```
                    android:layout_height="wrap_content"
                    android:text="555"
                    />
        </LinearLayout>
```

- 第五个页面布局，只显示文本"这是第五个页面"。

```
                    </FrameLayout>
            </LinearLayout>
        </TabHost>
```

- 最外层为一个 TabHost 布局，上边为菜单布局，菜单下边为内容，使用线性布局实现。
- 菜单栏为一个 TabWidget，要实现点击每个菜单跳转不同的内容界面，所有内容布局中就需要使用帧布局 FrameLayout。

Main activity.java 代码如下：

```
public class MainActivity extends TabActivity {
    private TabHost tabHost;
    private ListView listview;
    private String[] data={"长廊","四合院","长廊","四合院","长廊","四合院"};
```

- 定义数组用于存放数据，定义 TabHost 组件用于在界面中存放多个选项卡。

```
        @Override
        protected void onCreate(Bundle savedInstanceState) {
            super.onCreate(savedInstanceState);
            setContentView(R.layout.activity_main);
            listview = (ListView) findViewById(R.id.listview);
            ArrayAdapter<String> adapter = new ArrayAdapter<String>(MainActivity.this,android.
R.layout.simple_list_item_1,data);
            listview.setAdapter(adapter);
            tabHost=getTabHost();
            tabHost.addTab(tabHost.newTabSpec("pag_1").setIndicator("北京").setContent(R.id.
linearlayout));
            tabHost.addTab(tabHost.newTabSpec("pag_2").setIndicator("上海").setContent(R.id.
linearlayout2));
            tabHost.addTab(tabHost.newTabSpec("pag_3").setIndicator("天津").setContent(R.id.
linearlayout3));
            tabHost.addTab(tabHost.newTabSpec("pag_3").setIndicator("石家庄").setContent(R.id.
linearlayout4));
            tabHost.addTab(tabHost.newTabSpec("pag_3").setIndicator("杭州").setContent(R.id.
linearlayout5));
        }
    }
```

- 通过 listview = (ListView) findViewById(R.id.listview);得到 ListView 对象的引用，为 ListView 设置 Adapter 来绑定数据，执行 setup 方法，该方法能够查找 TabWidget 和 FrameLayout。

- tabHost.addTab(tabHost.newTabSpec("pag_1");通过帧布局实现，并且设置标签题目和内容。

运行结果如图 5-19 和图 5-20 所示。

图 5-19　简单博客页面 1

图 5-20　简单博客页面 2

实例 5-4：简单用户注册页面

```xml
<?xml version="1.0" encoding="utf-8"?>
<TableLayout xmlns:android="http://schemas.android.com/apk/res/android"
    xmlns:tools="http://schemas.android.com/tools"
    android:layout_width="match_parent"
    android:layout_height="match_parent"
    android:orientation="vertical"
    >
<ImageView
    android:layout_width="wrap_content"
    android:layout_height="wrap_content"
    android:id="@+id/imageView02"
    android:layout_margin="5dp"
    android:adjustViewBounds="true"
    android:maxWidth="75dp"
    android:maxHeight="60dp"/>
```

- ImageView 控件是图片控件，在布局中设置该控件，其可以适用于任何布局中，并且 Android 为其提供了缩放和着色的一些操作。

- 另外，还可以在布局中设置图片的来源，使用 android:src=" "。

```
    <TableRow>
        <TextView
            android:layout_width="wrap_content"
            android:layout_height="wrap_content"
            android:text="用户名："
            android:layout_marginLeft="5dp"/>
        <EditText
            android:layout_width="250dp"
            android:layout_height="wrap_content"
            android:hint="请输入用户名"
            android:id="@+id/editText01"
            android:singleLine="true"
            android:inputType="textPersonName"/>
    </TableRow>
```

- 代码使用 TextView 控件显示用户名的文本信息，EditText 实现用户输入用户名这一操作。
- 其中 android:singleLine="true"是使 "请输入用户名" 这一信息单行显示。

```
    <TableRow>
        <TextView
            android:layout_width="wrap_content"
            android:layout_height="wrap_content"
            android:text="密码："
            android:layout_marginLeft="5dp"/>
        <EditText
            android:layout_width="250dp"
            android:layout_height="wrap_content"
            android:hint="请输入密码"
            android:id="@+id/editText02"
            android:singleLine="true"
            android:inputType="textPassword"/>
    </TableRow>
```

- 以表格的形式来显示界面中的控件，表格的每一行为一个 TableRow，每当一个控件添加到 TableRow 中，就生成一个单元格。
- 使用 TextView 控件显示密码这一文本信息，EditText 实现用户输入密码的操作。

```
    <TableRow>
        <TextView
            android:layout_width="wrap_content"
            android:layout_height="wrap_content"
            android:text="确认密码："
            android:layout_marginLeft="5dp"/>
        <EditText
            android:layout_width="250dp"
            android:layout_height="wrap_content"
            android:hint="请输入密码"
            android:id="@+id/editText03"
```

```
                android:singleLine="true"
                android:inputType="textPassword"/>
        </TableRow>
```

- EditText 控件是程序和用户进行交互的重要控件，用户在该控件里输入编辑内容。
- 使用 EditText 控件实现用户的输入密码的操作，使用 TextView 显示确认密码的文本信息。

```
        <LinearLayout
            android:layout_width="match_parent"
            android:layout_height="wrap_content"
            android:orientation="horizontal"
            android:layout_marginTop="10dp">
            <TextView
                android:layout_width="wrap_content"
                android:layout_height="wrap_content"
                android:layout_marginLeft="5dp"
                android:layout_gravity="center_vertical"
                android:text="请选择您的性别： " />
```

- 在 LinearLayout 的线性布局中，使用 TextView 显示"请选择您的性别"的文本信息。

```
        <RadioGroup
            android:layout_width="wrap_content"
            android:layout_height="wrap_content"
            android:orientation="horizontal"
            android:id="@+id/sex">
            <RadioButton
                android:layout_width="wrap_content"
                android:layout_height="wrap_content"
                android:text="男"
                android:id="@+id/radioButton1"/>
            <RadioButton
                android:layout_width="wrap_content"
                android:layout_height="wrap_content"
                android:text="女"
                android:id="@+id/radioButton2"/>
        </RadioGroup>
    </LinearLayout>
```

- RadioButton 在 RadioGroup 中是常用到的单选按钮，RadioButton 控件用来实现用户性别的选择。RadioGroup 中有两个 RadioButton，这两个 RadioButton 单选按钮中只能一次选择一个男或者女选项。对于布局来说，其中 wrap-contant 的属性用途是用来根据所写的内容自动生成对应的大小比例，match-parent 实现占满父窗体，这一操作如果是最外层的，那么它占据的就是整个屏幕。

```
        <LinearLayout
            android:layout_width="wrap_content"
            android:layout_height="wrap_content"
            android:orientation="horizontal"
```

```
            android:layout_marginTop="10dp">
        <TextView
            android:layout_width="wrap_content"
            android:layout_height="wrap_content"
            android:text="请选择国家："
            android:layout_marginLeft="5dp"/>
    </LinearLayout>
```

● 使用 TextView 显示提示用户选择国家的信息。

```
        <LinearLayout
            android:layout_width="wrap_content"
            android:layout_height="wrap_content"
            android:orientation="horizontal"
            android:layout_marginTop="10dp">
        <Spinner
            android:entries="@array/type"
            android:layout_width="wrap_content"
            android:layout_height="wrap_content"
            android:id="@+id/spinner1"/>
    </LinearLayout>
```

● 代码运用简单的加载下拉数组：type（后面代码中体现），内容定义在 values/array.xml 文件中，在 string-arrays 节点中，可以定义用户国籍，此 spinner1 控件实现了用户对国家的选择。

```
        <LinearLayout
            android:layout_width="wrap_content"
            android:layout_height="wrap_content"
            android:orientation="horizontal"
            android:layout_marginTop="10dp">
        <Spinner
            android:entries="@array/as"
            android:layout_width="wrap_content"
            android:layout_height="wrap_content"
            android:id="@+id/spinner2"/>
    </LinearLayout>
```

● 第二个 spinner2 控件实现了用户对城市的选择，定义在数组 as 中，也是保存在 values/array.xml 文件中，同样也是在 string-arrays 节点中，可以定义用户国家的城市信息。

```
        <LinearLayout
            android:layout_width="wrap_content"
            android:layout_height="wrap_content"
            android:orientation="horizontal"
            android:layout_marginTop="10dp">
        <TextView
            android:layout_width="wrap_content"
```

```
            android:layout_height="wrap_content"
            android:text="爱好: "
            android:layout_marginLeft="5dp"/>
    </LinearLayout>
```

● 使用 TextView 显示提示用户选择爱好的信息。

```
    <LinearLayout
        android:layout_width="wrap_content"
        android:layout_height="wrap_content"
        android:orientation="horizontal"
        android:layout_marginTop="10dp">
    <CheckBox
        android:layout_width="wrap_content"
        android:layout_height="wrap_content"
        android:id="@+id/checkBox1"
        android:text="足球"
        />
    <CheckBox
        android:layout_width="wrap_content"
        android:layout_height="wrap_content"
        android:id="@+id/checkBox2"
        android:text="篮球"
        />
```

● 使用 CheckBox1 和 CheckBox2 显示两个表示爱好的复选框: 足球和篮球。

```
    <CheckBox
        android:layout_width="wrap_content"
        android:layout_height="wrap_content"
        android:id="@+id/checkBox3"
        android:text="台球"
        />
    <CheckBox
        android:layout_width="wrap_content"
        android:layout_height="wrap_content"
        android:id="@+id/checkBox4"
        android:text="网球"
        />
    </LinearLayout>
```

● 使用 CheckBox3 和 CheckBox4 显示两个表示爱好的复选框: 台球和网球。

```
    <Button
        android:layout_width="wrap_content"
        android:layout_height="wrap_content"
        android:id="@+id/reg"
```

```
                    android:text="注册"
                    android:gravity="center_horizontal"
                    android:visibility="invisible"/>
        </TableLayout>
```

● 在布局文件中使用控件的标记来配置所需要的各个控件，然后在主 Activity 中获取到该控件，给其添加监听器来监听其操作，最后在控制台输出所操作的内容。其中 TableRow 在 TableLayout 的上面，Button、Textview 等控件在 TableRow 的上面，最后 TableLayout 置底。

```
Main activity.java
public class MainActivity extends AppCompatActivity {
    private Button reg = null;
    private int location1 = -1;
    private int location2 = -1;
    private Spinner spinner1 = null;
    private Spinner spinner2 = null;
    private CheckBox checkBox1 = null;
    private CheckBox checkBox2 = null;
    private CheckBox checkBox3 = null;
    private CheckBox checkBox4= null;
    private EditText editText01 = null ;
    private EditText editText02 = null;
    private EditText editText03 = null;
    private RadioButton radio =null ;
    private ListView listView = null;
    private RadioGroup sex;
    protected void onCreate(Bundle savedInstanceState) {
        super.onCreate(savedInstanceState);
        setContentView(R.layout.activity_main);
```

● 通过 id 获得相应的控件。

```
reg = (Button) findViewById(R.id.reg);
spinner1 = (Spinner) findViewById(R.id.spinner1);
spinner2 = (Spinner) findViewById(R.id.spinner2);
checkBox1 = (CheckBox) findViewById(R.id.checkBox1);
checkBox2 = (CheckBox) findViewById(R.id.checkBox2);
checkBox3 = (CheckBox) findViewById(R.id.checkBox3);
checkBox4 = (CheckBox) findViewById(R.id.checkBox4);
editText01 = (EditText) findViewById(R.id.editText01);
editText02 = (EditText) findViewById(R.id.editText02);
editText03   = (EditText) findViewById(R.id.editText03);
sex = (RadioGroup) findViewById(R.id.sex);
```

● 适配器与列表视图关联并且为复选框控件添加监听器。
● 在 MainActivity.java 文件中，获取到复选框控件、普通按钮控件、单选按钮组控件和列表选择框控件，并为它们添加监听器，代码如下：

```
checkBox1.setOnCheckedChangeListener(new checkBoxOnCheckedChangeListener ());
sex.setOnCheckedChangeListener(new RadioGroup.OnCheckedChangeListener() {
    public void onCheckedChanged(RadioGroup group, int checkedId) {
        radio = (RadioButton) findViewById(checkedId);
    }
});
checkBox2.setOnCheckedChangeListener(new checkBoxOnCheckedChangeListener ());
sex.setOnCheckedChangeListener(new RadioGroup.OnCheckedChangeListener() {
    public void onCheckedChanged(RadioGroup group, int checkedId) {
        radio = (RadioButton) findViewById(checkedId);
    }
});
```

- 上述代码实现了对 checkBox1 和 checkBox2 的监听功能。

```
checkBox3.setOnCheckedChangeListener(new checkBoxOnCheckedChangeListener ());
sex.setOnCheckedChangeListener(new RadioGroup.OnCheckedChangeListener() {
    public void onCheckedChanged(RadioGroup group, int checkedId) {
        radio = (RadioButton) findViewById(checkedId);
    }
});
checkBox4.setOnCheckedChangeListener(new checkBoxOnCheckedChangeListener ());
sex.setOnCheckedChangeListener(new RadioGroup.OnCheckedChangeListener() {
    public void onCheckedChanged(RadioGroup group, int checkedId) {
        radio = (RadioButton) findViewById(checkedId);
    }
});
```

- 上述代码实现了对 checkBox3 和 checkBox4 的监听功能。

```
spinner1.setOnItemSelectedListener(new spinnerOnItemSelectedListener());
reg.setOnClickListener(new regOnClickListener()); }
class regOnClickListener implements OnClickListener{
public void onClick(View v) {
    Log.i("您输入的用户名为：", editText01.getText().toString());
    Log.i("您输入的密码为：", editText02.getText().toString());
    Log.i("您输入的确认密码为：", editText03.getText().toString());
    if (radio != null) {          Log.i("您选择的性别为：", radio.getText().toString());
    }
    else {
        Log.i("您选择的性别为：", "无"); }
    Log.i("您选择的国家为：", spinner1.getItemAtPosition(location1).toString());
}
}
```

- 代码运用 getText().toString()的方法来获取用户名、密码、性别、国家城市等信息。

```
class spinnerOnItemSelectedListener implements OnItemSelectedListener{
    public void onItemSelected(AdapterView<?> parent, View view, int position, long id)
```

● 获取下拉列表框控件选中的位置。

```
{                              location1= position;
}              public void onNothingSelected(AdapterView<?> parent) {

}      }
class checkBoxOnCheckedChangeListener implements OnCheckedChangeListener{
    public void onCheckedChanged(CompoundButton buttonView,          boolean isChecked)
{
        if (isChecked) {              reg.setVisibility(View.VISIBLE);          }
        else {              reg.setVisibility(View.INVISIBLE);
        }
    }
}
```

● 在上述代码中，通过下拉列表框控件的监听器来获取所选内容的位置，然后赋值给 location 变量；在复选框控件的监听器中，如果该复选框被选中，则注册按钮显示可见，否则不可见。

```
Arrays.xml
<?xml version="1.0" encoding="utf-8"?>
<resources>
    <string-array name = "type">
        <item>中国</item>
        <item>日本</item>
        <item>美国</item>
        <item>英国</item>
        <item>其他</item>
    </string-array>
```

● 新建一个名字为 Arrays 的 xml 文件用来保存下拉菜单里的国家的信息。

```
    <string-array name = "as">
        <item>北京</item>
        <item>厦门</item>
        <item>伦敦</item>
        <item>沈阳</item>
        <item>其他</item>
    </string-array>
</resources>
```

● 此为保存下拉菜单里的城市的信息。

运行结果如图 5-21 和图 5-22 所示。

图 5-21　简单用户注册界面 1　　　　　　图 5-22　简单用户注册界面 2

本章小结

　　本章介绍的内容是 Android SDK 中最核心的部分：控件。这些控件以及它们的变种会被应用在绝大多数的应用程序中。为了使读者更好地了解这些控件，本章将 Android SDK 提供的标准控件分成了若干类别来介绍。这些类别包括"文本控件""按钮控件""选择按钮控件""下拉控件和选项卡""视图控件""进度条""日期选择器"，本章对每一种控件都使用实例进行了详细介绍和讲解，这些控件都非常有实用价值，建议读者认真学习本章的内容。

课后练习

1. 选择题

1）下列哪个不是 Android 空间界面设计涉及的常用基本控件？（　　　）

　　A．TextView　　　　　　　　B．Button　　　　　　　C．Java　　　　　　　D．CheckBox

2）下列哪个属性代表着控件的宽度？（　　　）

　　A．android:layout_width　　　　　　　　　B．android:layout_height

　　C．android:text　　　　　　　　　　　　　D．android:textColor

3）EditText 的作用是什么？（　　　）

　　A．在 Android 中输入框的类型和标签都是 EditText

　　B．用来设置中文字的型号，也就是文字的大小

　　C．用来设置 TextView 显示的值

D．用来设置文字颜色

4）下列事件处理过程错误的是（　　　）。

A．事件源对象添加监听器对象

B．当事件发生时，系统不会将事件封装成相应类型的事件对象

C．系统发送给注册到事件源的监听器对象

D．当监听器对象接收事件对象后，系统会调用监听器中相应的事件处理方法来处理事件并给出响应

5）关于 ScrollView（滚动视图）错误的是（　　　）。

A．在 ScrollView 中控件的内容在一屏幕显示不完全时，不会自动产生滚动功能

B．ScrollView 只支持垂直滚动

C．ScrollView 类位于 Android.widget 包下，它继承自 FrameLayout

D．ScrollView 中只能加一个控件，一般是嵌入一个线性布局

2．简答题

1）简述控件包括的类型。

2）简述 ImageView、ImageButton 以及 Button 的区别。

3）在 Activity 中为 Button 的点击事件注册一个监听器，有哪两种方式来实现按钮监听事件？

4）简述 CheckBox 是什么。

5）Android 中实现事件处理的步骤是什么？

第6章　菜单和对话框

菜单是用户界面中最常见的元素之一，使用非常频繁，Android 开发当中，可能会存在许多自定义布局的需求，比如自定义弹出菜单（popup menu），以及自定义对话框（Dialog）。本章将给大家介绍 Android 自定义弹出菜单和对话框功能。

6.1　菜单功能开发

菜单在桌面应用中使用十分广泛，几乎所有的桌面应用都有菜单。菜单在手机应用中的使用减少了不少（主要受到屏幕大小的制约），但依然有不少手机应用会添加菜单。

6.1.1　菜单简介

Android 平台提供了三种菜单的实现方式，即选项菜单（OptionMenu）、上下文菜单（ContextMenu）和子菜单（SubMenu）。

选项菜单：单击菜单键时，在屏幕底部弹出一个菜单，这个菜单叫选项菜单。选项菜单最多显示两排，每排三个菜单项，这些菜单项有文字有图标，也被称为 lcon Menus。如果多于六项，点击 more 才出现第七项及以后的菜单。

上下文菜单：Android 应用同样支持上下文菜单，当用户一直按住某个组件时，该组件所关联的上下文菜单就会显示出来。Windows 点击右键弹出的菜单即上下文菜单。

子菜单：Android 中点击子菜单将弹出悬浮窗口，显示子菜单项。

选项菜单与上下文菜单的区别如下：

- 选项菜单由 onCreateOptionsMenu()方法创建，单击 menu 按钮，与 Activity 绑定。
- 上下文菜单由 onCreateContextMenu()方法创建，与某个 View 绑定。
- 每单击一次 View，与该 View 绑定的上下文菜单的 onCreateOptionsMenu 都会执行一次。而选项菜单只会执行一次。

6.1.2　选项菜单开发

选项菜单就是可以显示在操作栏上的菜单。菜单的视图需要建立在 res/menu 下。其中，showAsAction 属性用于指定菜单选项是显示在操作栏还是隐藏到溢出菜单（overflowmenu）。ifRoom|withText 表示只要空间够，就在操作栏上显示图标与文字。Always（不推荐使用）和 never 也是属性值。

📖 在 Android 3.0 及更高版本的系统中，选项菜单中的项目将出现在操作栏中。默认情况下，系统会将所有项目均放入操作溢出菜单中。用户可以使用操作栏右侧的操作溢出菜单图标[或者通过按设备"菜单"按钮（如有）]显示操作溢出菜单。要支持快速访问重要操作，可以将 android:showAsAction="ifRoom" 添加到对应的<item>元素，从而将几个项目提升到操作栏中。从 Android 3.0 开始，"菜单"按钮已弃用（某些设备没有该按钮），因此应改为使用操作栏，来提供对操作和其他选项的访问。

1. 选项菜单的开发

选项菜单应该是最常见的，一般手机上都会提供 Menu 按钮，对应弹出的就是这个菜单。

主要步骤如下：

1）复写 Activity 父类中的 onCreateOptionsMenu(Menu menu)方法，然后通过 Menu 的 add 方法来添加菜单进去。

```
private static final int MENU_ITEM_COUNTER = Menu.FIRST;
public boolean onCreateOptionsMenu(Menu menu) {
    menu.add(0, MENU_ITEM_COUNTER, 0, "开始");
    menu.add(0, MENU_ITEM_COUNTER + 1, 0, "暂停");
    menu.add(0, MENU_ITEM_COUNTER + 2, 0, "结束");
    return super.onCreateOptionsMenu(menu);
}
```

ItemId 是可以自己定义的 int。

```
private static final int MENU_ITEM_COUNTER = Menu.FIRST;
```

2）设置好 Menu 后需要对每一个 MenuItem 进行定义处理，当用户点击时会调用 onOptions ItemSelected(MenuItem item)这个方法，需要对该方法进行重写：

```
public boolean onOptionsItemSelected(MenuItem item) {
    switch (item.getItemId()) {
    case MENU_ITEM_COUNTER:
        myTextView.setText("You click " + item.getTitle().toString()
                + "Menu");      break;
    case MENU_ITEM_COUNTER + 1:
        myTextView.setText("You click " + item.getTitle().toString()
                + "Menu");      break;
    case MENU_ITEM_COUNTER + 2:
        myTextView.setText("You click " + item.getTitle().toString()
                + "Menu");
        break;
    default:
        break;
    }
    return super.onOptionsItemSelected(item);
}
```

对 TextView 进行了 Text 修改，这里可以做很多业务逻辑。Android 最多支持六个 MenuItem，溢出后会隐藏，点击 more 显示更多。

2. 选项菜单常用方法

● 创建选项菜单：重写 Activity 的 onCreateOptionsMenu(Menu menu)方法。设置菜单项可用代码动态设置 menu.add();还可以通过 xml 设置 MenuInflater.inflate()。选项菜单组有下面的常用方法：

● 设置菜单点击事件：onOptionsItemSelected();

● 菜单关闭后发生的动作：onOptionsMenuClosed(Menu menu);

● 选项菜单显示之前会调用，可以在这里根据需要调整菜单：onPrepareOptionsMenu(Menu menu);

● 打开后发生的动作：onMenuOpened(int featureId,Menu menu);

通过 xml 设置菜单代码如下：

```xml
<menu xmlns:android="http://schemas.android.com/apk/res/android"
    xmlns:tools="http://schemas.android.com/tools"
    tools:context="com.example.menudemo.MenuActivity">
<group android:id="@+id/group1">
<item
        android:id="@+id/action_menu1"
        android:orderInCategory="300"
        android:menuCategory="container"
        android:showAsAction="never"
        android:title="menu1"/>
<item
        android:id="@+id/action_menu2"
        android:orderInCategory="200"
        android:menuCategory="system"
        android:showAsAction="never"
        android:title="menu2"/>
</group>
<group android:id="@+id/group2">
<item
        android:id="@+id/action_menu3"
        android:orderInCategory="100"
        android:menuCategory="secondary"
        android:showAsAction="never"
        android:title="menu3"/>
<item
        android:id="@+id/action_menu4"
        android:orderInCategory="400"
        android:menuCategory="alternative"
        android:showAsAction="never"
        android:title="menu4"/>
</group>
</menu>
```

编译并运行程序，结果如图 6-1 所示。

主函数直接运行，无需创建线程，菜单只与布局文件有关。

【例 6-1】 选项菜单开发

```
public boolean onCreateOptionsMenu(Menu menu) {
        setContentView(R.layout.activity_main);
        getMenuInflater().inflate(R.menu.main, menu);
    return true;
}

public boolean onOptionsItemSelected(MenuItem item) {
        switch (item.getItemId()) {
            case R.id.add_item:
              Toast.makeText(this,"YouClickedAdd", Toast.LENGTH_SHORT).show();
            break;
            case R.id.remove_item:
            Toast.makeText(this,"YouclickedRemove", Toast.LENGTH_SHORT).show();
            break;
            default:
        }
        return true;
    }
}
```

编译并运行程序，结果如图 6-2 所示。

图 6-1 列表界面   图 6-2 点击界面

选项菜单初始化一个线程，然后运行 onOptionsItemSelected 函数。

6.1.3 Android 上下文菜单开发

Android 中上下文菜单就是 ContextMenu。它的效果就像是 PC 机上的鼠标右键，当为一个视图注册了上下文菜单之后，长按（2 秒左右）这个视图对象就会弹出一个浮动菜单，即上下文菜单。任何视图都可以注册上下文菜单，不过，最常见的是用于列表视图 ListView 的 item。简单地说，当用户长时间按键不放时，弹出来的菜单称为上下文菜单，Windows 中用鼠标右键弹出的菜单就是上下文菜单。

1. 上下文菜单的实现

上下文菜单可由两种方法来实现，一种是通过在 Android 程序中调用 add 函数实现，另一种通过 xml 配置文件实现。下面通过示例说明具体的实现方法。

方法一：通过 Android 程序实现上下文菜单。

1）重写 Activity 或者 Fragment 中的 onCreateContextMenu 方法：

```
public void onCreateContextMenu(ContextMenu menu, View v,
ContextMenuInfo menuInfo) {
super.onCreateContextMenu(menu, v, menuInfo);
menu.setHeaderTitle("你想干啥？");
menu.setHeaderIcon(R.drawable.a4c);
menu.add(0, 0, Menu.NONE, "复制");
menu.add(0, 1, Menu.NONE, "剪贴");
menu.add(0, 2, Menu.NONE, "重命名");
menu.add(1, 3, Menu.NONE, "去新的 Activity");
}
```

2）重写 Activity 或 Fragment 中的 onContextItemSelected 方法，实现菜单事件监听：

```
public boolean onContextItemSelected(MenuItem item) {
switch (item.getItemId()) {
case 0:
    tv.setText(item.getTitle().toString());
    break;
case 1:
tv.setText(item.getTitle().toString());
break;
case 2:
tv.setText(item.getTitle().toString());
    break;
case 3:
    tv.setText(item.getTitle().toString());
    startActivity(new Intent(this, SecondActivity.class));
    break;
default:
    return super.onContextItemSelected(item);
    }
return true;
}
```

3）完成在 View 中注册上下文菜单：

```
tv = (TextView) this.findViewById(R.id.tv);
this.registerForContextMenu(tv);//tv 是 textview 的缩写,是缩写代码的视图.
```

重写 Activity 或者 Fragment 中的 onCreateContextMenu 方法，创建上下文菜单内容。

重写 onContextItemSelected 方法，实现菜单事件监听。

【例 6-2】 通过在 Java 程序中调用 add 函数实现上下文菜单

```java
public class MainActivity extends AppCompatActivity {
    private ListView lv;
    private TextView tv;
    private String[] menuStrs;
    private ArrayAdapter<String> adapter;
    public void onCreateContextMenu(ContextMenu menu, View v,
                                    ContextMenu.ContextMenuInfo menuInfo) {
    public void onCreateContextMenu(ContextMenu menu, View v,
ContextMenuInfo menuInfo) {
super.onCreateContextMenu(menu, v, menuInfo);
menu.setHeaderTitle("你想干啥？");
menu.setHeaderIcon(R.drawable.a4c);
menu.add(0, 0, Menu.NONE, "复制");
menu.add(0, 1, Menu.NONE, "剪贴");
menu.add(0, 2, Menu.NONE, "重命名");
menu.add(1, 3, Menu.NONE, "去新的 Activity")     }
public boolean onContextItemSelected(MenuItem item) {
switch (item.getItemId()) {
case 0:
    tv.setText(item.getTitle().toString());
    break;
case 1:
tv.setText(item.getTitle().toString());
break;
case 2:
tv.setText(item.getTitle().toString());
    break;
case 3:
    tv.setText(item.getTitle().toString());
    startActivity(new Intent(this, SecondActivity.class));
    break;
default:
    return super.onContextItemSelected(item);
}
return true;
}
    private void initListView() {
        menuStrs = new String[] { "庆历四年春", "滕子京谪守巴陵郡", "越明年", "政通人和" };
        adapter = new ArrayAdapter<String>(this,
                    android.R.layout.simple_list_item_1, menuStrs);
        lv.setAdapter(adapter);
    }
    protected void onCreate(Bundle savedInstanceState) {
        super.onCreate(savedInstanceState);
        setContentView(R.layout.activity_main);
        tv = (TextView)findViewById(R.id.tv);
        registerForContextMenu(tv);
```

```
            }
            public boolean onContextItemSelected(MenuItem item) {
                // TODO Auto-generated method stub
                int id = item.getItemId();
                switch (id) {
                    case Menu.FIRST+1:
                        Toast.makeText(MainActivity.this, "点击了删除按钮", Toast.LENGTH_
SHORT).show();
                        Break；
                }
                return super.onContextItemSelected(item);
            }
        }
```

初始化一个线程，执行 onCreateContextMenu 函数完成长按后弹出的菜单的内容。

initListView()函数完成主页面布局。通过 onContextItemSelected 函数去修改或删除主页面的内容。

编译并运行程序，结果如图 6-3 和图 6-4 所示。

图 6-3 初始界面

图 6-4 上下文界面显示

方法二：通过 xml 配置文件创建上下文菜单。

调用 registerForContextMenu()方法，为视图注册上下文菜单，如 textViewtvregister ForcontextMenu(tv):

```
        protected void onCreate(Bundle savedInstanceState) {
            super.onCreate(savedInstanceState);
            setContentView(R.layout.activity_menu);
```

```
                    tv = (TextView)findViewById(R.id.tv);
                    registerForContextMenu(tv);
            }
```

覆盖 Activity 的 onCreateContextMenu()方法，调用 Menu 的 add 方法添加菜单项 (MenuItem):

```
        public void onCreateContextMenu(ContextMenu menu, View v,
        ContextMenuInfo menuInfo) {
            setIconVisible(menu);
                // TODO Auto-generated method stub
            menu.add(Menu.NONE, Menu.FIRST + 1, 5, "删除").setIcon(
                android.R.drawable.ic_menu_delete);
        // setIcon()方法设置菜单图标
            menu.add(Menu.NONE, Menu.FIRST + 2, 2, "保存").setIcon(
                        android.R.drawable.ic_menu_save);
            menu.add(Menu.NONE, Menu.FIRST + 3, 6, "帮助").setIcon(
                        android.R.drawable.ic_menu_help);
            menu.add(Menu.NONE, Menu.FIRST + 4, 1, "添加").setIcon(
                        android.R.drawable.ic_menu_add);
            menu.add(Menu.NONE, Menu.FIRST + 5, 4, "详细").setIcon(
                        android.R.drawable.ic_menu_info_details);
            menu.add(Menu.NONE, Menu.FIRST + 6, 3, "发送").setIcon(
                        android.R.drawable.ic_menu_send);
                    super.onCreateContextMenu(menu, v, menuInfo);
        }
```

覆盖 onContextItemSelected()方法，响应菜单单击事件:

```
        public boolean onContextItemSelected(MenuItem item) {
                // TODO Auto-generated method stub
            int id = item.getItemId();
            switch (id) {
            case Menu.FIRST+1:
                    Toast.makeText(MenuActivity.this, "点击了
删除按钮", Toast.LENGTH_SHORT).show();
            }
            return super.onContextItemSelected(item);
        }
```

先调用 registerForContextMenu()方法，为视图注册上下文菜单；然后覆盖 Activity 的 onCreateContextMenu()方法，调用 Menu 的 add 方法添加菜单项（MenuItem）；最后覆盖 onContextItemSelected()方法，响应菜单单击事件。

编译并运行程序，结果如图 6-5 所示。

【例 6-3】 通过 xml 配置文件实现上下文菜单

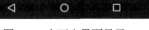

图 6-5 上下文界面显示

```java
protected void onCreate(Bundle savedInstanceState) {
    super.onCreate(savedInstanceState);
    setContentView(R.layout.activity_main);
    editText01=(EditText)findViewById(R.id.editText01);
    editText02=(EditText)findViewById(R.id.editText02);
    //为 View 对象注册上下文菜单
    this.registerForContextMenu(editText01);
    this.registerForContextMenu(editText02);
}
/**
 * 初始化上下文菜单
 *
 * 每次调出上下文菜单时都会被调用一次
 */
@Override
public void onCreateContextMenu(ContextMenu menu, View v,
                                  ContextMenuInfo menuInfo) {
    //menu.setHeaderIcon(R.drawable.header);
    switch (v.getId()) {
        case R.id.editText01:
            menu.add(0, MENU1, 0, "菜单项 1");
            menu.add(0, MENU2, 0, "菜单项 2");
            menu.add(0, MENU3, 0, "菜单项 3");
            break;
        case R.id.editText02:
            menu.add(0, MENU4, 0, "菜单项 4");
            menu.add(0, MENU5, 0, "菜单项 5");
            break;
    }
    //super.onCreateContextMenu(menu, v, menuInfo);
}
 * 当用户选择了上下文菜单选项后调用该事件
public boolean onContextItemSelected(MenuItem item) {
    switch (item.getItemId()) {
        case MENU1:
        case MENU2:
        case MENU3:
            editText01.append("\n"+item.getTitle()+"被按下");
            break;
        case MENU4:
        case MENU5:
            editText02.append("\n"+item.getTitle()+"被按下");
    }
    return true;
}
}
```

初始化一个新线程，调用 onCreateContextMenu 函数，通过 layout 创建菜单布局输出菜单栏。

(EditText)findViewById(R.id.editText01) 为 View 对象注册上下文菜单。

用 onCreateContextMenu()将两个菜单栏分开。

当用户选择了上下文菜单选项后调用 onContextItemSelected(MenuItem item)。

编译并运行程序，结果如图 6-6 和图 6-7 所示。

图 6-6　弹出菜单 1 至 3 界面　　　　　图 6-7　弹出菜单 4 至 5 界面

初始化一个新线程，调用 onCreateContextMenu 函数，输出菜单栏，再调用 onContext ItemSelected 函数判断按钮情况。

6.2　对话框开发

对话框是 App 与用户交互的一种方式，比较常见的对话框有更新对话框、退出提示对话框、进度条对话框、上下文对话框、选择对话框。创建对话框的方式有很多种，可以直接实例化 Dialog，也可以使用 Dialog 子类。下面详细介绍创建对话框的几种方式。

第一种方式：直接实例化 Dialog 对象。

Dialog 属于对话框的基类，直接实例化 Dialog 创建对话框的好处是简单、方便，只需要指定对话框的 View 视图和 title 即可。

创建对话框首先要创建对话框显示的 View 视图，封装成方法 createDialog()，然后再实例化 Dialog，调用 setContentView()方法，添加对话显示的 View 视图，最后调用 show()方法显示对话框。

第二种方式：使用 Dialog 的子类 AlertDialog。

使用 Dialog 子类的好处是，方便调用已经封装好的对话框样式和方法，满足多种对话框的需求。

AlertDialog 属于 Dialog 对话框常用的子类，AlertDialog 构建对话框，调用 AlertDialog. Builder 内部类提供的 set 方法，添加默认属性。

AlertDialog.Builder 构建对话框的特点，调用 set 方法，添加标题、内容和按钮的文字，同时设置按钮的监听。

第三方式：使用 Fragment 的子类 DialogFragment。

这里介绍的 DialogFragment 是位于 android.support.v4.app 包下的类，该类的特点是，使用 DialogFragment 管理对话框可确保它能正确处理生命周期事件。

在 DialogFragment 的生命周期中，重写 DialogFragment 的 onCreateDialog(Bundle savedInstanceState)方法，创建需要展示的对话框并返回，这里显示一个 AlertDialog 的对话框。

【例 6-4】 创建对话框。

在 MainActivity.java 中进行编码：

```java
public class MainActivity extends Activity {
        private static final String TAG = MainActivity.class.getSimpleName();
        private Context mContext = MainActivity.this;
        private Button mButton;
        @Override
        protected void onCreate(Bundle savedInstanceState) {
            super.onCreate(savedInstanceState);
            setContentView(R.layout.activity_main);
            Log.d(TAG, "onCreate");
            mButton = (Button) findViewById(R.id.click);
            mButton.setOnClickListener(new View.OnClickListener() {
                @Override
                public void onClick(View v) {
                    AlertDialog.Builder builder = new AlertDialog.Builder(mContext);
                    builder.setTitle("You have a new message！");
                    builder.create();
                    builder.show();
                }
            });
        }
    }
```

在 activity_main.xml 中进行编码：

```xml
<TextView
        android:layout_width="wrap_content"
        android:layout_height="wrap_content"
        android:text="点击按钮"/>

<Button
        android:layout_width="wrap_content"
        android:layout_height="wrap_content"
        android:text="Click"

        android:id="@+id/click"
        android:gravity="center_horizontal"/>
```

【程序说明】

● 获得 AlertDialog 静态内部类 Builder 对象，并调用 create()方法创建对话框。
● 调用 Toast 的构造器或 makeText()方法创建一个 Toast 对象。设置该消息提示的对齐方式、页边距、显示的内容等。
● 分别调用 AlertDialog 和 Toast 的 show()方法将它们显示出来。

编译并运行程序，结果如图 6-8 和图 6-9 所示。

图 6-8　点击界面

图 6-9　菜单显示

6.3　消息框开发

在 Android 中，除了对话框，消息框也是很重要的组成部分，下面我们将学习消息框的开发。

6.3.1　Notification 开发

Notification 一般用于电话、短信、邮件、闹钟铃声，在手机的状态栏上会出现一个小图标，提示用户处理这个快讯，这时手从上方滑动状态栏就可以展开并处理这个快讯。Notification 类表示一个持久的通知，将提交给用户使用 NotificationManager。已添加的 Notification.Builder，使其更容易构建通知。Notification 让应用程序在没有开启或在后台运行的情况下警示用户。它是看不见的程序组件（Broadcast Receiver、Service 和不活跃的 Activity）警示用户有需要注意的事件发生的最好途径。

先来区分一下状态栏和状态条的区别：

1）状态条就是手机屏幕最上方的一个条形的区域；在状态条有很多信息量，如 USB 连接图标、手机信号图标、电池电量图标和时间图标等。

2）状态栏就是手从状态条滑下来的可以伸缩的 View。

在状态栏中一般有两类（使用 FLAG_标记）：

1）正在进行的程序。

2）通知事件。

创建一个 Notification 传送的信息如下。

一个状态条图标；在拉伸的状态栏窗口中显示带有大标题、小标题、图标的信息，并且处理该点击事件：比如调用该程序的入口类；闪光、LED 或者振动。

快速创建一个 Notification 的步骤可以简单分为以下四步。

第一步：通过 getSystemService()方法得到 NotificationManager 对象。

第二步：对 Notification 的一些属性进行设置，如内容、图标、标题、相应 Notification 的动作进行处理等。

第三步：通过 NotificationManager 对象的 notify()方法来执行一个 Notification 的快讯。

第四步：通过 NotificationManager 对象的 cancel()方法来取消一个 Notification 的快讯。

下面简单介绍 Notification 类中的一些常量、字段和方法。

1. 常量

Notification 类中的常量如表 6-1 所示。

表 6-1　Notification 类中的常量

常　　量	属　　性
DEFAULT_ALL	使用所有默认值，比如声音、振动、闪屏等
DEFAULT_LIGHTS	使用默认闪光提示
DEFAULT_SOUNDS	使用默认提示声音
DEFAULT_VIBRATE	使用默认手机振动
FLAG_AUTO_CANCEL	该通知能被状态栏的清除按钮给清除掉，用户单击通知后自动消失
FLAG_NO_CLEAR	该通知能被状态栏的清除按钮给清除掉，只有全部消除时，Notification 才会清除
FLAG_ONGOING_EVENT	通知放置在正在运行
FLAG_INSISTENT	是否一直进行，比如音乐一直播放，直到用户响应

2. 常用字段

Notification 类中的字段如表 6-2 所示。

表 6-2　Notification 类中的字段

字　　段	属　　性
contentIntent	设置 PendingIntent 对象，点击时发送该 Intent
defaults	添加默认效果
flags	设置 flag 位，如 FLAG_NO_CLEAR 等
icon	设置图标

字　　段	属　　性
sound	设置声音
tickerText	显示在状态栏中的文字
when	发送此通知的时间

6.3.2　Toast 开发

在系统之中，通过对话框可以对用户的某些操作进行提示，但是在 Android 平台之中也提供了另外一套更加友好的提示界面效果，而且这种界面在提示用户的时候不会打断用户的正常操作，这种对话框可以通过 Toast 组件实现。

Toast 是一个以简单提示信息为主要显示操作的组件，在 Android 之中 android.widget. Toast 继承 java.lang.Object 类。

Toast 是一种非常方便的提示消息框，它会在程序界面上显示一个简单的提示信息，这个提示信息框用于向用户生成简单的提示信息。它具有两个特点。

1）Toast 提示信息不会获得焦点。

2）Toast 提示信息过一段时间会自动消失。

使用 Toast 来生成提示消息也非常简单，只要如下几个步骤。

1）调用 Toast 的构造器或 makeText 方法创建一个 Toast 对象。

2）调用 Toast 的方法来设置该消息提示的对齐方式、页边距和显示内容等。

3）调用 Toast 的 show()方法，将它显示出来。

Toast 的功能和用法都比较简单，大部分时候它只能显示简单的文本提示。如果应用需要显示诸如图片、列表之类的复杂提示，一般建议使用对话框完成。如果开发者确实想通过 Toast 来完成，也是可以的。Toast 提供了一个 setView()方法，该方法允许开发者自己定义 Toast 显示的内容。

Toast 类中常用的方法及常量如表 6-3 所示。

表 6-3　Toast 类中常用的方法及常量

方法及常量	类　　型	描　　述
Public static final int LENGTH_LONG	常量	显示时间长
Public static final int LENGTH_SHORT	常量	显示时间短
Public Toast(Context context)	普通	创建 Toast 对象
Public static Toast makeText(Context context, int resId,int duration)	普通	创建一个 Toast 对象，并指定显示文本资源的 ID 和信息的显示时间
public static Toast makeText(Context context, CharSequence text, int duration)	普通	创建一个 Toast 对象，并指定显示文本资源和信息的显示时间
public void show()	普通	显示信息
public void setDuration(int duration)	普通	设置显示的时间
public void setView(View view)	普通	设置显示的 View 组件

方法及常量	类　型	描　　述
public void setText(int resId)	普通	设置显示的文字资源 ID
public void setText(CharSequence s)	普通	直接设置要显示的文字
public void setGravity(int gravity, int xOffset,int yOffset)	普通	设置组件的对齐方式
public View getView( )	普通	取得内部包含的 View 组件
public int getXOffset( )	普通	返回组件的 X 坐标位置
public int getYOffset()	普通	返回组件的 Y 坐标位置
public void cancel( )	普通	取消显示

【例 6-5】 创建选项菜单

```
        <item android:id="@+id/connect"
            android:orderInCategory="100"
                android:showAsAction="never"
            android:icon="@android:drawable/ic_menu_send"
                android:title="连接" />
        <item android:id="@+id/disconnect"
            android:orderInCategory="100"
                android:showAsAction="never"
            android:icon="@android:drawable/ic_menu_close_clear_cancel"
                android:title="断开" />
        <item android:id="@+id/search"
            android:orderInCategory="100"
                android:showAsAction="never"
            android:icon="@android:drawable/ic_menu_search"
                android:title="发现" />
        <item android:id="@+id/view"
            android:orderInCategory="100"
                android:showAsAction="never"
                android:icon="@android:drawable/ic_menu_view"
                android:title="查看" />
        <item android:id="@+id/help"
            android:orderInCategory="100"
                android:showAsAction="never"
            android:icon="@android:drawable/ic_menu_help"
                android:title="帮助" />
        <item android:id="@+id/exit"
            android:orderInCategory="100"
                android:showAsAction="never"
                android:icon="@android:drawable/ic_menu_revert"
                android:title="退出" />
    </menu>
    extends Activity:
    public class MainActivity extends Activity {
        @Override
```

```java
        protected void onCreate(Bundle savedInstanceState) {
        super.onCreate(savedInstanceState);
        setContentView(R.layout.activity_main);
        }
        @Override
        public boolean onCreateOptionsMenu(Menu menu) {
        getMenuInflater().inflate(R.menu.activity_main, menu);
        return true;
        }
        @Override
        public boolean onOptionsItemSelected(MenuItem item) {
        switch (item.getItemId()) {
        case R.id.connect:
            Toast.makeText(getApplicationContext
    "蓝牙连接……", Toast.LENGTH_SHORT).show();
            return true;
        case R.id.disconnect:
            Toast.makeText(getApplicationContext(),
    "蓝牙断开……",Toast.LENGTH_SHORT).show();
            return true;
        case R.id.search:
            Toast.makeText(getApplicationContext(),
    "寻找蓝牙……", Toast.LENGTH_SHORT).show();
            return true;
        case R.id.view:
            Toast.makeText(getApplicationContext(),
    "查看……", Toast.LENGTH_SHORT).show();
            return true;
        case R.id.help:
            Toast.makeText(getApplicationContext(),
    "帮助……", Toast.LENGTH_SHORT).show();
            return true;
        case R.id.exit:
            Toast.makeText(getApplicationContext(),
    "退出……", Toast.LENGTH_SHORT).show();
            return true;
        }
        return false;
        }
    }
```

【代码说明】

● 覆盖 Activity 中的 onCreateOptionsMenu()方法，初始化菜单。

● 覆盖 Activity 中的 getMenuInflater()方法，加载菜单。

● 覆盖 Activity 中的 onOptionsItemSelected()方法，根据菜单 item 的值执行相应内容。

● Toast 通过调用 makeText 方法创建消息提示框。

编译并运行程序，结果如图 6-10 和图 6-11 所示。

图 6-10　菜单显示　　　　　　　　　图 6-11　连接成功

【例 6-6】 创建上下文菜单

```
<ListView
        android:layout_width="fill_parent"
        android:layout_height="fill_parent"
        android:id="@+id/listview"
></ListView>
```

MainActivity.xml：

```
public class MainActivity extends Activity implements OnClickListener {
@Override
        protected void onCreate(Bundle savedInstanceState) {
                super.onCreate(savedInstanceState);
                setContentView(R.layout.activity_main);
                showListView();
        }
        private void showListView() {
                ListView listview = (ListView) findViewById(R.id.listview);
                ArrayAdapter<String> adapter = new ArrayAdapter<String>(this, android.R.
layout.simple_list_item_1, getData());
                listview.setAdapter(adapter);
                this.registerForContextMenu(listview);
        }
        @Override
        public void onCreateContextMenu(ContextMenu menu, View v, ContextMenuInfo menuInfo) {
                super.onCreateContextMenu(menu, v, menuInfo);
                menu.setHeaderTitle("游戏设置");
                menu.setHeaderIcon(R.drawable.ic_launcher_background);
                menu.add(1, 1, 1, "新游戏");
```

```
                menu.add(1, 2, 1, "添加新游戏");
                menu.add(1, 3, 1, "保存游戏进度");
                menu.add(1, 4, 1, "删除游戏");
            }
            @Override
            public boolean onContextItemSelected(MenuItem item) {
                switch (item.getItemId()) {
                    case 1:
                        Toast.makeText(MainActivity.this,
"点击新游戏", Toast.LENGTH_SHORT).show();
                        break;
                    case 2:
                        Toast.makeText(MainActivity.this,
"点击添加新游戏", Toast.LENGTH_SHORT).show();
                        break;
                    case 3:
                        Toast.makeText(MainActivity.this,
"点击保存游戏进度", Toast.LENGTH_SHORT).show();
                        break;
                    case 4:
                        Toast.makeText(MainActivity.this,
"点击删除游戏", Toast.LENGTH_SHORT).show();
                        break;
                }
                return super.onContextItemSelected(item);
            }
            private ArrayList<String> getData() {
                ArrayList<String> list = new ArrayList<String>();
                    list.add("长按此处");
                return list;
            }
            @Override
            public void onClick(View v) {
                // TODO Auto-generated method stub
            }
        }
```

【代码说明】

● 覆盖 Activity 的 onCreateContenxtMenu()方法，调用 Menu 的 add 方法添加菜单项
（MenuItem）。

● 覆盖 Activity 的 onContextItemSelected()方法，响应上下文菜单菜单项的单击事件。

● 调用 registerForContextMenu()方法，为视图注册上下文菜单。

● Toast 通过调用 makeText 方法创建消息提示框。

编译并运行程序，结果如图 6-12 和图 6-13 所示。

【例 6-7】 对话框与 Toast 的综合运用

```
        public class MainActivity extends Activity {
            @Override
```

图 6-12　初始界面

图 6-13　点击显示

```java
public void onCreate(Bundle savedInstanceState) {
    super.onCreate(savedInstanceState);
    setContentView(R.layout.activity_main);
    Toast.makeText(MainActivity.this, "我是通过 makeText 方法创建的消息提示框",
Toast.LENGTH_SHORT).show();
    //通过 Toast 类的构造方法创建消息提示框
    Toast toast=new Toast(this);
    toast.setDuration(Toast.LENGTH_SHORT);
    toast.setGravity(Gravity.CENTER,0, 0);
    LinearLayout ll=new LinearLayout(this);
    ImageView imageView=new ImageView(this);
    imageView.setImageResource(R.drawable.ic_launcher_background);
    imageView.setPadding(0, 0, 5, 0);
    ll.addView(imageView);
    TextView tv=new TextView(this);
    tv.setText("我是通过构造方法创建的消息提示框");
    ll.addView(tv);
    toast.setView(ll);//设置消息提示框中要显示的视图
    toast.show();
    }
}
```

【代码说明】

● 通过 setContentView()设置一个在 Activity 中采用的 R.layout 下的 main 布局文件进行
布局的显示界面。

● Toast 通过调用 makeText 方法创建消息提示框。

198

- Toast 的对象 toast 通过调用 setDuration()方法设置持续时间。
- Toast 的对象 toast 通过调用 setGravity()方法设置对齐方式。
- 创建 LinearLayout 对象 ll，得到一个线性布局管理器。
- 创建 ImageView 对象 imageView，得到图像视图。

编译并运行程序，结果如图 6-14 和图 6-15 所示。

图 6-14　创建提示

图 6-15　消息显示框

实例 6-1：选项菜单实现效果

创建一个自定义的选项菜单。主要步骤如下。

1）创建选项菜单：重写 Activity 的 onCreateOptionMenu(Menu menu)方法。
- 设置菜单项可用代码动态设置 menu.add();
- 还可以通过 xml 设置 MenuInflater.inflate();

2）设置菜单点击事件：onOptionsItemSelected();

3）菜单关闭后发生的动作：onOptionMenuClosed(Menu menu);

4）选项菜单显示之前会调用，可以在这里根据需要调整菜单，调用方法 onPrepare-OptionsMenu (Menu menu);

5）打开后发生的动作，可重定方法 onMenuOpened(int featureId,Menu menu);

通过配置文件来在 Activity 当中填充 menu 菜单。

MainActivity.java 如下：

```
public class MainActivity extends AppCompatActivity {
```

```java
        @Override
        protected void onCreate(Bundle savedInstanceState) {
            super.onCreate(savedInstanceState);
            setContentView(R.layout.activity_main);
        }
        @Override
        public boolean onCreateOptionsMenu(Menu menu){
            getMenuInflater().inflate(R.menu.main,menu);;
            return true;
        }
        @Override
        public boolean onOptionsItemSelected(MenuItem item){
            switch (item.getItemId()){
                case R.id.send:
                    Toast.makeText(this, "发送", Toast.LENGTH_SHORT).show();
                    break;
                case R.id.search:
                    Toast.makeText(this, "搜索", Toast.LENGTH_SHORT).show();
                    break;
                case R.id.camera:
                    Toast.makeText(this, "照相", Toast.LENGTH_SHORT).show();
                    break;
                case R.id.call:
                    Toast.makeText(this, "拨号", Toast.LENGTH_SHORT).show();
                    break;
                case R.id.help:
                    Toast.makeText(this, "帮助", Toast.LENGTH_SHORT).show();
                    break;
            }
            return super.onOptionsItemSelected(item);
        }
    }
```

创建选项菜单：重写 Activity 的 onCreateOptionMenu(Menu menu)方法，通过 xml 设置 MenuInflater.inflate();

重写 onOptionsItemSelected()方法，设置选项菜单点击事件。

main.xml 如下：

```xml
<?xml version="1.0" encoding="utf-8"?>
<menu xmlns:android="http://schemas.android.com/apk/res/android"
    xmlns:app="http://schemas.android.com/apk/res-auto">

    <item
        android:id="@+id/send"
        android:title="@string/send"
        app:showAsAction="never" />
    <item
        android:id="@+id/search"
        android:title="@string/search"
        app:showAsAction="never"/>
```

```
            <item
                android:id="@+id/camera"
                android:title="@string/camera"
                app:showAsAction="never"/>
            <item
                android:id="@+id/call"
                android:title="@string/call"
                app:showAsAction="never"/>
            <item
                android:id="@+id/help"
                android:title="@string/help"
                app:showAsAction="never"/>

    </menu>
```

item 中设置了 ID、名字和总是显示在移除菜单中。

strings.xml 布局如下：

```
<resources>
    <string name="app_name">shili6-1</string>
    <string name="send">发送</string>
    <string name="search">搜索</string>
    <string name="camera">照相</string>
    <string name="call">拨号</string>
    <string name="help">帮助</string>
</resources>
```

编译并运行程序，结果如图 6-16 所示。

图 6-16　实现界面

实例 6-2：上下文菜单与子菜单的建立

当用户长按住一个注册了上下文菜单的控件时，会弹出一个上下文菜单，它是一个流式的列表，供用户选择某项；内容菜单扩展自 Menu，提供了修改上下文菜单头（header）的功能。本实例主要编写上下文菜单及子菜单。

MainActivity.java 如下：

```
public class MainActivity extends Activity implements OnMenuItemClickListener{
    private Menu menu;
    private int menuItemId = Menu.FIRST;
    private TextView textView;
    public void onCreate(Bundle savedInstanceState) {
        super.onCreate(savedInstanceState);
        setContentView(R.layout.activity_main);
        textView = (TextView) findViewById(R.id.textview);
```

注册上下文菜单：

```
            this.registerForContextMenu(textView);
    }
```

向 Activity 菜单添加 10 个菜单项，菜单项的 id 从 10 开始：

```
    private void showDialog(String message) {
        new AlertDialog.Builder(this).setMessage("您单击了【" + message + "】菜单项.").show();
    }
     public boolean onMenuItemClick(MenuItem item) {
        Log.d("onMenuItemClick", "true");
        this.showDialog(item.getTitle().toString());
        return false;
    }
    private void addMenu(Menu menu) {
```

添加菜单项：

```
    MenuItem addMenuItem = menu.add(1, menuItemId++, 1, "添加");
```

将 AddActivity 与 "添加" 菜单项进行关联：

```
        addMenuItem.setIntent(new Intent(this, AddActivity.class));//添加删除项
        MenuItem deleteMenuItem = menu.add(1, menuItemId++, 2, "删除");
        deleteMenuItem.setOnMenuItemClickListener(this);
        MenuItem menuItem1 = menu.add(1, menuItemId++, 3, "菜单 1");
        menuItem1.setOnMenuItemClickListener(this);
        MenuItem menuItem2 = menu.add(1, menuItemId++, 4, "菜单 2");
    }
```

单击 Activity 菜单、子菜单、上下文菜单的菜单项时调用 onMenuItemClick(Menu Item item)方法；通过 addMenu(Menu menu)方法向父菜单添加三个菜单项。

addSubMenu()：

```
    private void addSubMenu(Menu menu) {
        SubMenu fileSubMenu = menu.addSubMenu(1, menuItemId++, 5, "文件");
```

子菜单不支持图像：

```
    MenuItem newMenuItem = fileSubMenu.add(1, menuItemId++, 1, "新建");
```

将第一个子菜单项设置成复选框类型：

```
    newMenuItem.setCheckable(true);
```

选中第一个子菜单项中的复选框：

```
    newMenuItem.setChecked(true);
    MenuItem openMenuItem = fileSubMenu.add(2, menuItemId++, 2, "打开");
    MenuItem exitMenuItem = fileSubMenu.add(2, menuItemId++, 3, "退出");
```

将第三个子菜单项的选项按钮设为选中状态：

```
        exitMenuItem.setChecked(true);
```

将后两个子菜单项设置成选项按钮类型：

```
        fileSubMenu.setGroupCheckable(2, true, true);
    }
    public boolean onCreateOptionsMenu(Menu menu) {
        this.menu = menu;
        this.addMenu(menu);
        this.addSubMenu(menu);
        return super.onCreateOptionsMenu(menu);
    }
```

通过 addSubMenu(Menu menu)方法创建子菜单。

通过 onCreateOptionsMenu(Menu menu)方法创建 Activity 菜单。

在 Activity 下创建菜单和菜单点击事件代码如下：

```
    public boolean onPrepareOptionsMenu(Menu menu) {
        Log.d("onPrepareOptionsMenu", "true");
        return super.onPrepareOptionsMenu(menu);
    }
    public void onContextMenuClosed(Menu menu) {
        Log.d("onContextMenuClosed", "true");
        super.onContextMenuClosed(menu);
    }
    public boolean onMenuOpened(int featureId, Menu menu) {
        Log.d("onMenuOpened", "true");
        return super.onMenuOpened(featureId, menu);
    }
    public void onOptionsMenuClosed(Menu menu) {
        Log.d("onOptionsMenuClosed", "true");
        super.onOptionsMenuClosed(menu);
    }
    public boolean onMenuItemSelected(int featureId, MenuItem item) {
        super.onMenuItemSelected(featureId, item);
        Log.d("onMenuItemSelected:itemId=", String.valueOf(item.getItemId()));
        if ("菜单 1".equals(item.getTitle()))
            this.showDialog("<" + item.getTitle().toString() + ">");
        else if ("菜单 2".equals(item.getTitle()))
            showDialog("<" + item.getTitle().toString() + ">");
        return false;
    }
    public boolean onOptionsItemSelected(MenuItem item) {
        Log.d("onOptionsItemSelected:itemid=", String.valueOf(item.getItemId()));
        return true;
    }
    public boolean onContextItemSelected(MenuItem item) {
        Log.d("onContextItemSelected:itemid=", String.valueOf(item.getItemId()));
        if (!"子菜单".equals(item.getTitle().toString())){
            this.showDialog("*" + item.getTitle().toString() + "*");
```

```
                }
                return super.onContextItemSelected(item);
        }
        public void onCreateContextMenu(ContextMenu menu, View view,
                                        ContextMenuInfo menuInfo) {
                super.onCreateContextMenu(menu, view, menuInfo);
                menu.setHeaderTitle("上下文菜单");
                menu.add(0, menuItemId++, Menu.NONE, "菜单项 1").setCheckable(true).setChecked(true);
                menu.add(20, menuItemId++, Menu.NONE, "菜单项 2");
                menu.add(20, menuItemId++, Menu.NONE, "菜单项 3").setChecked(true);
                menu.setGroupCheckable(20, true, true);
                SubMenu sub = menu.addSubMenu(0, menuItemId++, Menu.NONE, "子菜单");
                sub.add("子菜单项 1");
                sub.add("子菜单项 2");
        }
```

当上下文菜单关闭时调用 onContextMenuClosed(Menu menu)方法。

当 Activity 菜单显示时调用 onMenuOpened(int featureId, Menu menu)方法，这个方法在 onPrepareOptionsMenu 之后被调用。

单击每一个 Activity 菜单项时调用 onOptionsItemSelected(MenuItem item)方法。

单击上下文菜单的某个菜单项时调用 onContextItemSelected(MenuItem item)方法。

显示上下文菜单时调用 onCreateContextMenu()方法来添加自定义的上下文菜单项。

编译并运行程序，结果如图 6-17～图 6-19 所示。

图 6-17 菜单页面

图 6-18 上下文页面

图 6-19 单击页面

实例 6-3：Menu 和消息框

PopupMenu，即弹出菜单，是一个模态形式展示的弹出风格的菜单，绑在某个 View

上，一般出现在被绑定的 View 的下方（如果下方有空间）。

> 注意：弹出菜单在 API 11 和更高版本上才有效。

现在通过代码来实现。重新新建一个工程文件 MenuTest03，其步骤如下：

先在布局文件 activity_main.xml 中加一个按钮，代码略。

然后在 res/menu/main.xml 中定义菜单项。main.xml 的代码如下：

```xml
<menu xmlns:android="http://schemas.android.com/apk/res/android"
    xmlns:tools="http://schemas.android.com/tools"
    tools:context="com.example.menutest03.MainActivity" >
    <item
        android:id="@+id/copy"
        android:orderInCategory="100"
        android:title="复制"/>
    <item
        android:id="@+id/delete"
        android:orderInCategory="100"
        android:title="粘贴"/>
</menu>
```

```java
public class MainActivity extends Activity implements OnClickListener
OnMenuItemClickListener{
    private Button button1;
    @Override
    protected void onCreate(Bundle savedInstanceState) {
        super.onCreate(savedInstanceState);
        setContentView(R.layout.activity_main);
        button1 = (Button)findViewById(R.id.button1);
        button1.setOnClickListener(this);
    }
    @Override
    public void onClick(View v) {
        PopupMenu popup = new PopupMenu(this, v);
        MenuInflater inflater = popup.getMenuInflater();
        inflater.inflate(R.menu.main, popup.getMenu());
        popup.setOnMenuItemClickListener(this);
        popup.show();
    }
    @Override
    public boolean onMenuItemClick(MenuItem item) {
        // TODO Auto-generated method stub
        switch (item.getItemId()) {
        case R.id.copy:
            Toast.makeText(this, "复制···", Toast.LENGTH_SHORT).show();
            break;
        case R.id.delete:
            Toast.makeText(this, "删除···", Toast.LENGTH_SHORT).show();
            break;
        default:
            break;
```

```
                }
                return false;
            }
        }
```

核心步骤：

1）通过 PopupMenu 的构造函数实例化一个 PopupMenu 对象，需要传递一个当前上下文对象以及绑定的 View。

2）调用 PopupMenu.setOnMenuItemClickListener()设置一个 PopupMenu 选项的选中事件。

3）使用 MenuInflater.inflate()方法加载一个 XML 文件到 PopupMenu.getMenu()中。

4）在需要的时候调用 PopupMenu.show()方法显示。

编译并运行程序，结果如图 6-20～图 6-22 所示。

图 6-20　初始界面

图 6-21　响应复制界面

图 6-22　响应删除界面

运行说明：

此实验调用 showDialog(String message)向 Activity 菜单添加十个菜单项，调用 addMenu(Menu menu)函数向父类添加三个菜单项。addSubMenu(Menu menu)函数用作添加子菜单。单击 Menu 按钮时调用 onCreateOptionsMenu(Menu menu)来建立 Activity 菜单。调用 onCreateOptionsMenu(Menu menu)函数时表示 Activity 菜单被关闭。运行程序后右键长按显示上下文菜单进行选择，单击子菜单项弹出子菜单选项界面，子菜单下选项均可点击。

实例 6-4：子菜单的应用

Android 子菜单，主要是为了把相同功能的分组进行多组显示的菜单。

创建子菜单步骤如下：

覆盖 Activity 的 onCreateOptionsMenu()方法，调用 Menu 的 addSubMenu()方法添加子菜单项（subMenu），代码如下。

```
public class MainActivity extends AppCompatActivity {
    public static final int MENU_LOCAL=0;
    public static final int MENU_INTERENT=1;
    MenuItem local_MenuItem=null;
    MenuItem internet_MenuItem=null;
    @Override
    public boolean onCreateOptionsMenu(Menu menu) {
        super.onCreateOptionsMenu(menu);
        SubMenu sub=menu.addSubMenu("搜索");
        sub.setIcon(android.R.drawable.ic_menu_search);
        local_MenuItem=sub.add(0,MENU_LOCAL,0,"本地");
        internet_MenuItem=sub.add(0,MENU_INTERENT,0,"网络");
        local_MenuItem.setCheckable(true);
        local_MenuItem.setChecked(true);
        sub.setGroupCheckable(0, true, true);
        return true;
    }
    @Override
    protected void onCreate(Bundle savedInstanceState) {
        super.onCreate(savedInstanceState);
        setContentView(R.layout.activity_main);
    }
}
```

实验分析：

1）local_MenuItem.setChecked(true); 将 local_menuItem 菜单项设置为已选，即在选择时，默认已经选择 local_menuItem。

2）setGroupCheckable(0, true, true); 设置菜单项为互斥的单选菜单项，即在选择时，只能选择一个。

编译并运行程序，结果如图 6-23～图 6-25 所示。

图 6-23　实验界面

图 6-24　搜索界面

图 6-25　搜索子菜单界面

实例 6-5：上下文菜单

Android 的上下文菜单，即当用户长时间按键不放时而弹出来的菜单。Windows 中用鼠标右键弹出的菜单就是上下文菜单。

创建上下文菜单的步骤如下：

1）覆盖 Activity 的 onCreateContextMenu()方法，调用 Menu 的 add 方法添加菜单项（MenuItem）。

2）覆盖 onContextItemSelected()方法，响应菜单单击事件。

MainActivity 代码如下：

```
public class MainActivity extends Activity implements OnClickListener {
    @Override
    protected void onCreate(Bundle savedInstanceState) {
        super.onCreate(savedInstanceState);
        setContentView(R.layout.activity_main);
        showListView();
    }
    private void showListView() {
        ListView listview = (ListView) findViewById(R.id.listview);
        ArrayAdapter<String> adapter = new ArrayAdapter<String>(this, android.R.layout.simple_list_item_1, getData());
        listview.setAdapter(adapter);
        this.registerForContextMenu(listview);
    }
    @Override
    public void onCreateContextMenu(ContextMenu menu, View v, ContextMenuInfo menuInfo) {
        super.onCreateContextMenu(menu, v, menuInfo);
        //设置 Menu 显示内容
        menu.setHeaderTitle("游戏设置");
        menu.setHeaderIcon(R.drawable.ic_launcher_background);
        menu.add(1, 1, 1, "新游戏");
        menu.add(1, 2, 1, "添加新游戏");
        menu.add(1, 3, 1, "保存游戏进度");
        menu.add(1, 4, 1, "删除游戏");
    }
    @Override
    public boolean onContextItemSelected(MenuItem item) {
        switch (item.getItemId()) {
            case 1:
                Toast.makeText(MainActivity.this, "点击新游戏", Toast.LENGTH_SHORT).show();
                break;
            case 2:
                Toast.makeText(MainActivity.this, "点击添加新游戏", Toast.LENGTH_SHORT).show();
                break;
            case 3:
```

```
                                    Toast.makeText(MainActivity.this, "点击保存游戏进度", Toast.LENGTH_
SHORT).show();
                                break;
                        case 4:
                                    Toast.makeText(MainActivity.this, "点击删除游戏", Toast.LENGTH_
SHORT).show();
                                break;
                    }
                    return super.onContextItemSelected(item);
                }
                private ArrayList<String> getData() {
                    ArrayList<String> list = new ArrayList<String>();
                    list.add("长按此处");
                    return list;
                }
                @Override
                public void onClick(View v) {
                    // TODO Auto-generated method stub
                }
            }
        <ListView
                android:layout_width="fill_parent"
                android:layout_height="fill_parent"
                android:id="@+id/listview"
                ></ListView>
```

实验分析：

1）在 Android 程序中调用 add()方法实现上下文菜单。并能够重写 onCreateContenxtMenu()
方法与 onContextItemSelected()方法。

2）覆盖 Activity 的 onCreateContenxtMenu()方法，调用 Menu 的 add 方法添加菜单项
（MenuItem）。

3）覆盖 Activity 的 onContextItemSelected()方法，响应上下文菜单菜单项的单击事件。

4）调用 registerForContextMenu()方法，为视图注册上下文菜单。

编译并运行程序，结果如图 6-26 和图 6-27 所示。

图 6-26　显示界面

图 6-27　上下文菜单界面

实例 6-6：选项菜单

选项菜单 OptionMenu 主要有两种方式可实现，第一种是通过 XML 文件实现固定菜单模式，第二种是动态实现菜单。

1. XML 方式实现菜单

本方式实现选项菜单 OptionMenu，主要分三步。

第一步：创建选项菜单的选项卡。在 res 目录中创建 menu 文件夹，再在该文件夹中创建名为 main_menu 的 xml 布局文件（可自行命名），在 item 中创建选项卡，如"菜单一""菜单二"……

```xml
<?xml version="1.0" encoding="utf-8"?>
<menu xmlns:android="http://schemas.android.com/apk/res/android">
<item
android:id="@+id/action_item1"
android:orderInCategory="100"
android:showAsAction="never"
android:title="菜单一"/>
  <item
android:id="@+id/action_item2"
  android:orderInCategory="101"
android:showAsAction="never" a
ndroid:title="菜单二"/>
<item
android:id="@+id/action_item3"
android:orderInCategory="102"
android:showAsAction="never"
android:title="菜单三"/>
</menu>
```

第二步：继承 Activity 或者 Activity 的子类 AppCompatActivity，并重写方法：onCreateOptionsMenu()。下面继承 AppCompatActivity 代码：

```java
public class MainActivity extends AppCompatActivity {
    @Override
    protected void onCreate(Bundle savedInstanceState) {
    super.onCreate(savedInstanceState);
    setContentView(R.layout.activity_main);
    }
```

这是 Activity 的入口。类似于 C 语言里面的main 函数，Activity 方法的执行一般都从这里执行。下面是重写 onCreateOptionsMenu 代码：

```java
@Override
    public boolean onCreateOptionsMenu(Menu menu) {
    getMenuInflater().inflate(R.menu.menu, menu);
    return true;
    }
```

第三步：在 Java 文件中重写 onOptionsItemSelected 方法，为每个选项添加监听事件。

```
@Override
    public boolean onOptionsItemSelected(MenuItem item) {
    switch (item.getItemId()){
    case R.id.action_item1:
    Intent intent = new Intent(MainActivity.this, SecondActivity.class);
    item.setIntent(intent);
    break;
    case R.id.action_item2:
    Toast.makeText(MainActivity.this, "菜单二", Toast.LENGTH_SHORT).show();
    break;
    case R.id.action_item3:
    Toast.makeText(MainActivity.this, "菜单三", Toast.LENGTH_SHORT).show();
    break;
    }
    return super.onOptionsItemSelected(item);
    }
    }
```

在 switch 里的 item.getItemId()表示的是被单击的选项的 id，这里采用 Toast 来显示所单击的选项。

编译并运行程序，其结果如图 6-28 所示。

2．动态方式实现选项菜单

本方式实现选项菜单 OptionMenu，主要分两步。

第一步：创建 MainActivity 类，继承 Activity 或者 Activity 的子类 AppCompatActivity，并重写方法：onCreateOptionsMenu()。注意，动态方式无须创建 xml 文件。

图 6-28　菜单界面

```
public class MainActivity extends AppCompatActivity {
    @Override
    protected void onCreate(Bundle savedInstanceState) {
    super.onCreate(savedInstanceState);
    setContentView(R.layout.activity_main);
    }
```

下面是重写 Activity 父类中的 onCreateOptionMenu（Menu menu）方法。

```
@Override
    public boolean onCreateOptionsMenu(Menu menu) {
    //getMenuInflater().inflate(R.menu.menu, menu);
    menu.add(1, 100, 1, "菜单一");
    menu.add(1, 101, 1, "菜单二");
    menu.add(1, 102, 1, "菜单三");
    MenuItem menu1 = menu.add(1, 103, 1, "菜单四");
    menu1.setTitle("新菜单");
    return true;
    }
```

上面方法适用于需要用到选项菜单的活动很多的情况，如果只有少数几个活动需要用到选项菜单，则可在 Java 文件中重写 onCreateOptionsMenu 时使用 menu 的 add (int groupId, int itemId, int order, int titleRes)方法，直接添加所需要的选项。

参数描述：

- groudId: int 型，是指组 ID，用以批量地对菜单子项进行处理和排序。
- itemId: int 型，是子项 ID，是每一个菜单子项的唯一标识。
- order: int 型，是指定菜单子项在选项菜单中的排列顺序。
- titlerRes: String 型，是指选项的文本显示内容。

第二步：在 Java 文件中重写 onOptionsItemSelected 方法，为每个选项添加监听事件。

```java
@Override
public boolean onOptionsItemSelected(MenuItem item) {
switch (item.getItemId()){
case 100:
Intent intent = new Intent(MainActivity.this, SecondActivity.class);
item.setIntent(intent);
break;
case 101:
Toast.makeText(MainActivity.this, "菜单二", Toast.LENGTH_SHORT).show();
break;
case 102:
Toast.makeText(MainActivity.this, "菜单三", Toast.LENGTH_SHORT).show();
break;
case 103:
Toast.makeText(MainActivity.this, "菜单四", Toast.LENGTH_SHORT).show();
break;
}
return super.onOptionsItemSelected(item);
}
}
```

编译并运行程序，其结果如图 6-29 所示。

本章小结

本章首先介绍了 Android 应用程序用户界面中最常见的元素之一——Menu（菜单），Menu 在手机应用程序中起着重要导航作用；接下来又详细介绍了 Android 系统中的四种默认对话框：警告对话框 AlertDialog、进度对话框 ProgressDialog、日期选择对话框 DatePickerDialog 以及时间选择对话框 TimePickerDialog；最后介绍了 Android 系统提供的两种弹出消息的方式，即 Notification 和 Toast。

本章不仅从理论上对 Android 菜单、对话框和消息框进行了详细的介绍，而且通过几个典型实例对本章内容进行了详细的分析与总结。

图 6-29 菜单界面

课后练习

1. 选择题

1）处理菜单项单击事件的方法不包含（　　　）。

    A．使用 onOptionsItemSelected(MenuItemitem)响应

    B．使用 onMenuItemSelected(intfeatureId,MenuItemitem)响应

    C．使用 onMenuItemSelected(intfeatureId,MenuItemitem)响应

    D．使用 onCreateOptionsMenu(Menumenu)响应

2）关于 AlertDialog 的说法不正确的是（　　　）。

    A．要想使用对话框首先要使用 new 关键字创建 AlertDialog 的实例

    B．对话框的显示需要调用 show 方法

    C．setPositiveButton 方法是用来加确定按钮的

    D．setNegativeButton 方法是用来加取消按钮的

3）上下文菜单与其他菜单不同的是（　　　）。

    A．上下文菜单项上的单击事件可以使用 onMenuItemSelected 方法来响应

    B．上下文菜单必须注册到指定的 view 上才能显示

    C．上下文菜单的菜单项可以添加，可以删除

    D．上下文菜单的菜单项可以有子项

4）创建 Menu 需要重写的方法是（　　　）。

    A．onOptionsCreateMenu(Menumenu)

    B．onOptionsCreateMenu(MenuItemmenu)

    C．onCreateOptionsMenu(Menu menu)

    D．onCreateOptionsMenu(MenuItem menu)

5）下列关于如何使用 Notification，不正确的是（　　　）。

    A．Notification 需要 NotificationManager 来管理

    B．使用 NotificationManager 的 notify 方法显示 Notification 消息

    C．在显示 Notification 时可以设置通知的默认发声、振动等

    D．Notification 中有方法可以清除消息

2. 填空题

1）Android 应用程序的菜单有＿＿＿＿、＿＿＿＿和＿＿＿＿三种。

2）Android 中创建只显示文本的 Toast 对象时建议使用＿＿＿＿＿＿方法。

3）使用＿＿＿＿＿＿＿＿＿＿＿＿＿＿的 notify 方法显示 Notification 消息。

4）Notification 的基本操作主要有＿＿＿＿、＿＿＿＿和＿＿＿＿三种。

5）有些对话框是不会自动消失的，这就需要设置＿＿＿＿＿＿＿＿或在页面布局中有可以关掉对话框的控件。

3. 判断题

1）来自 View.OnCreateContextMenuListener，当上下文菜单被建立时，只需短按一下，它会被调用。　　　　　　　　　　　　　　　　　　　　　　　　　　　（　　　）

2）上下文操作模式将在屏幕顶部栏（菜单栏）显示影响所选内容的操作选项，并允许用户选择多项，一般用于对列表类型的数据进行批量操作。 （　　）

3）当用户单击设备上的菜单按钮（Menu），触发事件弹出的菜单就是子菜单。 （　　）

4）Sub Menu 就是将功能相同的操作分组显示，它作用在 OptionsMenu 上，是 OptionsMenu 的二级菜单。 （　　）

5）Notification 是一种具有全局效果的通知，可以在系统的通知栏中显示。 （　　）

6）在屏幕下方浮现出一个窗口，显示一段时间后又消失，这个可视化组件叫作 Toast，它主要用于提示用户某种事件发生了。 （　　）

7）一个消息框一般是一个出现在当前 Activity 之上的一个小窗口。处于下面的 Activity 失去焦点，消息框接受所有的用户交互。消息框一般用于提示信息和与当前应用程序直接相关的小功能。 （　　）

4. 简答题

1）在 Android 系统中常见的菜单有哪两种？有什么区别？

2）在 Android 系统中有哪些（多少种）对话框类型？

3）简述 Notification 的作用和使用步骤。

4）Toast 在使用中有几种显示方式？

第7章 数据库与存储技术

数据库，简而言之可视为电子化的文件柜——存储电子文件的处所，用户可以对文件中的数据运行新增、截取、更新、删除等操作。数据库是以一定方式储存在一起、能与多个用户共享、具有尽可能小的冗余度、与应用程序彼此独立的数据集合。数据库技术是信息系统的一个核心技术。它是一种计算机辅助管理数据的方法，它研究如何组织和存储数据，如何高效地获取和处理数据。

7.1 SQLite 数据库概述

SQLite 是一个软件库，是一种实现了自给自足、无服务器、零配置和事务性的 SQL 数据库引擎。SQLite 是一个用户增长最快的数据库引擎，这是在普及方面的增长，与它的尺寸大小无关。SQLite 完全免费，因此深受广大企业和科研机构人员喜好，SQLite 引擎不是一个独立的进程，可以按应用程序需求进行静态或动态连接。SQLite 可直接访问其存储文件。

SQLite 与关系数据库进行交互的命令类似于 SQL，包括 CREATE、SELECT、INSERT、UPDATE、DELETE 和 DROP。基于操作性质这些命令可分为以下几种（见表 7-1～表 7-3）。

表 7-1 DDL-数据定义语言

命　　令	说　　明
CREATE	创建一个新的表，一个表的视图，或者数据库中的其他对象
ALTER	修改数据库中某个已有数据对象，比如一个表
DROP	删除整个表，或者表的视图，或者数据库中的其他对象

表 7-2 DML-数据操作语言

命　　令	说　　明
INSERT	创建一个记录
UPDATE	修改记录
DELETE	删除记录

表 7-3　DQL-数据查询语言

命　令	说　　明
SELECT	从一个或多个表中检索某些记录

7.2　数据库操作

为了方便数据库开发，Android 提供了 SQLiteOpenHelper 帮助类，借助它用户可以方便而简单地创建和升级数据库。SQLiteOpenHelper 是一个抽象类，这意味着如果想要使用它，就需要创建一个自己的帮助类去继承它。SQLiteOpenHelper 中有两个抽象方法，分别是 onCreate()和 onUpgrade()。

7.2.1　打开或创建数据库

在 Android 中使用 SQLiteDatabase 的静态方法 SQLiteDatabase openOrCreateDatabase(File file, SQLiteDatabase.CursorFactory factory)：打开或创建一个数据库，它可以自动检测此数据库是否存在，存在则打开，不存在则创建一个数据库。file 即为需要打开或创建的数据库。下面的代码是为了创建名为 testData.db 和 test 的数据表。

【实例 7-1】　数据库表的创建

```
protected void onCreate(Bundle savedInstanceState) {
        super.onCreate(savedInstanceState);
        setContentView(R.layout.activity_main);
        getOverflowMenu();
        SQLiteDatabase data = this.openOrCreateDatabase("testData.db", OPEN_READWRITE,
null);
        try {
          String   SQL_CT = "CREATE TABLE test(data TEXT ,_id INTEGER)";
            data.execSQL(SQL_CT);
        } catch (Exception e) {
      }
    }
```

数据库表的创建代码片段如上所示，在数据库表的创建中，通过 openOrCreateDatabase 来打开或创建一个数据库，返回 SQLiteDatabase 对象，该方法有三个参数列表。openOr CreateDatabase(String name,int * mode,SQLiteDatabase.CursorFactory factory)，其中 name 参数表示所创建或打开的数据库名称。mode 为数据库的使用权限，该权限有三种使用方法，其中 MODE_PRIVATE 为本应用程序私有，使用该属性时，所创建的数据库只能被本程序调用，其他程序无法调用，MODE_WORLD_READABLE 和 MODE_WORLD_WRITEABLE 分别为全局可读和可写。factory 可以用来实例化一个 cusor 对象的工厂类，一般设置为 null 即可。

在数据库创建好后便可以使用 SQL 语句向数据库中添加数据。首先将创建表的 SQL 语句存储在 String 变量中，然后使用 data 变量调用 execSQL 方法进行操作。execSQL 方法用来执行 SQL 代码，也就是执行用户在前面创建的 String 中所编写好的 SQL 语句。此方法在

Query 组建中，Query 组件还有一个 Open 方法，也是用来执行 SQL 代码的，但二者之间有不同之处：Open 方法只能用来执行 SQL 语言的查询语句（Select 命令），并返回一个查询结果集。execSQL 方法除了可执行 Select 语句外还可执行其他 SQL 语句（如 Update、Insert、Delete 等），此方法不返回执行的结果。在选择时使用 execSQL 即可。

在使用 execSQL 时，一定要使用 try{}catch(exception e){}语句进行出错异常处理，否则在运行中可能出现异常而导致数据插入失败。

7.2.2 添加数据

对数据库操作无非四种，即 CRUD，每一种操作都对应一种 SQL 命令，添加数据时，在 SQLiteDatabase 中提供了 insert(String table,String nullColumnHack,ContentValues values)方法，这个方法中 table 参数为表的名称（即要向哪张表中添加数据，这里就传入它的名字），nullColumnHack 参数是空列的默认值（在未指定添加数据的情况下给某些可为空的列自动赋值 null，一般不使用这个功能，直接传入 null 即可），values 参数是 ContentValues 类型的一个封装了列和名称的 Map，它提供了一系列 put()方法重载，用于向 ContentValues 中添加数据，只需要把表中每个列名以及相对应的待添加数据传入即可。除此之外，还可以使用 execSQL 方法对数据进行插入，建议使用该方法进行添加数据，实例 7-2 介绍如何使用此方法。

图 7-1　添加数据

【实例 7-2】　添加数据

在数据插入之前，需要先创建一个数据库，否则将无法插入数据。本实例在实例 7-1 所创建的表的基础上进行数据的添加，数据库以及表的创建如实例 7-1 所示。

```
try {
        String SQL_Insert = "INSERT INTO test(data) values(\"MI8se\")";
        data.execSQL(SQL_Insert);
        SQL_Insert = "INSERT INTO test(data) values(\"huaweip20\")";
        data.execSQL(SQL_Insert);
        SQL_Insert = "INSERT INTO test(data) values(\"oppoR15\")";
        data.execSQL(SQL_Insert);
    } catch (Exception e) {
}
```

程序运行结果如图 7-1 所示。

【程序说明】

● 在本实例中，首先将插入数据的 SQL 语句放在一个 String 变量中。

● 使用 data 调用 execSQL 执行 SQL 语句，在此应注意的是，参数应该和所创建的表中的参数相对应，否则可能会出现错误。

7.2.3 数据的删除

删除数据也有两种方法，SQLiteDatabase 提供了 delete(String table,String whereClause, String[] whereArgs)方法，此方法中的 table 参数表示数据库表的名称，whereClause 参数表示删除条件，whereArgs 参数表示的是删除条件值的数组。第二种方法依然是使用前面的 execSQL()方法。本实例依旧使用此方法。

【实例 7-3】 数据库表中数据的删除

本实例在操作前依然需要保证数据库表中存在数据，这里依然是在前面两个实例的基础上对数据进行操作。

```
public void deleteData(String itemData) {
        StringBuffer sb = new StringBuffer();
        sb.append("DELETE FROM test WHERE data=\"");
        sb.append(itemData);
        sb.append("\"");
        SQLiteDatabase data = this.openOrCreateDatabase("testData.db", OPEN_READWRITE, null);
        try {
                data.execSQL(sb.toString());
        } catch (Exception e) {
                Toast.makeText(MainActivity.this, e.toString(), Toast.LENGTH_LONG).show();
        }
}
```

运行结果如图 7-2 所示。

【程序说明】：

● 这里面我们先初始化一个 StringBuffer 的对象 sb，并调用 append 方法用于传递做删除操作的 SQL 语句。

● 初始化一个 SQLiteDatabase 对象 data，并调用 data 的 execSQL()方法来执行删除操作的 SQL 语句，如果操作不成功则抛出异常。

● 在 MainActivity.java 中编写长按事件，长按想要删除的数据，选中了 MI8SE，成功将其删除。

7.2.4 数据的修改

修改数据的方法有两种：第一种，调用 SQLiteDatabase 的 update(String table,ContentValues values,String whereClause, String[]whereArgs) 方 法 。 参 数 一 是 表 名 ， 参 数 二 是 ContentValues 对象，要把更新的数据装进去，参数三是更新条件，参数四是更新条件数组。第二种，编写更新语句，调用 execSQL()执行更新。下列代码为更新数据代码。

图 7-2　删除数据

【实例 7-4】 修改数据

```
public void modifyData(String itemData,String userData) {
        StringBuffer sb = new StringBuffer();
```

```
            sb.append("UPDATE test SET data = '");
            sb.append(userData);
            sb.append("' WHERE data = '");
            sb.append(itemData);
            sb.append("'");
            SQLiteDatabase data = this.openOrCreateDatabase("testData.db", OPEN_READWRITE,
null);
            try {
                data.execSQL(sb.toString());
            } catch (Exception e) {
                Toast.makeText(MainActivity.this, e.toString(), Toast.LENGTH_LONG).show();
            }
        }
```

运行结果如图 7-3 和图 7-4 所示。

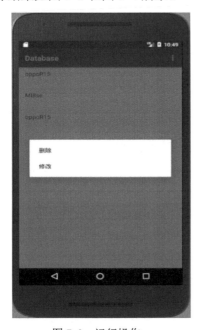

图 7-3　运行操作

图 7-4　运行后结果

【程序说明】

- 修改操作跟删除操作差不多，先初始化一个用于储存 SQL 语句的 StringBuffer 的对象，并且使用 append()方法将 SQL 操作传进去。
- 初始化一个 SQLiteDatabase 的对象 data，如果不成功抛出异常。
- 长按选中要修改的数据，点击"修改"，将 oppoR15 改成 vivo。

7.2.5　数据的查询

在 Android 中查询操作要使用 Cursor，用户使用 SQLiteDatabase.query()方法时，就会得到 Cursor 对象，Cursor 是 SQLite 数据库查询返回的行数集合，Cursor 是一个游标接口，提供了遍历查询结果的方法，如移动指针方法 move()，获得列值方法 getString()等。Cursor 是每行的集合，使用 moveToFirst()定位第一行。用户必须知道每一列的名称，必须知道每一列的数据类型。Cursor 是一个随机的数据源，所有的数据都通过下标取得。关于 Cursor 的几个重要方法：getColumnIndex(String columnName)返回指定列的名称，如果不存在返回-1；moveToFirst()移动光标到第一行；moveToLast()移动光标到最后一行；moveToNext()移动光标到下一行；close()关闭游标，释放资源。

在 SQLiteDatabase 中提供了一个 query()的方法进行数据的查询。这个方法参数比较复杂，要传递七个参数：第一个参数是表名；第二个参数用于指定去查哪几列；第三个参数和第四个参数是用于约束查询某一行或某几行的数据，不指定默认查询所有行数据；第五个参数用于对 group by 的列，不指定则表示不对查询结果进行 groupby 操作；第六个参数用于对 group by 之后的数据进行进一步的过滤，不指定则不过滤；第七个参数用于指定查询结果的排序方式，不指定表示使用默认排序方式。表 7-4 详细说明 query()方法。

表 7-4　query()方法

query()方法参数	对应 SQL 部分	描　　述
table	from table_name	指定查询的表名
columns	select column1,column2	指定查询的列名
selection	where columns = value	指定 where 的约束条件
selectionArgs		为 where 中的占位符提供具体的值
groupBy	group by colmn	指定需要 group by 的列
having	Having+字符串	指定需要筛选后的分组数据
orderBy	order　by+字段	指定需要按照哪个字段进行排序

rawquery()方法，直接使用 SQL 语句进行查询。在 rawquery()方法中有两个参数：第一个参数是执行查询操作的 SQL 语句，第二个参数是 select 语句中占位符参数值，通常表示为 String[]。当然了，使用 rawquery()方法也是和 Cursor 一起使用的。

query 方法和 rawquery 方法主要区别是，rawquery 是直接使用 SQL 语句进行查询的，也就是第一个参数字符串，在字符串内的"？"会被后面的 String[]数组逐一对换掉；而 query 方法是 Android 自己封装的查询 API。query 对比 rawquery 来讲就有一个好处，在写入 SQL 语句的时候，因写错单词而出错的概率比较小。

下面的代码是对 Cursor 和 query()方法的使用。

【实例 7-5】　数据的查询

```
public List<String> getData(String userData) {
    List<String> list = new ArrayList<String>();
    SQLiteDatabase data = this.openOrCreateDatabase("testData.db", OPEN_READWRITE, null);
    StringBuffer sb = new StringBuffer();
    sb.append("data=");
    sb.append(userData);

    sb.append("' ");
    Cursor cs;
    cs = data.query(true, "test", null, sb.toString(), null, null, null, null, null);
    if(cs.getCount() == 0) Toast.makeText(MainActivity.this, "未找到该数据！", Toast.
```

```
LENGTH_LONG).show();
                for (int i = 0; i < cs.getCount(); i++) {
                    cs.moveToNext();
                    list.add(cs.getString(0));
                }
                return list;
        }
    }
```

运行结果如图 7-5 和图 7-6 所示。

图 7-5　菜单查询

图 7-6　运行结果

【程序说明】

● 这里先声明一个 String 类型的泛型 List 变量，并且初始化一个 SQLiteDatabase 的 data 对象，声明 StringBuffer 对象 sb 用于传递参数，定义一个 Cursor 的对象，data 调用 query()方法进行查询，并且传递保存在 sb 中的参数，如果未找到数据弹出提示信息。

● 如果找到则保存到 list 中，点击右上角菜单"查询"，查询数据 vivo。

● 在上面的几个实例中可以看到，无论是数据的添加、删除、修改操作，SQLiteDatabase 都提供了相应的方法，这些操作也都可以使用 execSQL 方法实现，所以在使用时建议都选择 execSQL 方法。

7.2.6　使用 SQLite 可视化工具

通常用户使用 cmd 模式来运行和维护 SQLite 数据库是非常不方便的，需要使用一款可视化工具对数据库进行操作，这样可以大大提高工作效率。现在市面上有很多的可视化工具，如 Navicat for SQLite、SQLiteStudio、SQLiteExpert 等。这里使用 Navicat for SQLite 进行数据库可视化操作。

Navicat for SQLite 是一款非常好用的可视化工具，需要付费才能使用，它支持 SQLite 2 和 SQLite 3，拥有安全连接、导入导出连接等功能，同时 Navicat Cloud 云服务可以将用户的数据库上传至云端，更加方便随时进行开发。下面将介绍 Navicat for SQLite 的使用。

📖 Navicat for SQLite 下载地址：http://www.navicat.com.cn/products/navicat-for-sqlite

下载 Navicat for SQLite 非常方便，打开官网就能看到下载选项，下载完成后可以进行安装。安装流程如下所示。

1）双击安装包后将看到如图 7-7 所示界面。

图 7-7　Navicat for SQLite 安装界面

2）点击"下一步"后出现如图 7-8 所示界面。

图 7-8　"许可证"界面

3）选择"我同意"，点击"下一步"，出现如图 7-9 所示界面。

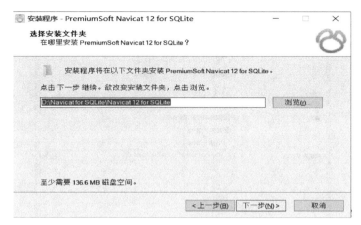

图 7-9 "选择安装文件夹"界面

选择安装路径便可安装成功。安装完成后将其打开，主界面如图 7-10 所示。

图 7-10 Navicat for SQLite 主界面

使用 Navicat for SQLite 进行可视化操作的流程如下所示。

1）选择"文件"→"新建连接"，创建数据库连接，如图 7-11 所示。

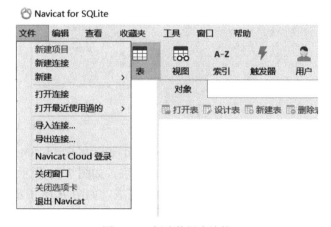

图 7-11 创建数据库连接

2）填写连接名和数据库文件，如图 7-12 所示。

图 7-12　填写连接名和数据库文件

3）数据库连接创建完成后如图 7-13 所示。

4）刚创建好的数据库还没有内容，可根据自己的需要创建基本表或视图等内容，下面开始创建表。点击表后会显示关于表的操作。Navicat for SQLite 提供了对表的添加、导入和导出等操作，如图 7-14 所示。

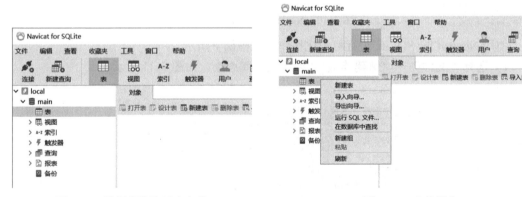

图 7-13　数据库连接创建完成　　　　　　　　图 7-14　表的操作

5）下面将新建一个表，有三个属性，分别是 aid 表示用户 id，cname 表示用户姓名，discnt 表示折扣，读者可以根据自己需要创建相应的表，如图 7-15 所示。

6）点击"保存"，输入相应的表的名称即创建完成，如图 7-16 所示。

到此，表的创建就完成了，点击表就可以看见所创建的表，如图 7-17 所示。

通常表的数据不是一直不变的，而是根据实际需要进行数据更新。在更新数据时，只需要点击相应的数据项即可对数据修改，修改数据时，要注意数据库的完整性，防止不符合语义的数据进入数据库，否则将造成一些不可知的错误。现将 cname 属性中的 wang 字段修改为 liu，如图 7-18 所示。

图 7-15　表的创建

图 7-16　保存表

图 7-17　创建成功后的表

当需要添加数据时，只需点击键盘上的上下键即可，如图 7-19 所示。

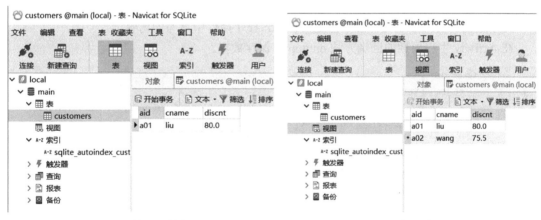

图 7-18　修改后的表　　　　　　　　　图 7-19　添加一条新记录

此外，Navicat for SQLite 还提供了方便的数据操纵功能，可以很快实现数据的排序删除操作。所提供的功能如图 7-20 所示。

在排序选项中可以对数据进行升序或降序排序，完成后表中的数据如图 7-21 所示。

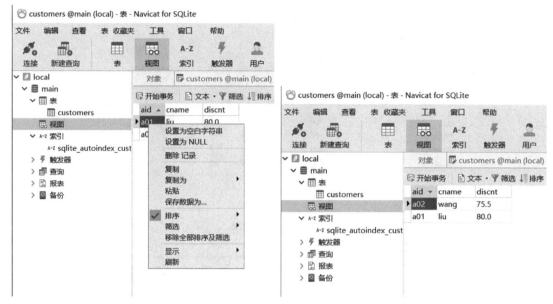

图 7-20 Navicat for SQLite 提供的其他功能　　　　图 7-21 排序后的结果

7.3 SharedPreferences 存储

Android 技术中哪一种存储技术最容易理解和使用？没错，就是标题上所说的 SharedPreferences，实际上，SharedPreferences 处理的就是一个个 key-value（键-值）对。

1. 使用 SharedPreferences 存储数据

使用 SharedPreferences 保存 key-value 对。

【实例 7-6】 SharedPreferences 存储数据

程序退出，再次启动时，显示出上次在 EditText 控件中填写的内容。

在 Activity 生命周期的回调方法 onStop 中保存数据。

```
@Override
    protected void onStop() {
        SharedPreferences sharedPreferences = getSharedPreferences("test", MODE_PRIVATE);
        SharedPreferences.Editor editor = sharedPreferences.edit();
        editor.putString("name", et_name.getText().toString().trim());
        editor.commit();
        super.onStop();
    }
```

当然 SharedPreferences 提供可以直接保存的数据格式不仅有 String，还有 int、boolean、float、long 以及 Set<String>。

在 onCreate 方法中获取数据，回显。

```
et_name = (EditText) findViewById(R.id.et_name);
SharedPreferences sharedPreferences = this.getSharedPreferences("test", MODE_PRIVATE);
et_name.setText(sharedPreferences.getString("name",""));
```

2．数据的存储位置和格式

实际上，SharedPreferences 将数据文件写在了手机内存私有的目录中该 App 的文件夹下。

可以通过 DDMS 的"File Explorer"找到 data\data\程序包名\shared_prefs 目录（如果使用真机测试，必须启动 adb，否则无法进入 adb shell，也就无法访问数据库文件），发现 test.xml 文件。导出文件并查看：

```
<!--    test.xml    -->
<?xml version='1.0' encoding='utf-8' standalone='yes'>
<map>
        <string name="name">小明</string>
</map>
```

3．存取复杂类型的数据

如果要用 SharedPreferences 存取复杂的数据类型（类、图像等），就需要对这些数据进行编码。通常会将复杂类型的数据转换成 Base64 编码，然后将转换后的数据以字符串的形式保存在 XML 文件中。

使用 SharedPreferences 保存 Product 类的一个对象和一张图片。

界面如图 7-22 所示：提供了两个 Button，用来保存和获取使用 Shared Preferences 保存的 Product 对象和图片。

保存按钮的点击事件：

图 7-22　产品界面

```
bt_prod_save.setOnClickListener(new View.OnClickListener() {
        @Override
        public void onClick(View v) {
                try {
                        Product product = new Product();
                        product.setId(et_prod_id.getText().toString().trim());
                        product.setName(et_prod_name.getText().toString().trim());
                        SharedPreferences sharedPreferences = getSharedPreferences("base64",
MODE_PRIVATE);

                        SharedPreferences.Editor editor = sharedPreferences.edit();
                        ByteArrayOutputStream baos = new ByteArrayOutputStream();
                        ObjectOutputStream oos = new ObjectOutputStream(baos);
                        oos.writeObject(product);
                        String base64Product = Base64.encodeToString(baos.toByteArray(),
Base64.DEFAULT);

                        editor.putString("product", base64Product);
                        ByteArrayOutputStream baos2 = new ByteArrayOutputStream();
                        ((BitmapDrawable) getResources().getDrawable(R.drawable.lanbojini)).
getBitmap().compress(Bitmap.CompressFormat.JPEG, 100, baos2);
                        String imageBase64 = Base64.encodeToString(baos2.toByteArray(), Base64.
DEFAULT);
```

227

```
                                editor.putString("productImg", imageBase64);
                                editor.commit();
                                baos.close();
                                oos.close();
                                Toast.makeText(MainActivity.this, "保存成功！！！", Toast.LENGTH_
SHORT).show();
                        } catch (Exception e) {
                                Toast.makeText(MainActivity.this, "保存出错了！！！" + e.getMessage(),
Toast.LENGTH_SHORT).show();
                        }
                    }
                });
```

回显按钮的点击事件：

```
                bt_prod_show.setOnClickListener(new View.OnClickListener() {
                        @Override
                        public void onClick(View v) {
                                try {
                                        //获取对象
                                        et_prod_id = (EditText) findViewById(R.id.et_prod_id);
                                        et_prod_name = (EditText) findViewById(R.id.et_prod_name);
                                        SharedPreferences sharedPreferences = getSharedPreferences("base64",
MODE_PRIVATE);

                                        String productString = sharedPreferences.getString("product", "");
                                        byte[] base64Product = Base64.decode(productString, Base64.DEFAULT);
                                        ByteArrayInputStream bais = new ByteArrayInputStream(base64Product);
                                        ObjectInputStream ois = new ObjectInputStream(bais);
                                        Product product = (Product) ois.readObject();
                                        et_prod_id.setText(product.getId());
                                        et_prod_name.setText(product.getName());
                                        //获取图片
                                        iv_prod_img = (ImageView) findViewById(R.id.iv_prod_img);
                                        byte[] imagByte = Base64.decode(sharedPreferences.getString("productImg",
""), Base64.DEFAULT);

                                        ByteArrayInputStream bais2 = new ByteArrayInputStream(imagByte);
                                        iv_prod_img.setImageDrawable(Drawable.createFromStream(bais2,
"imagByte"));
                                } catch (Exception e) {
                                        e.printStackTrace();
                                }
                        }
                });
```

原理：使用 Base64 把 Product 对象和图片编码成字符串，然后通过 Shared Preferences
把转换后的字符串保存到 xml 文件中，在需要使用该对象或者图片时，通过 Base64 把从
SharedPreferences 获取的字符串解码成对象或者图片再使用。

查看 base64.xml 文件，会看到如下内容：

```
        <?xml version='1.0' encoding='utf-8' standalone='yes' ?>
```

```
        <map>
                <string name="productImg">/9j/4AAQSkZJRgABAQAAAQABAAD/2wBDABALDA4MchAOo
OjM9PDkz......
                </string>
                <string name="product">rO0ABXNyACNjbHViLmxldGdlddC50ZXN0c2hhGJqb......
                </string>
        </map>
```

运行结果如图 7-23 所示。

【程序说明】

● 虽然可以采用编码的方式通过 Shared Preferences 保存任何类型的数据，但不建议使用 SharedPreferences 保存尺寸很大的数据。

● 如果要存取更多的数据，一般使用文件存 储、SQLite 数据库等技术。

● 保存成功后回显产品信息和图片。

4. 设置数据文件的访问权限

Android 系统本质上是 Linux，所以 Android 文件权限和 Linux 一致。

Linux 文件属性分为四段。

第一段：是指文件类型。

[d]表示目录

[-]表示文件

[l]表示链接文件

[b]表示可供存储的接口设备文件

[c]表示串口设备文件，如键盘、鼠标

第二段：是指拥有者具有的权限。

[r]表示可读

[w]表示可写

[x]表示可执行

图 7-23　保存信息

如果不具备某个属性，该项将以[-]代替，如 rw-、--x 等。

第三段和第四段类似，第三段表示文件所有者所在的用户组中其他用户的权限，第四段表示其他用户的权限。

例如：-rw-rw-rw，表示这是一个文件，并且该用户、该组内其他用户和其他用户的权限都为可读和可写不可执行。

我们在获取 SharedPreferences 对象时，使用的是下面这行代码：

```
SharedPreferences sharedPreferences = this.getSharedPreferences("test", MODE_PRIVATE);
```

其中 getSharedPreferences 方法的第二个参数就是对文件权限的描述。

这个参数有以下四个可选值。

Activity.MODE_PRIVATE：表示该文件是私有数据，只能被应用本身访问，在该模式下，写入的内容会覆盖原文件的内容。

Activity.MODE_APPEND：也是私有数据，新写入的内容会追加到原文件中。

Activity.MODE_WORLD_READABLE：表示当前文件可以被其他应用读取。

Activity.MODE_WORLD_WRITEABLE：表示当前文件可以被其他应用写入。

7.4 文件存储方式

首先给大家介绍使用文件如何对数据进行存储，Activity 提供了 openFileOutput()方法可以用于把数据输出到文件中，具体的实现过程与在 Java 环境中保存数据到文件中是一样的。

【实例 7-7】 演示 openFileOutput()方法

```
public void save()
{
    try {
        FileOutputStream outStream=this.openFileOutput("a.txt",Context.MODE_WORLD_
READABLE);
        outStream.write(text.getText().toString().getBytes());
        outStream.close();
        Toast.makeText(MyActivity.this,"Saved",Toast.LENGTH_LONG).show();
    } catch (FileNotFoundException e) {
        return;
    }
    catch (IOException e){
        return ;
    }
}
```

- openFileOutput()方法的第一参数用于指定文件名称，不能包含路径分隔符"/"，如果文件不存在，Android 会自动创建它。创建的文件保存在/data/data/<package name>/files 目录。
- openFileOutput()方法的第二参数用于指定操作模式，有四种模式，分别为：

```
Context. MODE_PRIVATE      =  0
Context.MODE_APPEND       =  32768
Context.MODE_WORLD_READABLE =  1
Context.MODE_WORLD_WRITEABLE =  2
```

- Context.MODE_PRIVATE：为默认操作模式，代表该文件是私有数据，只能被应用本身访问，在该模式下，写入的内容会覆盖原文件的内容，如果想把新写入的内容追加到原文件中，可以使用 Context.MODE_APPEND。
- Context.MODE_APPEND：模式会检查文件是否存在，存在就向文件追加内容，否则创建新文件。
- Context.MODE_WORLD_READABLE 和 Context.MODE_WORLD_WRITEABLE 用来控制其他应用是否有权限读写该文件。
- MODE_WORLD_READABLE：表示当前文件可以被其他应用读取。

- MODE_WORLD_WRITEABLE: 表示当前文件可以被其他应用写入。
- 如果希望文件被其他应用读和写，可以传入：

```
openFileOutput("itcast.txt", Context.MODE_WORLD_READABLE + Context.MODE_WORLD_
WRITEABLE);
```

Android 有一套自己的安全模型，当应用程序（.apk）在安装时，系统就会分配给它一个 userid，当该应用要去访问其他资源，比如文件的时候，就需要 userid 匹配。默认情况下，任何应用创建的文件，数据库都应该是私有的（位于/data/data/<package name>/files），其他程序无法访问。除非在创建时指定了 Context.MODE_WORLD_READABLE 或者 Context.MODE_WORLD_WRITEABLE，只有这样其他程序才能正确访问。

1. 读取文件内容

```
public void load()
{
    try {
        FileInputStream inStream=this.openFileInput("a.txt");
        ByteArrayOutputStream stream=new ByteArrayOutputStream();
        byte[] buffer=new byte[1024];
        int length=-1;
        while((length=inStream.read(buffer))!= -1)    {
            stream.write(buffer,0,length);
        }
        stream.close();
        inStream.close();
        text.setText(stream.toString());
        Toast.makeText(MyActivity.this,"Loaded",Toast.LENGTH_LONG).show();
    } catch (FileNotFoundException e) {
        e.printStackTrace();
    }
    catch (IOException e){
        return ;
    }
}
```

对于私有文件只能被创建该文件的应用访问，如果希望文件能被其他应用读和写，可以在创建文件时，指定 Context.MODE_WORLD_READABLE 和 Context.MODE_WORLD_WRITEABLE 权限。

Activity 还提供了 getCacheDir()和 getFilesDir()方法：

getCacheDir()方法用于获取/data/data/<package name>/cache 目录。

getFilesDir()方法用于获取/data/data/<package name>/files 目录。

2. 把文件放入 SD 卡

使用 Activity 的 openFileOutput()方法保存文件，文件会被存放在手机空间中。一般手机的存储空间不是很大，存放小文件还行，如果要存放像视频这样的大文件，是不可行的。对于像视频这样的大文件，可以把它存放在 SDCard。SDCard 是干什么的？你可以把它看作是移动硬盘或 U 盘。

在模拟器中使用 SDCard，需要先创建一张 SDCard 卡（不是真的 SDCard，只是镜像文件）。创建 SDCard 可以在 AS 创建模拟器时随同创建，也可以使用 DOS 命令进行创建，具体操作如下：

在 DOS 窗口中进入 android SDK 安装路径的 tools 目录，输入以下命令创建一张容量为 2GB 的 SDCard，文件后缀可以随便取，建议使用.img：

```
mksdcard 2048M D:\AndroidTool\sdcard.img
```

在程序中访问 SDCard，需要用户申请访问 SDCard 的权限。

在 AndroidManifest.xml 中加入访问 SDCard 权限的代码如下：

```
<!-- 在 SDCard 中创建与删除文件权限 -->:
<uses-permission android:name="android.permission.MOUNT_UNMOUNT_FILESYSTEMS"/>
<!-- 在 SDCard 中写入数据权限 -->:
<uses-permission android:name="android.permission.WRITE_EXTERNAL_STORAGE"/>
```

要在 SDCard 中存放文件，程序必须先判断手机是否装有 SDCard，并且可以进行读写。

📖 注意：访问 SDCard 必须在 AndroidManifest.xml 中加入访问 SDCard 的权限。

```
if(Environment.getExternalStorageState().equals(Environment.MEDIA_MOUNTED)){
    File sdCardDir = Environment.getExternalStorageDirectory();//获取 SDCard 目录
    File saveFile = new File(sdCardDir, "a.txt");
    FileOutputStream outStream = new FileOutputStream(saveFile);
    outStream.write("test".getBytes());
    outStream.close();
}
```

运行结果如图 7-24 所示。

【程序说明】

Environment.getExternalStorageState()方法用于获取 SDCard 的状态，如果手机装有 SDCard，并且可以进行读写，那么方法返回的状态等于 Environment.MEDIA_MOUNTED。

Environment.getExternalStorageDirectory()方法用于获取 SDCard 的目录，当然要获取 SDCard 的目录，也可以这样写：

```
File sdCardDir = new File("/sdcard"); //获取 SDCard 目录
File saveFile = new File(sdCardDir, "itcast.txt");
```

图 7-24 文件存储运行结果

实例 7-1：生词本的实现

完成一个记录和存储生词的 App，主要功能是：输入生词、存储、查询、修改单词本。

主 Activity 命名为 Dict，代码如下：

```java
package example.com.myapplication;
import android.app.Activity;
import android.content.Intent;
import android.database.Cursor;
import android.database.sqlite.SQLiteDatabase;
import android.os.Bundle;
import android.view.View;
import android.widget.Button;
import android.widget.EditText;
import android.widget.Toast;
import java.util.ArrayList;
import java.util.HashMap;
import java.util.Map;
public class Dict extends Activity
{
    MyDatabaseHelper dbHelper;
    Button insert = null;
    Button search = null;
    @Override
    public void onCreate(Bundle savedInstanceState)
    {
        super.onCreate(savedInstanceState);
        setContentView(R.layout.activity_main);
        dbHelper = new MyDatabaseHelper(this , "myDict.db3" , 1);
        insert = (Button)findViewById(R.id.insert);
        search = (Button)findViewById(R.id.search);
        insert.setOnClickListener(new View.OnClickListener()
        {
            @Override
            public void onClick(View source)
            {       String word = ((EditText)findViewById(R.id.word))
                    .getText().toString();
                String detail = ((EditText)findViewById(R.id.detail)) .getText().toString();
                insertData(dbHelper.getReadableDatabase() , word , detail);
                Toast.makeText(Dict.this, "添加生词成功！ " , Toast.LENGTH_SHORT)
                    .show();
            }
        });
        search.setOnClickListener(new View.OnClickListener()
        {
            @Override
            public void onClick(View source)
            {       String key = ((EditText) findViewById(R.id.key)).getText() .toString();
                Cursor cursor = dbHelper.getReadableDatabase().rawQuery(
                    "select * from dict where word like ? or detail like ?",
                    new String[]{"%" + key + "%" , "%" + key + "%"});
                Bundle data = new Bundle();
                data.putSerializable("data", converCursorToList(cursor));
                Intent intent = new Intent(Dict.this
                    , ResultActivity.class);
```

```
                intent.putExtras(data);
                //启动 Activity
                startActivity(intent);
            }
        });
    }
    protected ArrayList<Map<String ,String>>
    converCursorToList(Cursor cursor)
    {
        ArrayList<Map<String,String>> result =
            new ArrayList<Map<String ,String>>();
        while(cursor.moveToNext())
        {
            Map<String, String> map = new
                HashMap<String,String>();
            map.put("word" , cursor.getString(1));
            map.put("detail" , cursor.getString(2));
            result.add(map);
        }
        return result;
    }
    private void insertData(SQLiteDatabase db , String word , String detail)
    {
        db.execSQL("insert into dict values(null , ? , ?)" , new String[]{word , detail});
    }
    @Override
    public void onDestroy()
    {
super.onDestroy();
        if (dbHelper != null)
        {
            dbHelper.close();
        }
    }
}
```

它的布局文件 activity_main 代码如下：

```
<!--?xml version="1.0" encoding="utf-8"?-->
<LinearLayout xmlns:android="http://schemas.android.com/apk/res/android"
    android:layout_width="fill_parent"
    android:layout_height="fill_parent"
    android:orientation="vertical">
    <EditText
        android:id="@+id/word"
        android:layout_width="fill_parent"
        android:layout_height="wrap_content"
        android:hint="@string/input"/>
    <EditText
        android:id="@+id/detail"
        android:layout_width="fill_parent"
```

```
            android:layout_height="wrap_content"
            android:hint="@string/input"
            android:lines="3"/>
        <Button
            android:id="@+id/insert"
            android:layout_width="wrap_content"
            android:layout_height="wrap_content"
            android:text="@string/insert"/>
        <EditText
            android:id="@+id/key"
            android:layout_width="fill_parent"
            android:layout_height="wrap_content"
            android:hint="@string/record"/>
        <Button
            android:id="@+id/search"
            android:layout_width="wrap_content"
            android:layout_height="wrap_content"
            android:text="@string/search"/>
        <ListView
            android:id="@+id/show"
            android:layout_width="fill_parent"
            android:layout_height="fill_parent"/>
</LinearLayout>
```

另一个需要跳转的 Activity 命名为 ResultActivity，具体代码如下：

```
package example.com.myapplication;
import android.app.Activity;
import android.content.Intent;
import android.os.Bundle;
import android.widget.ListView;
import android.widget.SimpleAdapter;
import java.util.List;
import java.util.Map;
public class ResultActivity extends Activity
{
    @Override
    public void onCreate(Bundle savedInstanceState)
    {
        super.onCreate(savedInstanceState);
        setContentView(R.layout.popup);
        ListView listView = (ListView)findViewById(R.id.show);
Intent intent = getIntent();
        Bundle data = intent.getExtras();
        @SuppressWarnings("unchecked")
        List<Map<String,String>> list =
            (List<Map<String ,String>>)data.getSerializable("data");
        SimpleAdapter adapter = new SimpleAdapter( ResultActivity.this , list
, R.layout.ine , new String[]{"word" , "detail"}

            , new int[]{R.id.my_title , R.id.my_content});
```

```
            listView.setAdapter(adapter);
        }
    }
```

它的布局文件命名为 popup.xml，代码如下：

```xml
<?xml version="1.0" encoding="utf-8"?>
<LinearLayout xmlns:android="http://schemas.android.com/apk/res/android"
    android:layout_width="match_parent"
    android:layout_height="match_parent"
    android:id="@+id/fragment">
    <TextView
        android:id="@+id/my_title"
        android:layout_width="wrap_content"
        android:layout_height="wrap_content" />
    <TextView
        android:id="@+id/my_content"
        android:layout_width="wrap_content"
        android:layout_height="wrap_content" />
</LinearLayout>
```

listView 的子项目布局命名为 ine.xml，代码如下：

```xml
<?xml version="1.0" encoding="utf-8"?>
<LinearLayout xmlns:android="http://schemas.android.com/apk/res/android"
    android:layout_width="match_parent"
    android:layout_height="match_parent"
    android:id="@+id/fragment">
    <TextView
        android:id="@+id/my_title"
        android:layout_width="wrap_content"
        android:layout_height="wrap_content" />
    <TextView
        android:id="@+id/my_content"
        android:layout_width="wrap_content"
        android:layout_height="wrap_content" />
</LinearLayout>
```

最后数据库帮助类命名为 MyDatabaseHelper，代码如下：

```java
package example.com.myapplication;
import android.content.Context;
import android.database.sqlite.SQLiteDatabase;
import android.database.sqlite.SQLiteOpenHelper;
public class MyDatabaseHelper extends SQLiteOpenHelper
{
    final String CREATE_TABLE_SQL =
        "create table dict(_id integer primary key autoincrement , word , detail)";
    public MyDatabaseHelper(Context context, String name, int version)
    {
        super(context, name, null, version);
```

```
        }
        @Override
        public void onCreate(SQLiteDatabase db)
        {
            db.execSQL(CREATE_TABLE_SQL);
        }
        @Override
        public void onUpgrade(SQLiteDatabase db, int oldVersion, int newVersion)
        {
            System.out.println("--------onUpdate Called--------"
                + oldVersion + "--->" + newVersion);
        }
    }
```

实例 7-2: SD 卡的浏览器

SD 卡浏览器实现参考代码如下:

```
public class SDFileExplorer extends Activity {
    private TextView text ;
    private ListView listView ;
    Button parentBtn;
    private File currentFile ;
    private File[] currentFiles ;
    boolean hasSDcard ;
    File sdPath;
    @Override
    protected void onCreate(Bundle savedInstanceState) {
        super.onCreate(savedInstanceState);
        setContentView(R.layout. activity_sdfile_explorer);
        initUI();
        onclick();
    }
    private void initUI() {
        text = (TextView) findViewById(R.id.file_path);
        listView = (ListView) findViewById(R.id.file_list);
        parentBtn = (Button) findViewById(R.id.parent);
        hasSDcard = Environment.getExternalStorageState().equals(Environment. MEDIA_
MOUNTED);
        sdPath = Environment.getExternalStorageDirectory();
         if (hasSDcard ) {
            currentFile = sdPath ;
            currentFiles = currentFile .listFiles();
            inflateListView( currentFiles);
        }
    }
    private void onclick() {
        listView.setOnItemClickListener(new OnItemClickListener() {
            @Override
```

```java
        public void onItemClick(AdapterView<?> parent, View view,
                int position, long id) {
            if (currentFiles [position].isFile())
                return;
            File[] temp = currentFiles[position].listFiles();
            if (temp == null || temp.length == 0) {
                Toast. makeText(SDFileExplorer.this, "当前路径不可访问或该路径下没有文件" ,
                    20000).show();
            } else {
                currentFile = currentFiles [position];
                currentFiles = temp;
                // 更新 ListView
                inflateListView( currentFiles);
            }
        }
    });
    parentBtn.setOnClickListener(new OnClickListener() {
        @Override
        public void onClick(View v) {
            try {
                if (!currentFile.getCanonicalFile().equals(sdPath )) {
                    currentFile = currentFile.getParentFile();
                    currentFiles = currentFile.listFiles();
                    inflateListView( currentFiles);
                }
            } catch (IOException e) {
                // TODO Auto-generated catch block
                e.printStackTrace();
            }
        }
    });
}
private void inflateListView(File[] files) {
    List<Map<String, Object>> list = new ArrayList<Map<String, Object>>();
    for (int i = 0; i < files.length; i++) {
        Map<String, Object> map = new HashMap<String, Object>();
        if (files[i].isDirectory()) {
            map.put( "icon", R.drawable.folder);
        } else {
            map.put( "icon", R.drawable.file);
        }
        map.put( "fileName", files[i].getName());
        list.add(map);
    }
    SimpleAdapter adapter = new SimpleAdapter(getApplicationContext(),
            list, R.layout. line, new String[] { "icon", "fileName" },
            new int [] { R.id.icon, R.id. file_name });
    listView.setAdapter(adapter);
    try {
        text.setText("当前路径为:" + currentFile.getCanonicalPath());
```

```
                } catch (IOException e) {
                    e.printStackTrace();
                }
            }
        }
```

1）MainActivity.java 文件：

```java
public class MainActivity extends    Activity {
private String TAG="MainActivity";
private TextView showXml;
@Override
protected void onCreate(Bundle savedInstanceState) {
    super.onCreate(savedInstanceState);
    setContentView(R.layout.activity_main);
    showXml=(TextView)findViewById(R.id.show);
    File file = new File("sdcard/version.txt");
    String str = null;
    try {
        InputStream is = new FileInputStream(file);
        InputStreamReader input = new InputStreamReader(is, "UTF-8");
        BufferedReader reader = new BufferedReader(input);
        while ((str = reader.readLine()) != null) {
            showXml.append(str);
            showXml.append("\n");
                Log.d(TAG, str);
        }
    } catch (FileNotFoundException e) {
        // TODO Auto-generated catch block
        e.printStackTrace();
    } catch (IOException e) {
        // TODO Auto-generated catch block
        e.printStackTrace();
    }
    }
}
```

2）布局文件 activity_main.xml：

```xml
<?xml version="1.0" encoding="utf-8"?>
<LinearLayout xmlns:android="http://schemas.android.com/apk/res/android"
    xmlns:tools="http://schemas.android.com/tools"
    android:layout_width="match_parent"
    android:layout_height="match_parent"
    android:orientation="vertical" >
<TextView
    android:layout_width="wrap_content"
    android:layout_height="wrap_content"
    android:textStyle="bold"
    android:textSize="24dip"
    android:layout_gravity="center"
```

```
                android:text="获取 sd 卡文件内容并显示到界面"/>
            <TextView
                android:id="@+id/show"
                android:layout_width="wrap_content"
                android:layout_height="wrap_content"
                android:text=""/>
        </LinearLayout>
```

3）配置文件 AndroidManifest.xml，添加权限：

```
<uses-permission android:name="android.permission.WRITE_EXTERNAL_STORAGE"/>
    <uses-permission android:name="android.permission.READ_EXTERNAL_STORAGE">
</uses-permission>
```

实例 7-3：数据库商品展示

SQLite 是一个轻量级的嵌入式数据库引擎，它支持 SQL 语言，并且占用很少的内存就可以有很好的性能。它与其他数据库的最大的不同就是对数据类型的支持，创建一个表时，可以在 CREATE TABLE 语句中指定某列的数据类型，但是可以把任何数据类型放入任何列中。当某个值插入数据库时，SQLite 将检查它的数据类型。如果该类型和关联的列不匹配，那么 SQLite 会尝试将该值转换成该列的数据类型，如果不能转换，那么该值将作为其本身具有的数据类型存储。对于 Android 平台来说，系统内置了丰富的 API 来供用户操作 SQLite。

本实例实现了简单的 SQLite 数据库的增删改查。

activity main.xml：

```
<?xml version="1.0" encoding="utf-8"?>
<LinearLayout xmlns:android="http://schemas.android.com/apk/res/android"
    xmlns:tools="http://schemas.android.com/tools"
    android:layout_width="match_parent"
    android:layout_height="match_parent"
    android:layout_margin="8dp"
    android:orientation="vertical"
    >
    <LinearLayout
        android:id="@+id/addLL"
        android:layout_width="match_parent"
        android:layout_height="wrap_content"
        android:orientation="horizontal">
        <EditText
            android:id="@+id/nameET"
            android:layout_width="0dp"
            android:layout_height="wrap_content"
            android:layout_weight="1"
            android:hint="商品名称"
            android:inputType="textPersonName" />
```

EditText 实现用户输入商品名称这一操作。

```
<EditText
    android:id="@+id/balanceET"
    android:layout_width="0dp"
    android:layout_height="wrap_content"
    android:layout_weight="1"
    android:hint="金额"
    android:inputType="number" />
```

EditText 实现用户输入金额这一操作。

```
<ImageView
    android:id="@+id/addIV"
    android:layout_width="wrap_content"
    android:layout_height="wrap_content"
    android:onClick="add"
    android:src="@android:drawable/ic_input_add" />
```

ImageView 控件是图片控件，在布局中设置该控件可以使其适用于任何布局，并且 Android 为其提供了缩放和着色的一些操作。

ImageView 用来显示图片，使用了 ImageView 的属性 android:src 来指定 ImageView 要显示的图片，但是只显示图片原图大小。但如果使用 android:backgroud 属性，图片的大小会根据 ImageView 的大小进行拉伸。

```
</LinearLayout>
<ListView
    android:id="@+id/accountLV"
    android:layout_width="match_parent"
    android:layout_height="match_parent"
    android:layout_below="@id/addLL">
</ListView>
</LinearLayout>
```

ListView 控件是一个以垂直方式在项目中显示视图的列表。

Item.xml 代码如下：

```
<?xml version="1.0" encoding="utf-8"?>
<LinearLayout xmlns:android="http://schemas.android.com/apk/res/android"
    android:layout_width="match_parent"
    android:layout_height="wrap_content"
    android:layout_margin="10dp"
    android:orientation="horizontal">
```

此段代码用来表示数据的 id 列的样式：

```
<TextView
    android:id="@+id/idTV"
    android:layout_width="0dp"
    android:layout_height="wrap_content"
    android:layout_weight="1"
```

```
        android:text="13"
        android:textColor="@color/colorAccent"
        android:textSize="20sp" />
```

此段代码用来表示商品名称列的样式：

```
    <TextView
        android:id="@+id/nameTV"
        android:layout_width="0dp"
        android:layout_height="wrap_content"
        android:layout_weight="2"
        android:singleLine="true"
        android:text="PQ"
        android:textColor="@color/colorAccent"
        android:textSize="20sp" />
```

此段代码用来表示金额列的 Image 图标样式：

```
    <TextView
        android:id="@+id/balanceTV"
        android:layout_width="0dp"
        android:layout_height="wrap_content"
        android:layout_weight="2"
        android:text="12345"
        android:textColor="@color/colorAccent"
        android:textSize="20sp" />
    <LinearLayout
        android:layout_width="wrap_content"
        android:layout_height="wrap_content"
        android:orientation="vertical">
```

此段代码用来表示增加金额：

```
    <ImageView
        android:id="@+id/upIV"
        android:layout_width="wrap_content"
        android:layout_height="wrap_content"
        android:layout_marginBottom="2dp"
        android:src="@android:drawable/arrow_up_float" />
```

此段代码用来表示减少金额列的 Image 图标样式：

```
        <ImageView
            android:id="@+id/downIV"
            android:layout_width="wrap_content"
            android:layout_height="wrap_content"
            android:src="@android:drawable/arrow_down_float" />
    </LinearLayout>
```

此段代码用来表示删除数据列的 Image 图标样式：

```
    <ImageView
        android:id="@+id/deleteIV"
```

```
        android:layout_width="wrap_content"
        android:layout_height="wrap_content"
        android:src="@android:drawable/ic_menu_delete" />
    </LinearLayout>
```

MyHelper.java：

```
public class MyHelper extends SQLiteOpenHelper {
```

由于父类没有无参构造函数，所以子类必须指定调用父类哪个有参的构造函数。

```
    public MyHelper(Context context) {
        super(context, "itcast.db", null, 2);
    }
    public void onCreate(SQLiteDatabase db) {
        System.out.println("onCreate");
        db.execSQL("CREATE TABLE account(_id INTEGER PRIMARY KEY AUTOINCREMENT,"
                + "name VARCHAR(20)," +
                "balance INTEGER)");
    }
```

上段代码表示姓名列和金额列。

```
    public void onUpgrade(SQLiteDatabase db, int oldVersion, int newVersion) {
        System.out.println("onUpgrade");
    }
}
```

MyHelper 类一定要继承自 SQLiteOpenHelper，重写 onCreate()方法，并在该方法中执行创建数据库的命令。

Account.java：

```
public class Account {
    public Account() {
        super();
    }
    public Account(String name, Integer balance) {
        this.name = name;
        this.balance = balance;
    }
    public Long getId() {
        return id;
    }
}
```

上段代码包含了一个无参构造函数 Account()和一个带两个参数的构造函数 Account()和属性。

```
    public Account(Long id, String name, Integer balance) {
        this.id = id;
        this.name = name;
        this.balance = balance;
    }
```

```
        public String getName() {
            return name;
        }
        public Integer getBalance() {
            return balance;
        }
        public void setId(Long id) {
            this.id = id;
        }
        public void setName(String name) {
            this.name = name;
        }
        public void setBalance(Integer balance) {
            this.balance = balance;
        }
        private Long id;
        private String name;
        private Integer balance;
        @Override
        public String toString() {
            return "[序号:" + id + ", 商品名称:" + name + ",余额:" + balance + "]";
        }
    }
```

在 Java 的类中为"序号""商品名称"和"余额"定义属性。另外为这些属性进行获取和设置，还要编写 getName、getBalance、setId、setName 和 setBalance 方法。

AccountDao.java：

```
public class AccountDao {
    private MyHelper helper;
    public AccountDao(Context context) {
        helper = new MyHelper(context); }
```

创建 Dao 时，创建 Helper。

```
public void insert(Account account) {
    SQLiteDatabase db = helper.getWritableDatabase();
```

上面代码用来获取 SQLiteDatabase 数据库对象；下面代码构造一个 ContentValues 对象用于插入数据，类似一个 Map。

```
ContentValues values = new ContentValues();
values.put("name", account.getName());
values.put("balance", account.getBalance());
```

向 account 表插入数据 values。

```
    long id = db.insert("account", null, values);
    account.setId(id);
    db.close();
}
```

得到 id 和关闭数据库。

```
public int delete(long id) {
    SQLiteDatabase db = helper.getWritableDatabase();
    int count = db.delete("account", "_id=?", new String[] { id + "" });
    db.close();
    return count;
}

public int update(Account account) {
    SQLiteDatabase db = helper.getWritableDatabase();
    ContentValues values = new ContentValues();
```

更新数据和修改数据。

```
    values.put("name", account.getName());
    values.put("balance", account.getBalance());
    int count = db.update("account", values, "_id=?", new String[] { account.getId() + "" });

    db.close();
    return count;
}
```

更新并得到行数并且查询所有数据倒序排列。

```
public List<Account> queryAll() {
    SQLiteDatabase db = helper.getReadableDatabase();
    Cursor c = db.query("account", null, null, null, null, null,
            "balance DESC");
    List<Account> list = new ArrayList<Account>();
    while (c.moveToNext()) {
        long id = c.getLong(c.getColumnIndex("_id"));
        String name = c.getString(1);
        int balance = c.getInt(2);
        list.add(new Account(id, name, balance));
    }
    c.close();
    db.close();
    return list;
}
}
```

该类是对数据进行增、删、改、查操作的方法。insert()方法调用了 db.insert()方法，这个方法第二个参数如果传入 null，是无法插入一条空数据的。如果想插入一条空数据，第二个参数必须写一个列名（任意列），传入的这个列名是用来拼接 SQL 语句的。

MainActivity.java：

```
public class MainActivity extends AppCompatActivity {
    private List<Account> list;
    private AccountDao dao;
    private EditText nameET;
    private EditText balanceET;
    private MyAdapter adapter;
```

此段按顺序分别对"需要适配的数据集合""数据库增删改查操作类""输入姓名的 EditText""输入金额的 EditText""适配器"和"ListView"进行调用。

```
private ListView accountLV;
@Override
protected void onCreate(Bundle savedInstanceState) {
    super.onCreate(savedInstanceState);
    setContentView(R.layout.activity_main);
    initView();
    dao = new AccountDao(this);
    list = dao.queryAll();
    adapter = new MyAdapter();
    accountLV.setAdapter(adapter);
}
```

此段进行了初始化控件，从数据库中查询出所有数据，给 ListView 添加适配器（自动把数据生成条目）等操作。

```
private void initView() {
    accountLV = (ListView) findViewById(R.id.accountLV);
    nameET = (EditText) findViewById(R.id.nameET);
    balanceET = (EditText) findViewById(R.id.balanceET);
    accountLV.setOnItemClickListener(new MyOnItemClickListener());
}
```

activity_mian.xml 对应 ImageView 的点击事件触发的方法。

```
public void add(View v) {
    String name = nameET.getText().toString().trim();
    String balance = balanceET.getText().toString().trim();
```

三目运算 balance.equals("")则等于 0，如果 balance 不是空字符串，则进行类型转换。

```
    Account a = new Account(name, balance.equals("") ? 0 : Integer.parseInt(balance));
    dao.insert(a);
    list.add(a);
    adapter.notifyDataSetChanged();
    accountLV.setSelection(accountLV.getCount() - 1);
    nameET.setText("");
    balanceET.setText("");
}
```

自定义一个适配器，将数据放入，最后将适配器放入 ListView 中。

```
private class MyAdapter extends BaseAdapter {
    @Override
    public int getCount() {
        return list.size();
    }
    @Override
    public Object getItem(int position) {
        return list.get(position);
```

```
            }
        @Override
        public long getItemId(int position) {
            return position;
        }
        public View getView(int position, View convertView, ViewGroup parent) {
            View item = convertView != null ? convertView : View.inflate(getApplicationContext(),
R.layout.item, null);
```

获取该视图中的 TextView。

```
        TextView idTV = (TextView) item.findViewById(R.id.idTV);
        TextView nameTV = (TextView) item.findViewById(R.id.nameTV);
        TextView balanceTV = (TextView) item.findViewById(R.id.balanceTV);
        final Account a = list.get(position);
```

根据当前位置获取 Account 对象，把 Account 对象中的数据放到 TextView 中。

```
        idTV.setText(a.getId() + "");
        nameTV.setText(a.getName());
        balanceTV.setText(a.getBalance() + "");
        ImageView upIV = (ImageView) item.findViewById(R.id.upIV);
        ImageView downIV = (ImageView) item.findViewById(R.id.downIV);
        ImageView deleteIV = (ImageView) item.findViewById(R.id.deleteIV);
```

向上箭头的点击事件触发的方法。

```
            upIV.setOnClickListener(new View.OnClickListener() {
            public void onClick(View v) {
                a.setBalance(a.getBalance() + 1);
                notifyDataSetChanged();
                dao.update(a);
            }
        });
```

向下箭头的点击事件触发的方法。

```
        downIV.setOnClickListener(new View.OnClickListener() {
                public void onClick(View v) {
                    a.setBalance(a.getBalance() - 1);
                    notifyDataSetChanged();
                    dao.update(a);
                }
            });
```

删除图片的点击事件触发的方法。

```
        deleteIV.setOnClickListener(new View.OnClickListener() {
                public void onClick(View v) {
                    android.content.DialogInterface.OnClickListener listener =
                            new android.content.DialogInterface.OnClickListener() {
                                public void onClick(DialogInterface dialog, int which) {
                                    list.remove(a);
```

```
                                                dao.delete(a.getId());
                                                notifyDataSetChanged();
                                    }
                        };
                        AlertDialog.Builder builder = new AlertDialog.Builder(MainActivity.this); // 创建
对话框
                        builder.setTitle("确定要删除吗?");
                        builder.setPositiveButton("确定", listener);
                        builder.setNegativeButton("取消", null);
                        builder.show();                         }
            });
            return item;
        }
    }
```

ListView 的 Item 点击事件获取点击位置上的数据。

```
        private class MyOnItemClickListener implements AdapterView.OnItemClickListener {
            public void onItemClick(AdapterView<?> parent, View view, int position, long id) {
                Account a = (Account) parent.getItemAtPosition(position);
                Toast.makeText(getApplicationContext(), a.toString(), Toast.LENGTH_SHORT).show();
            }
        }
    }
```

运行结果如图 7-25 所示。

添加商品运行结果如图 7-26 和图 7-27 所示。

图 7-25　商品展示运行结果

图 7-26　添加商品 1

图 7-27　添加商品 2

删除商品运行结果如图 7-28 和图 7-29 所示。

修改价格运行结果如图 7-30 所示。

图 7-28　删除商品 1

图 7-29　删除商品 2

图 7-30　修改价格

【程序说明】

ListView 的 setOnItemClickListener()方法：该方法用于监听 Item 的点击事件，在使用该方法时需要传入一个 OnItemClickListener 的实现类对象，并且需要实现 onItemClick 方法。当点击 ListView 的 Item 时就会触发 Item 的点击事件，然后会回调 onItemClick()方法。

ListView 的 setSelection()方法：该方法的作用是设置当前选中的条目。假设当前屏幕一屏只能显示 10 条数据，当添加第 11 条数据时，调用此方法就会将第 11 条数据显示在屏幕上，将第一条数据滑出屏幕外。

Adapter 的 notifyDataSetChange()方法：该方法用于刷新数据，当数据适配器中的内容发生变化时，会调用此方法，重新执行 BaseAdapter 中的 getView()方法。

实例 7-4：创建数据库

下面是布局文件：

```xml
<?xml version="1.0" encoding="utf-8"?>
    <RelativeLayout xmlns:android=" http://schemas.android.com/apk/res/android"
      android:orientation="vertical"
      android:layout_width="match_parent"
      android:layout_height="match_parent">
```

```
        <Button
            android:id="@+id/create_database"
            android:layout_width="match_parent"
            android:layout_height="wrap_content"
            android:text="Create database"/>
    </RelativeLayout>
```

MainActivity 代码：

```
public class MainActivity extends AppCompatActivity {
  private MyDatabaseHelper dpHelper;
    protected void onCreate(Bundle savedInstanceState){
        super.onCreate(savedInstanceState);
        setContentView(R.layout.activity_main);
        dpHelper = new MyDatabaseHelper(this,"BookStore.db",null,1);
        Button createDatabase = (Button)findViewById(R.id.create_database);
        createDatabase.setOnClickListener(new View.OnClickListener(){
            public void onClick(View v){
                dpHelper.getWritableDatabase();
            }
        });
    }
}
```

创建一个类继承 SQLiteOpenHelper()，重写 onCreate(SQLDatabase.db)方法，创建数据库：

```
public class MyDatabaseHelper extends SQLiteOpenHelper {
    public static final String CREATE_BOOK = "create table book("
    +"id integer primary key autoincrement,"
    +"author text, "
    +"price real, "
    +"pages integer"
    +"name text)";
    private Context mContext;
    public MyDatabaseHelper(Context context, String name,
                SQLiteDatabase.CursorFactory factory,int version){
        super(context ,name, factory, version);
        mContext = context;
    }
    public void onCreate(SQLiteDatabase db){
        db.execSQL(CREATE_BOOK);
        Toast.makeText(mContext, "Create succeeded", Toast.LENGTH_SHORT).show();
    }
    public void onUpgrade(SQLiteDatabase db,int oldVersion,int newVersion){}
}
```

250

运行结果如图 7-31 所示。

【程序说明】

- onCreate()方法中创建了一个 MyDatabaseHelper 对象，并且通过构造函数的参数将数据库名指定为 BookStore.db，版本号指定为 1。

- 通过 Create database 按钮的点击事件调用 getWritableDatabase() 方法，点击按钮的时候会检测当前的程序中是不是存在这个数据库，如果没有这个数据库则进行创建，并在界面上显示创建成功，如果已经存在这个数据库，再次点击并不会再次创建。

实例 7-5：SD 卡文件浏览器

该实例利用 Java 的 File 类开发一个 SD 卡文件浏览器，该程序直接来访问系统的 SD 卡目录，然后通过 File 的 listFile()方法来获取指定目录下的全部文件和文件夹。

图 7-31

当程序启动时，系统启动获取目录下的全部文件、文件夹，并使用 ListView 将它们显示出来；当用户单击 ListView 的指定列表项时，系统将会显示该列表项下全部文件夹和文件。

该程序的布局文件如下：

```
activity_test_sdbrowser.xml
<?xml version="1.0" encoding="utf-8"?>
<RelativeLayout xmlns:android="http://schemas.android.com/apk/res/android"
    xmlns:tools="http://schemas.android.com/tools"
    android:id="@+id/activity_test_sdbrowser"
    android:layout_width="match_parent"
    android:layout_height="match_parent"
    android:paddingBottom="@dimen/activity_vertical_margin"
    android:paddingLeft="@dimen/activity_horizontal_margin"
    android:paddingRight="@dimen/activity_horizontal_margin"
    android:paddingTop="@dimen/activity_vertical_margin"
    tools:context="com.example.asus.sd.TestSDBrowserActivity">

    <ListView
        android:id="@+id/listView"
        android:layout_width="match_parent"
        android:layout_height="match_parent"
        android:layout_alignParentLeft="true"
        android:layout_alignParentStart="true"
        android:layout_below="@+id/button7" />
    <Button
        android:id="@+id/button7"
        style="?android:attr/buttonStyleSmall"
        android:layout_width="wrap_content"
        android:layout_height="wrap_content"
```

251

```
            android:layout_alignEnd="@id/listView"
            android:layout_alignParentTop="true"
            android:layout_alignRight="@id/listView"
            android:layout_marginEnd="48dp"
            android:layout_marginRight="48dp"
            android:onClick="backToParentDir"
            android:text="返回上级目录"/>
    </RelativeLayout>
```

item_sd_listview.xml：

```
<?xml version="1.0" encoding="utf-8"?>
<LinearLayout xmlns:android="http://schemas.android.com/apk/res/android"
    android:orientation="horizontal"
    android:layout_width="match_parent"
    android:layout_height="match_parent">
    <ImageView
        android:id="@+id/imageView"
        android:layout_width="wrap_content"
        android:layout_height="wrap_content" />
    <TextView
        android:id="@+id/textView"
        android:layout_width="wrap_content"
        android:layout_height="match_parent"
        android:layout_marginLeft="5dp"
        android:gravity="center_vertical|left"
        android:textSize="16sp"/>
</LinearLayout>
```

该程序主要通过 File 的 listFile()方法来获取指定目录下的全部文件和文件夹。程序代码如下：

```
TestSDBrowserActivity .java
public class TestSDBrowserActivity extends ActionBarActivity {
    ListView listView;
    SimpleAdapter simpleAdapter;
    List<Map<String, Object>> listMaps;
    File currentParentFile;
    /**
     * ATTENTION: This was auto-generated to implement the App Indexing API.
     * See https://g.co/AppIndexing/AndroidStudio for more information.
     */
    private GoogleApiClient client;

    @Override
    protected void onCreate(Bundle savedInstanceState) {
        super.onCreate(savedInstanceState);
        setContentView(R.layout.activity_test_sdbrowser);
        listView = (ListView) findViewById(R.id.listView);
        listMaps = new ArrayList<Map<String, Object>>();
        currentParentFile = null;
```

```java
            if (Environment.getExternalStorageState().equals(Environment.MEDIA_MOUNTED)) {
                File rootFile = Environment.getExternalStorageDirectory();
                List<File> files = new ArrayList<File>();
                Collections.addAll(files, rootFile.listFiles());
                refreshListViewData(files);
            }
            simpleAdapter = new SimpleAdapter(this, listMaps, R.layout.item_sd_listview,
                    new String[]{"icon", "fileName"},
                    new int[]{R.id.imageView, R.id.textView});
            listView.setAdapter(simpleAdapter);
            listView.setOnItemClickListener(new AdapterView.OnItemClickListener() {
                @Override
                public void onItemClick(AdapterView<?> adapterView, View view, int position, long l) {
                    Map map = (Map) adapterView.getItemAtPosition(position);
                    File file = (File) map.get("file");
                    if (file.isFile()) {
                        Toast.makeText(TestSDBrowserActivity.this, "您点击的是文件，没有子文件", Toast.LENGTH_SHORT).show();
                    } else {
                        currentParentFile = file;
                        List<File> files = new ArrayList<File>();
                        Collections.addAll(files, file.listFiles());
                        refreshListViewData(files);
                        simpleAdapter.notifyDataSetChanged();
                    }
                }
            });
            // ATTENTION: This was auto-generated to implement the App Indexing API.
            // See https://g.co/AppIndexing/AndroidStudio for more information.
            client = new GoogleApiClient.Builder(this).addApi(AppIndex.API).build();
        }

        public void refreshListViewData(List<File> files) {
            Iterator<File> iterator = files.iterator();
            listMaps.clear();
            while (iterator.hasNext()) {
                File file = iterator.next();
                Map<String, Object> map = new HashMap<String, Object>();
                if (file.isFile()) {
                    map.put("icon", R.drawable.file32);
                } else {
                    map.put("icon", R.drawable.folder32);
                }
                map.put("fileName", file.getName());
                map.put("file", file);
                listMaps.add(map);
            }
        }

        public void backToParentDir(View view) {
```

```
                        if (currentParentFile != null) {
                            File parentParentFile = currentParentFile.getParentFile();
                            List<File> files = new ArrayList<File>();
                            Collections.addAll(files, parentParentFile.listFiles());
                            refreshListViewData(files);
                            simpleAdapter.notifyDataSetChanged();
                            try {
                                if (parentParentFile.getCanonicalPath().equals(Environment.getExternalStorageDirectory().
getCanonicalPath())) {

                                    currentParentFile = null;
                                } else {
                                    currentParentFile = parentParentFile;
                                }
                            } catch (IOException e) {
                                e.printStackTrace();
                            }
                        } else {
                            Toast.makeText(TestSDBrowserActivity.this, "已是 SD 卡根目录", Toast.LENGTH_
SHORT).show();
                        }
                    }

                    /**
                     * ATTENTION: This was auto-generated to implement the App Indexing API.
                     * See https://g.co/AppIndexing/AndroidStudio for more information.
                     */
                    public Action getIndexApiAction() {
                        Thing object = new Thing.Builder()
                                .setName("TestSDBrowser Page") // TODO: Define a title for the content shown.
                                // TODO: Make sure this auto-generated URL is correct.
                                .setUrl(Uri.parse("http://[ENTER-YOUR-URL-HERE]"))
                                .build();
                        return new Action.Builder(Action.TYPE_VIEW)
                                .setObject(object)
                                .setActionStatus(Action.STATUS_TYPE_COMPLETED)
                                .build();
                    }

                    @Override
                    public void onStart() {
                        super.onStart();

                        // ATTENTION: This was auto-generated to implement the App Indexing API.
                        // See https://g.co/AppIndexing/AndroidStudio for more information.
                        client.connect();
                        AppIndex.AppIndexApi.start(client, getIndexApiAction());
                    }

                    @Override
                    public void onStop() {
```

```
            super.onStop();

            // ATTENTION: This was auto-generated to implement the App Indexing API.
            // See https://g.co/AppIndexing/AndroidStudio for more information.
            AppIndex.AppIndexApi.end(client, getIndexApiAction());
            client.disconnect();
        }
    }
```

运行结果如图 7-32 和图 7-33 所示,就像 SD 卡资源管理器一样可以非常方便地浏览 SD 卡里包含的全部文件以及子文件。

当用户单击 ListView 中某个列表项时,上面的程序会将用户单击的列表项所对应的文件夹当成 currentParent 来处理。

图 7-32　SD 卡根目录

图 7-33　目录

从图 7-32 界面中可以看到 Music、Podcasts 等几个目录,Android 目录中包含了几个子目录和文件,这就要求开发者的模拟器里的工作空间中的 SD 卡带有这些目录和文件。

实例 7-6:SQLite 数据库及表的创建与更新

SQLiteDatabase 类提供了对数据库操作查询的 execSQL(sql),其中的 sql 参数是对数据库执行操作查询的 SQL 命令(而不是使用 Select 命令的普通查询),通常是 Insert、Delete、Update 或 Create Table、Alter Table 等命令。

代码解析及说明:

```
public class MainActivity extends AppCompatActivity {
```

```
private ListView listView;
private String listData;
protected void onCreate(Bundle savedInstanceState) {
    super.onCreate(savedInstanceState);
    setContentView(R.layout.activity_main);
    getOverflowMenu();
    SQLiteDatabase data = this.openOrCreateDatabase("testData.db", OPEN_READWRITE, null);
    try {
        String SQL_CT = "DROP TABLE test";
        data.execSQL(SQL_CT);
    } catch (Exception e) { }
try {
    String SQL_CT = "CREATE TABLE test(data TEXT ,_id INTEGER)";
    data.execSQL(SQL_CT);
} catch (Exception e) {
}
try {
    String SQL_Insert = "INSERT INTO test(data) values(\"西瓜\")";
    data.execSQL(SQL_Insert);
    SQL_Insert = "INSERT INTO test(data) values(\"苹果\")";
    data.execSQL(SQL_Insert);
    SQL_Insert = "INSERT INTO test(data) values(\"香蕉\")";
    data.execSQL(SQL_Insert);
} catch (Exception e) { }
listView = (ListView) findViewById(R.id.listView1);
updateData();
registerForContextMenu(listView);
```

- 先初始化数据。
- updateData()更新数据。
- registerForContextMenu(listView)给 listview 注册上下文菜单。

```
listView.setOnItemLongClickListener(new AdapterView.OnItemLongClickListener() {
    public boolean onItemLongClick(AdapterView<?> parent, View view, int position, long id)
    {
    try {
        Cursor cs = (Cursor) parent.getItemAtPosition(position);
        listData = cs.getString(0);
        listView.showContextMenu();
    }catch(Exception e){Toast.makeText(MainActivity.this, e.toString(), Toast.LENGTH_LONG).show();}
    return true; }                              });
}
private void getOverflowMenu() {
    try {
        ViewConfiguration config=ViewConfiguration.get(this); Field menuKeyField = ViewConfiguration.class
            .getDeclaredField("sHasPermanentMenuKey"); if (menuKeyField != null) {
        menuKeyField.setAccessible(true);
        menuKeyField.setBoolean(config, false);
        }
```

```
        } catch (Exception e) {
            e.printStackTrace();
        }
    }
```

- listData = cs.getString(0)传参数出去，长按 item 显示上下文菜单，getOverflowMenu() 绘制右上角三点菜单。
- 反射获取其中的方法 sHasPermanentMenuKey()，其作用是报告设备的菜单是否对用户可用，如果不可用可强制可视化。
- menuKeyField != null 强制设置参数，让其重绘三个点。

```
public boolean onCreateOptionsMenu(Menu menu) {
    getMenuInflater().inflate(R.menu.main, menu);
    return true;
}
@Override
public boolean onOptionsItemSelected(MenuItem item) {
    switch (item.getItemId()) {
        case 0:
            return true;
        case R.id.add:
            addMessage();
            return true;
        case R.id.search:
            AlertDialog.Builder localBuilder = new AlertDialog.Builder(this);
            final TableLayout Form = (TableLayout)getLayoutInflater()
                    .inflate( R.layout.alert_layout, null);
            localBuilder.setView(Form);
```

- 填充 menu 的 main.xml 文件；给 action bar 添加条目（右上角三点菜单）。
- 显示由 menu.add()方法增加菜单内容 item。
- final TableLayout Form = (TableLayout)getLayoutInflater().inflate(R.layout.alert_layout, null)设置对话框显示的 View 对象。

```
                    localBuilder.setPositiveButton("查询", new DialogInterface.OnClickListener() {
                        public void onClick(DialogInterface paramAnonymousDialogInterface, int
paramAnonymousInt) {

                            EditText et = (EditText) Form.findViewById(R.id.et1);
                            try {
                                searchData(et.getText().toString());
                            }catch(Exception e){Toast.makeText(MainActivity.this, e.toString(), Toast.
LENGTH_LONG).show();}

                        }
                    });
                    localBuilder.setNegativeButton("取消", new DialogInterface.OnClickListener() {
                        public void onClick(DialogInterface paramAnonymousDialogInterface, int
paramAnonymousInt) {

                        }
                    });
```

```
                                    localBuilder.create().show();
                                    return true;
                            default:
                                    return super.onOptionsItemSelected(item);
                    }
            }
```

- onClick 单击确定键的操作。
- searchData(et.getText().toString())修改数据。
- ContextMenu.ContextMenuInfo menuInfo)加载 xml 中的上下文菜单。
- modifyMessage()修改数据。

```
        public void onCreateContextMenu(ContextMenu menu, View v,
                                        ContextMenu.ContextMenuInfo menuInfo) {
            super.onCreateContextMenu(menu, v, menuInfo);
            MenuInflater menuInflater = getMenuInflater();
            menuInflater.inflate(R.menu.context, menu);
        }
        @Override
        public boolean onContextItemSelected(MenuItem item) {
            switch (item.getItemId()) {
                case R.id.delete:
                    delete();
                    break;
                case R.id.modify:
                    modifyMessage();
                    break;
                default:
                    break;
            }
            return super.onContextItemSelected(item);
        }
        public void modifyMessage() {
            AlertDialog.Builder localBuilder = new AlertDialog.Builder(this);
            final TableLayout Form = (TableLayout)getLayoutInflater()
                    .inflate( R.layout.alert_layout, null);
            localBuilder.setView(Form);
            localBuilder.setPositiveButton("修改", new DialogInterface.OnClickListener() {
                public void onClick(DialogInterface paramAnonymousDialogInterface, int paramAnonymousInt) {
                    EditText et = (EditText) Form.findViewById(R.id.et1);
                    try {
                        modifyData(listData, et.getText().toString());
                    }catch(Exception  e){Toast.makeText(MainActivity.this,  e.toString(),  Toast.LENGTH_
LONG).show();}

                    updateData();
                }
            });
```

- 装载/res/layout/login.xml 界面布局。
- R.layout.alert_layout 设置对话框显示的 View 对象。

- onClick 单击确定键的操作。
- modifyData 修改数据。

```
            localBuilder.setNegativeButton("取消", new DialogInterface.OnClickListener() {
                public void onClick(DialogInterface paramAnonymousDialogInterface, int paramAnonymousInt) {
                }
            });
            localBuilder.create().show();
        }
        public void addMessage() {
            AlertDialog.Builder localBuilder = new AlertDialog.Builder(this);
            final TableLayout Form = (TableLayout)getLayoutInflater()
                    .inflate( R.layout.alert_layout, null);
            localBuilder.setView(Form);
            localBuilder.setPositiveButton("增加", new DialogInterface.OnClickListener() {
                public void onClick(DialogInterface paramAnonymousDialogInterface, int paramAnonymousInt) {
                    EditText et = (EditText) Form.findViewById(R.id.et1);
                    try {
                        addData(et.getText().toString());
                    }catch(Exception e){Toast.makeText(MainActivity.this, e.toString(), Toast.LENGTH_LONG).
show();}
                    updateData();
                }
            });
            localBuilder.setNegativeButton("取消", new DialogInterface.OnClickListener() {
                public void onClick(DialogInterface paramAnonymousDialogInterface, int paramAnonymousInt) {
                }
            });
            localBuilder.create().show();
        }
        public void delete() {
            AlertDialog.Builder localBuilder = new AlertDialog.Builder(this);
            localBuilder.setMessage("你确定要删除这条信息吗？ ");
            localBuilder.setPositiveButton("确定", new DialogInterface.OnClickListener() {
                public void onClick(DialogInterface paramAnonymousDialogInterface, int paramAnonymousInt) {
                    deleteData(listData);
                    updateData();
                }
            });
```

- onClick 单击确定键的操作。
- public void delete()删除方法。
- public void onClick(DialogInterface paramAnonymousDialogInterface, int paramAnonymousInt)
  单击确定键的操作。
- deleteData(listData)删除数据库中的数据。

```
            localBuilder.setNegativeButton("取消", new DialogInterface.OnClickListener() {
                public void onClick(DialogInterface paramAnonymousDialogInterface, int paramAnonymousInt) {
                }
            });
```

```
                localBuilder.create().show();
        }
        public void updateData() {
                SQLiteDatabase data = this.openOrCreateDatabase("testData.db", OPEN_READWRITE, null);
                Cursor cur = data.query("test", new String[]{"data", "_id"}, null, null, null, null, null);
                try {
                        ListAdapter lad = new SimpleCursorAdapter(this, android.R.layout.simple_list_item_2,
cur, new String[]{"data"}, new int[]{android.R.id.text1}, 0);
                        listView.setAdapter(lad);
                } catch (Exception e) {
                        Toast.makeText(MainActivity.this, e.toString(), Toast.LENGTH_LONG).show();
                }
        }
        public void deleteData(String itemData) {
                StringBuffer sb = new StringBuffer();
                sb.append("DELETE FROM test WHERE data=\"");
                sb.append(itemData);
                sb.append("\"");
                SQLiteDatabase data = this.openOrCreateDatabase("testData.db", OPEN_READWRITE, null);
                try {
                        data.execSQL(sb.toString());
                } catch (Exception e) {
                        Toast.makeText(MainActivity.this, e.toString(), Toast.LENGTH_LONG).show();
                }
        }
        public void modifyData(String itemData,String userData) {
                StringBuffer sb = new StringBuffer();
                sb.append("UPDATE test SET data = '");
                sb.append(userData);
                sb.append("' WHERE data = '");
                sb.append(itemData);
                sb.append("'");
                SQLiteDatabase data = this.openOrCreateDatabase("testData.db", OPEN_READWRITE, null);
                try {
                        data.execSQL(sb.toString());
                } catch (Exception e) {
                        Toast.makeText(MainActivity.this, e.toString(), Toast.LENGTH_LONG).show();
                }
        }
        public void addData(String addData){
                StringBuffer sb = new StringBuffer();
                sb.append("INSERT INTO test(data) values('");
                sb.append(addData);
                sb.append("')");
                SQLiteDatabase data = this.openOrCreateDatabase("testData.db", OPEN_READWRITE, null);
                try {
                        data.execSQL(sb.toString());
                } catch (Exception e) {
                        Toast.makeText(MainActivity.this, e.toString(), Toast.LENGTH_LONG).show();
                }
```

```
        }
        public void searchData(String userData){
            ArrayAdapter<String> arrayAdapter =
                    new ArrayAdapter<String>(MainActivity.this,
                            android.R.layout.simple_list_item_1,getData(userData));
            listView.setAdapter(arrayAdapter);
        }
        public List<String> getData(String userData) {
            List<String> list = new ArrayList<String>();
            SQLiteDatabase data = this.openOrCreateDatabase("testData.db", OPEN_READWRITE, null);
            StringBuffer sb = new StringBuffer();
            sb.append("data='");
            sb.append(userData);
            sb.append("' ");
            Cursor cs;
            cs = data.query(true, "test", null, sb.toString(), null, null, null, null, null);
            if(cs.getCount() == 0) Toast.makeText(MainActivity.this, "未找到该数据！", Toast.LENGTH_
LONG).show();
            for (int i = 0; i < cs.getCount(); i++) {
                cs.moveToNext();
                list.add(cs.getString(0));
            }
            cs.close();
            return list;
        }
    }
```

MainActivity 程序代码如下：

```
    public class MainActivity extends AppCompatActivity {
        private ListView listView;
        private String listData;
        protected void onCreate(Bundle savedInstanceState) {
            super.onCreate(savedInstanceState);
            setContentView(R.layout.activity_main);
            getOverflowMenu();
            SQLiteDatabase data = this.openOrCreateDatabase("testData.db", OPEN_READWRITE, null);
            try {
                String SQL_CT = "DROP TABLE test";
                data.execSQL(SQL_CT);
            } catch (Exception e) { }
            try {
                String SQL_CT = "CREATE TABLE test(data TEXT ,_id INTEGER)";
                data.execSQL(SQL_CT);
            } catch (Exception e) {
            }
            try {
                String SQL_Insert = "INSERT INTO test(data) values(\"西瓜\")";
                data.execSQL(SQL_Insert);
                SQL_Insert = "INSERT INTO test(data) values(\"苹果\")";
                data.execSQL(SQL_Insert);
```

```
                        SQL_Insert = "INSERT INTO test(data) values(\"香蕉\")";
                        data.execSQL(SQL_Insert);
                } catch (Exception e) { }
            listView = (ListView) findViewById(R.id.listView1);
            updateData();
            registerForContextMenu(listView);
            listView.setOnItemLongClickListener(new AdapterView.OnItemLongClickListener() {
                public boolean onItemLongClick(AdapterView<?> parent, View view, int position, long id)
                {
                try {
                    Cursor cs = (Cursor) parent.getItemAtPosition(position);
                    listData = cs.getString(0);
                    listView.showContextMenu();
                }catch(Exception  e){Toast.makeText(MainActivity.this,  e.toString(),  Toast.LENGTH_
LONG).show();}
                return true; }                                        });
        }
        private void getOverflowMenu() {
            try {
                ViewConfiguration config = ViewConfiguration.get(this);
Field menuKeyField = ViewConfiguration.class
                            .getDeclaredField("sHasPermanentMenuKey");
if (menuKeyField != null) {
                    menuKeyField.setAccessible(true);
                    menuKeyField.setBoolean(config, false);
                }
            } catch (Exception e) {
                e.printStackTrace();
            }
        }
        public boolean onCreateOptionsMenu(Menu menu) {
            getMenuInflater().inflate(R.menu.main, menu);
            return true;
        }
        @Override
        public boolean onOptionsItemSelected(MenuItem item) {
            switch (item.getItemId()) {
                case 0:
                    return true;
                case R.id.add:
                    addMessage();
                    return true;
                case R.id.search:
                    AlertDialog.Builder localBuilder = new AlertDialog.Builder(this);
                    final TableLayout Form = (TableLayout)getLayoutInflater()
                            .inflate( R.layout.alert_layout, null);
                    localBuilder.setView(Form);
                    localBuilder.setPositiveButton("查询", new DialogInterface.OnClickListener() {
                        public void onClick(DialogInterface paramAnonymousDialogInterface, int
paramAnonymousInt) {
```

```java
                            EditText et = (EditText) Form.findViewById(R.id.et1);
                            try {
                                searchData(et.getText().toString());
                            }catch(Exception    e){Toast.makeText(MainActivity.this,    e.toString(),
Toast.LENGTH_LONG).show();}
                        }
                    });
                    localBuilder.setNegativeButton("取消", new DialogInterface.OnClickListener() {
                        public void onClick(DialogInterface paramAnonymousDialogInterface, int
paramAnonymousInt) {

                        }
                    });
                    localBuilder.create().show();
                    return true;
                default:
                    return super.onOptionsItemSelected(item);
            }
        }
        public void onCreateContextMenu(ContextMenu menu, View v,
                                        ContextMenu.ContextMenuInfo menuInfo) {
            super.onCreateContextMenu(menu, v, menuInfo);
            MenuInflater menuInflater = getMenuInflater();
            menuInflater.inflate(R.menu.context, menu);
        }
        @Override
        public boolean onContextItemSelected(MenuItem item) {
            switch (item.getItemId()) {
                case R.id.delete:
                    delete();
                    break;
                case R.id.modify:
                    modifyMessage();
                    break;
                default:
                    break;
            }
            return super.onContextItemSelected(item);
        }
        public void modifyMessage() {
            AlertDialog.Builder localBuilder = new AlertDialog.Builder(this);
            final TableLayout Form = (TableLayout)getLayoutInflater()
                    .inflate( R.layout.alert_layout, null);
            localBuilder.setView(Form);
            localBuilder.setPositiveButton("修改", new DialogInterface.OnClickListener() {
                public void onClick(DialogInterface paramAnonymousDialogInterface, int param
AnonymousInt) {
                    EditText et = (EditText) Form.findViewById(R.id.et1);
                    try {
                        modifyData(listData, et.getText().toString());
```

```java
                                    }catch(Exception e){Toast.makeText(MainActivity.this, e.toString(), Toast.LENGTH_
LONG).show();}
                                    updateData();
                                }
                            });
                    localBuilder.setNegativeButton("取消", new DialogInterface.OnClickListener() {
                            public void onClick(DialogInterface paramAnonymousDialogInterface, int paramAnonymousInt) {
                                }
                            });
                    localBuilder.create().show();
                }
            public void addMessage() {
                    AlertDialog.Builder localBuilder = new AlertDialog.Builder(this);
                    final TableLayout Form = (TableLayout)getLayoutInflater()
                                .inflate( R.layout.alert_layout, null);
                    localBuilder.setView(Form);
                    localBuilder.setPositiveButton("增加", new DialogInterface.OnClickListener() {
                            public void onClick(DialogInterface paramAnonymousDialogInterface, int paramAnonymousInt) {
                                    EditText et = (EditText) Form.findViewById(R.id.et1);
                                    try {
                                        addData(et.getText().toString());
                                        }catch(Exception e){Toast.makeText(MainActivity.this, e.toString(), Toast.LENGTH_
LONG).show();}
                                    updateData();
                                }
                            });
                    localBuilder.setNegativeButton("取消", new DialogInterface.OnClickListener() {
                            public void onClick(DialogInterface paramAnonymousDialogInterface, int paramAnonymousInt) {
                                }
                            });
                    localBuilder.create().show();
                }
            public void delete() {
                    AlertDialog.Builder localBuilder = new AlertDialog.Builder(this);
                    localBuilder.setMessage("你确定要删除这条信息吗？ ");
                    localBuilder.setPositiveButton("确定", new DialogInterface.OnClickListener() {
                            public       void       onClick(DialogInterface       paramAnonymousDialogInterface,       int
paramAnonymousInt) {
                                    deleteData(listData);
                                    updateData();
                                }
                            });
                    localBuilder.setNegativeButton("取消", new DialogInterface.OnClickListener() {
                            public void onClick(DialogInterface paramAnonymousDialogInterface, int paramAnonymousInt) {
                                }
                            });
                    localBuilder.create().show();
                }
            public void updateData() {
```

```java
                    SQLiteDatabase data = this.openOrCreateDatabase("testData.db", OPEN_READWRITE, null);
                    Cursor cur = data.query("test", new String[]{"data", "_id"}, null, null, null, null, null);
                    try {
                        ListAdapter lad = new SimpleCursorAdapter(this, android.R.layout.simple_list_item_2,
cur, new String[]{"data"}, new int[]{android.R.id.text1}, 0);
                        listView.setAdapter(lad);
                    } catch (Exception e) {
                        Toast.makeText(MainActivity.this, e.toString(), Toast.LENGTH_LONG).show();
                    }
                }
            public void deleteData(String itemData) {
                StringBuffer sb = new StringBuffer();
                sb.append("DELETE FROM test WHERE data=\"");
                sb.append(itemData);
                sb.append("\"");
                SQLiteDatabase data = this.openOrCreateDatabase("testData.db", OPEN_READWRITE, null);
                try {
                    data.execSQL(sb.toString());
                } catch (Exception e) {
                    Toast.makeText(MainActivity.this, e.toString(), Toast.LENGTH_LONG).show();
                }
            }
            public void modifyData(String itemData,String userData) {
                StringBuffer sb = new StringBuffer();
                sb.append("UPDATE test SET data = '");
                sb.append(userData);
                sb.append("' WHERE data = '");
                sb.append(itemData);
                sb.append("'");
                SQLiteDatabase data = this.openOrCreateDatabase("testData.db", OPEN_READWRITE, null);
                try {
                    data.execSQL(sb.toString());
                } catch (Exception e) {
                    Toast.makeText(MainActivity.this, e.toString(), Toast.LENGTH_LONG).show();
                }
            }
            public void addData(String addData){
                StringBuffer sb = new StringBuffer();
                sb.append("INSERT INTO test(data) values('");
                sb.append(addData);
                sb.append("')");
                SQLiteDatabase data = this.openOrCreateDatabase("testData.db", OPEN_READWRITE, null);
                try {
                    data.execSQL(sb.toString());
                } catch (Exception e) {
                    Toast.makeText(MainActivity.this, e.toString(), Toast.LENGTH_LONG).show();
                }
            }
            public void searchData(String userData){
```

```
            ArrayAdapter<String> arrayAdapter =
                    new ArrayAdapter<String>(MainActivity.this,
                            android.R.layout.simple_list_item_1,getData(userData));
            listView.setAdapter(arrayAdapter);
        }
        public List<String> getData(String userData) {
            List<String> list = new ArrayList<String>();
            SQLiteDatabase data = this.openOrCreateDatabase("testData.db", OPEN_READWRITE, null);
            StringBuffer sb = new StringBuffer();
            sb.append("data='");
            sb.append(userData);
            sb.append("' ");
            Cursor cs;
            cs = data.query(true, "test", null, sb.toString(), null, null, null, null, null);
            if(cs.getCount() == 0) Toast.makeText(MainActivity.this, "未找到该数据！", Toast.LENGTH_
LONG).show();

            for (int i = 0; i < cs.getCount(); i++) {
                cs.moveToNext();
                list.add(cs.getString(0));
            }
            cs.close();
            return list;

        }
    }
```

运行结果如图 7-34 和图 7-35 所示。

图 7-34　运行截图 1

图 7-35　运行截图 2

本章小结

本章主要对安卓常用的数据持久化方式进行了详细的讲解，包括文件存储、SharedPreferences 存储以及数据库存储。其中，数据库适用于存储那些复杂的关系型数据。

课后练习

1. 选择题

1）使用 QLite 数据库进行查询后必须要做的操作是（　　）。

　　A．关闭数据库　　　B．直接退出　　　C．关闭 Cursor　　　　D．使用 quit

2）关于适配器的正确说法是（　　）。

　　A．它主要用来存储数据　　　　　C．它主要用来把数据绑定在组件上

　　B．它主要用来存储 XML 数据　　　D．它主要用来解析数据

3）使用 SQLiteOpenHelper 类可以生成一个数据库并可以对数据库版本进行管理的方法是（　　）。

　　A．getDatabase()　　　　　　　　C．getWriteableDatabase()

　　B．getWriteableDatabase()　　　　D．getAbleDatabase()

4）下列命令中，属于 SQLite 下的命令的是（　　）。

　　A．shell　　　　　　B．push　　　　　C．quit　　　　　　　D．keytool

5）下列关于 ListView 使用的描述中，不正确的是（　　）。

　　A．要使用 ListView，必须为该 ListView 使用 Adpater 方式传输数据

　　B．要使用 ListView，该布局文件对应的 Activity 必须继承 ListActivity

　　C．ListView 中每一项的视图布局可以使用内置的布局，也可以使用自定义布局

　　D．ListView 中每一项被选中时，将会处罚 ListView 对象的 ItemClick 事件

2. 简答题

1）简要说明 SQLite 数据库创建的过程。

2）请简述 BaseAdapter 适配器的 4 个抽象方法以及它们的具体作用。

第 8 章　Android 线程

线程或者线程执行本质上就是一串命令（也是程序代码），把它发送给操作系统执行。一般来说，CPU 在任何时候一个核只能处理一个线程。多核处理器（目前大多数 Android 设备已经都是多核），顾名思义，就是可以同时处理多线程（通俗地讲就是可以同时处理多件事）。无论何时启动 App，所有的组件都会运行在一个单独的线程中（默认的）——叫作主线程。这个线程主要用于处理 UI 的操作并为视图组件和小部件分发事件等，因此主线程也被称作 UI 线程。如果你在 UI 线程中运行一个耗时操作，那么 UI 就会被锁住，直到这个耗时操作结束。这也就是为什么要理解 Android 上的线程机制。理解这些机制就可以把一些复杂的工作移动到其他的线程中去执行。如果在 UI 线程中运行一个耗时的任务，那么很有可能会发生 ANR（应用无响应），这样用户就会很快地结束掉 App。Android 和 Java 一样，它支持使用 Java 里面的 Thread 类来进行任务处理。

8.1　Android 线程简介

当一个程序第一次启动的时候，Android 会启动一个 Linux 进程和一个主线程。默认的情况下，所有该程序的组件都将在该进程和线程中运行。同时，Android 会为每个应用程序分配一个单独的 Linux 用户。Android 会尽量保留一个正在运行进程，进程里包含线程，只在内存资源出现不足时，Android 会尝试停止一些进程从而释放足够的资源给其他新的进程使用，也能保证用户正在访问的当前进程有足够的资源去及时地响应用户的事件。Android 会根据进程中运行的组件类别以及组件的状态来判断该进程的重要性，Android 会首先停止那些不重要的进程。按照重要性从高到低，进程一共有五个级别。

（1）前台进程

前台进程是用户当前正在使用的进程。只有一些前台进程可以在任何时候都存在。它们是最后一个被结束的，当内存低到根本连它们都不能运行的时候，一般来说，在这种情况下，设备会进行内存调度，中止一些前台进程来保持对用户交互的响应。

（2）可见进程

可见进程不包含前台的组件，但是会在屏幕上显示一个可见的进程，重要程度很高，除非前台进程需要获取它的资源，不然不会被中止。

（3）服务进程

运行着一个通过 startService()方法启动的 Service，这个 Service 不属于上面提到的两种更高重要性的进程。Service 所在的进程虽然对用户不是直接可见的，但是它们执行了用户非常关注的任务（比如播放 MP3，从网络下载数据）。只要前台进程和可见进程有足够的内存，系统不会回收它们。

（4）后台进程

运行着一个对用户不可见 Activity（调用过 onStop()方法）。这些进程对用户体验没有直接的影响，可以在服务进程、可见进程、前台进程需要内存的时候回收。通常，系统中会有很多不可见进程在运行，它们被保存在 LRU（Least Recently Used）列表中，以便内存不足的时候被第一时间回收。如果一个 Activity 正确地执行了它的生命周期，关闭这个进程对于用户体验没有太大的影响。

（5）空进程

未运行任何程序组件。运行这些进程的唯一原因是作为一个缓存，缩短下次程序需要重新使用的启动时间。系统经常中止这些进程，这样可以调节程序缓存和系统缓存的平衡。

8.2　循环者—消息机制

从根本上来说，Android 系统同 Windows 系统一样，也属于消息驱动型系统。消息驱动型系统会有以下四大要素。

1）接收消息的"消息队列"。

2）阻塞式地从消息队列中接收消息并进行处理的"线程"。

3）可发送的"消息的格式"。

4）消息发送函数。

Android 系统与之对应的实现就是（MessageQueue,Looper,Handler）。

8.2.1　Message 和 Handler 简介

Message 与 Handler 共同构建起了 Android 的消息处理模块，经常被用于更新主线程（界面）。

Message 是在线程之间传递的消息，它可以在内部携带少量的信息，用于在不同线程之间交换数据。除了 what 字段，还可以用 arge1 和 arg2 字段来携带一些整型数据，使用 obj 字段携带一个 Object 对象。

Handler 顾名思义就是处理者的意思，它主要用于发送和处理消息。发送消息一般使用 Handler 的 sendMessage()方法，而发出的消息经过一系列的辗转处理后，最终会传递到 Handler 的 handleMessage()方法中。

1．Message 类介绍

Message 是个包含一些数据的，并且能发送到 Handler 的对象。

定义一个 Message 包含描述信息和任意的数据对象发送给 Handler。这个对象包含两个额外的 int 类型的属性和一个 Object 类型的属性，因此不需要用户去做一些强制类型的转换操作。常见类如表 8-1 所示。

表 8-1　Message 类的属性结构

属　　性	说　　明
public int arg1	如果只需要存储一些整数值，那么 arg1 和 arg2 是使用 setData()的低成本替代方法
public int arg2	如果只需要存储一些整数值，那么 arg1 和 arg2 是使用 setData()的低成本替代方法
public Object obj	要发送到收件人的任意对象

属 性	说 明
public Messenger replyTo	可选的 Messenger，可以发送对此消息的回复。如何使用语义取决于发送者和接收者
public int what	用户定义的消息代码，以便接收者（Handler）可以识别这个消息是关于什么的。每个处理程序（Handle）都有自己的消息代码名称空间，因此不必担心与其他处理程序（Handler）发生冲突

【补充说明】

1）arg1 和 arg2 都是 Message 自带的用来传递一些轻量级存储 int 类型的数据，比如进度条的数据等。通过 Bundle 的方式来转载的，读者可以自己查阅源代码研究。

2）obj 是 Message 自带的 Object 类型对象，用来传递一些对象。Object 可适配任何类型数据，避免了数据类型转换。

3）replyTo 在线程通信的时候使用。

4）what 用户自定义的消息码让接收者识别消息种类，int 类型。

📖 获得 Message 的构造方法最好的方式是调用 Message.obtain()和 Handler.obtainMessage()方法，以便能够更好地被回收池回收，而不是直接用 new Message 的方式来获得 Message 对象。

2. Handler 类介绍

Handler 的主要作用：在非主线程任务执行完成后，返回结果通过 Handler 与主线程接触（可能是显示结果之类的）。

Handler 有两种工作方式，一种是执行 Runnable 对象（执行时间可操控），另一种是发送来自不同线程的 Message 对象并执行对应操作。Runnable 以及 Message 将会进入 Handler 的信息队列然后在指定的时间完成处理。

📖 其中执行 Runnable 对象的方法名都是带有*post 字样的,而发送 Message 对象的方法名都是带有 sendMessage*字样的。

一个 Handler 会允许你发送和处理 Message，可以将 Runnable 对象关联到一个线程的消息队列 MessageQueue 中，每一个 Handler 的实例都会关联到一个单一的线程或者一个线程的消息队列中。当你创建一个新的 Handler，它会绑定到你创建的线程和这个线程消息队列中，它会让消息传递到关联好它的消息队列中，当它从消息队列出队的时候执行它。

对于 Handler 来说有两种主要的方式：

1）Message 和 Runnable 在某一个时间点来执行它。

2）从一个不同的线程中执行 Handler 的入队操作。

分发消息由表 8-2 所示的方法完成。

表 8-2 分发消息的方法

方 法	说 明
post(Runnable r)	使 Runnable r 被添加到消息队列
postAtTime(Runnable r, long uptimeMillis)	使 Runnable r 添加到消息队列中，在 uptimeMillis 给出的特定时间运行
postDelayed(Runnable r, long delayMillis)	使 Runnable r 添加到消息队列中，并在经过特定时间量后运行
sendEmptyMessage(int what)	发送空消息
sendMessage(Message msg)	立即发送消息
sendMessageAtTime(Message msg, long atTime)	在某个时间点发送消息
sendMessageDelayed(Message msg, long delayMillis)	在当前时间点延迟一段时间发送消息

post 方式的方法可以将一个 Runable 对象排列到消息队列中。sendMessage 方法可以通过 Handler 的 handleMessage(Message)方法携带有 bundle 类型数据的 Message。你可以通过上述两种方式构造 Handler，可以允许你的消息在消息队列中准备好等待被处理，也可以处理之前指定一些延时，让你实现超时或者基于某段时间的行为。

当你的应用程序的进程被创建的时候，它的主线程专门用来处理正常运行的主线程的消息队列（也就是说 UI 主线程有自己的消息队列，所以没必要在 UI 主线程中处理自己的消息），主线程关心的是顶层的应用对象（Activities, BroadcastReceivers 等）和它们创建的窗口。当然，你可以创建自己的线程，然后通过 Handler 与主线程沟通。就像上述说的通过 post 和 sendMessage 的方式，Runnable 和 Message 会被计划在 Handler 的消息队列中执行。

【例 8-1】 通过点击按钮实现 Handler 通信

MainActivity.java 类：

```java
public class MainActivity extends AppCompatActivity implements OnClickListener {
    public static final int UPDATE_TEXT = 1;
    private TextView text;
    private Button changeText;
    @SuppressLint("HandlerLeak")
    private Handler handler = new Handler() {
        public void handleMessage(Message msg) {
            switch (msg.what) {
                case UPDATE_TEXT:
                    String string = (String) msg.obj;
                    text.setText(string);
                    break;
                default:
                    break;
            }
        }
    };
    @Override
    protected void onCreate(Bundle savedInstanceState) {
        super.onCreate(savedInstanceState);
        setContentView(R.layout.activity_main);
        text = (TextView) findViewById(R.id.text);
        changeText = (Button) findViewById(R.id.change_text);
        changeText.setOnClickListener(this);
    }
    @Override
    public void onClick(View v) {
        switch (v.getId()) {
            case R.id.change_text:
                new Thread(new Runnable() {
                    @Override
                    public void run() {
                        String string="Nice to meet you";
                        Message message = new Message();
                        message.what = UPDATE_TEXT;
                        message.obj=string;
                        handler.sendMessage(message);
```

```
                        }
                }).start();
                break;
            default:
                break;
            }
        }
    }
}
```

activity_main.xml 布局文件：

```xml
<?xml version="1.0" encoding="utf-8"?>
<RelativeLayout xmlns:android="http://schemas.android.com/apk/res/android"
    xmlns:app="http://schemas.android.com/apk/res-auto"
    xmlns:tools="http://schemas.android.com/tools"
    android:layout_width="match_parent"
    android:layout_height="match_parent"
    tools:context=".MainActivity">
        <Button
            android:id="@+id/change_text"
            android:layout_width="match_parent"
            android:layout_height="wrap_content"
            android:text="Change Text"
            android:textAllCaps="false"/>
        <TextView
            android:id="@+id/text"
            android:layout_width="wrap_content"
            android:layout_height="wrap_content"
            android:layout_centerInParent="true"
            android:text="Hello world"
            android:textSize="20sp" />
</RelativeLayout>
```

运行结果如图 8-1 和如图 8-2 所示。

图 8-1　运行结果 1

图 8-2　运行结果 2

【程序说明】

- 定义 UPDATE_TEXT 这个整型常量，用于表示更新 TextView 这个动作。
- 接下来创建一个 Handler。
- 通过 switch 语句可以进行 UI 操作。

new Thread(new Runnable() {}).start()创建线程。同时创建一个 message，设置 what 字段的值为 UPDATE_TEXT，主要是为了区分不同的 message，设置 message.obj 的内容，调用 Handler 的 message 对象，handler 中的 handlermessage 对象是在主线程中运行的。

8.2.2　MessageQueue 和 Looper 简介

1. MessageQueue 类

MessageQueue 类是包装消息队列。有多个版本的消息队列，并使用 MessageQueue 类可能会导致略有不同的行为，具体取决于操作系统的使用。每个版本的消息队列的特定功能的信息，请参阅 MSDN 中的平台 SDK 中的"什么是消息队列中的新增功能"主题。

MessageQueue 类是"消息队列"周围的包装。MessageQueue 类提供对"消息队列"队列的引用。可以在 MessageQueue 构造函数中指定一个连接到现有资源的路径，或者可在服务器上创建新队列。在调用 Send、Peek 或 Receive 之前，必须将 MessageQueue 类的新实例与某个现有队列关联。

MessageQueue 支持两种类型的消息检索：同步和异步。同步的 Peek 和 Receive 方法使进程线程用指定的间隔时间等待新消息到达队列。异步的 BeginPeek 和 BeginReceive 方法允许主应用程序任务在消息到达队列之前，在单独的线程中继续执行。这些方法通过使用回调对象和状态对象进行工作，以便在线程之间进行信息通信。

当用户创建新的实例 MessageQueue 类时，不会创建一个新的消息队列。相反，可以使用 Create(String)、Delete(String)和 Purge 方法，用于管理服务器上的队列。

MessageQueue 类的构造函数如表 8-3 所示。

表 8-3　MessageQueue 类的构造函数

方　　法	说　　明
MessageQueue(String)	初始化 MessageQueue 类的新实例，该实例引用指定路径处的"消息队列"队列
MessageQueue(String, Boolean)	初始化 MessageQueue 类的新实例，该实例引用位于指定路径处而且具有指定读访问限制的"消息队列"队列
MessageQueue(String, Boolean, Boolean)	初始化 MessageQueue 类的新实例
MessageQueue(String,Boolean,Boolean, QueueAccessMode)	初始化 MessageQueue 类的新实例
MessageQueue(String, QueueAccessMode)	初始化 MessageQueue 类的新实例

2. Looper 类

Looper 通常运行在一个消息的循环队列当中，线程在默认的情况下，不会给用户提供一个消息循环去管理消息队列。如果想管理消息队列，需要在线程当中调用 Looper.prepare()方法使消息循环初始化，并且调用 Looper.loop()使消息循环一直处于运行状态，直到停止循环。所以，Looper 主要就是完成 MessageQueue 与 Handler 进行交互的功能。

在 Activity 中的 UI 主线程中，无须使用显式的方式进行 Looper 的初始化以及开始循环，是因为 Activity 内部包含一个 Looper 对象，它会自动管理 Looper，处理子线程中发送过来的消息。而初始化 Handler 的时候，在 Handler 的构造函数中，会把当前线程的 Looper 与 Handler 关联，所以在 Activity 中，无须显式使用 Looper。下面通过一个例子讲解在 Activity 中工作线程如何给主线程发送消息。

【例 8-2】 Looper 工作线程给主线程发送消息

MainActivity.java 类：

```java
public class MainActivity extends AppCompatActivity {
    private Button btnSendToWorkUI;
    private Handler handler;
    @Override
    protected void onCreate(Bundle savedInstanceState) {
        super.onCreate(savedInstanceState);
        setContentView(R.layout.activity_main);
        new Thread(new Runnable() {
            @Override
            public void run() {
                Looper.prepare();
                handler=new Handler(){
                    @Override
                    public void handleMessage(Message msg) {
                        super.handleMessage(msg);
                        Log.i("main", "what="+msg.what+","+msg.obj);
                        Toast.makeText(MainActivity.this, "what="+msg.what+","+msg.obj,
                            Toast.LENGTH_SHORT).show();
                    }
                };
                Looper.loop();
            }
        }).start();
        btnSendToWorkUI=(Button)findViewById(R.id.btnSendToWorkUI);
        btnSendToWorkUI.setOnClickListener(new View.OnClickListener() {
            @Override
            public void onClick(View v) {
                Message msg=Message.obtain();
                msg.what=1;
                msg.obj="向子线程中发送消息！";
                handler.sendMessage(msg);
            }
        });
    }
}
```

activity_main.xml 布局文件：

```xml
<?xml version="1.0" encoding="utf-8"?>
<LinearLayout xmlns:android="http://schemas.android.com/apk/res/android"
    xmlns:app="http://schemas.android.com/apk/res-auto"
    xmlns:tools="http://schemas.android.com/tools"
    android:layout_width="match_parent"
```

```
            android:layout_height="match_parent"
            tools:context=".MainActivity">
            <Button
                android:layout_width="match_parent"
                android:layout_height="wrap_content"
                android:gravity="center_horizontal"
                android:id="@+id/btnSendToWorkUI"
                android:text="从主线程向工作线程发送消息"/>
        </LinearLayout>
```

运行结果如图 8-3 和图 8-4 所示。

图 8-3　运行结果 1

图 8-4　运行结果 2

【程序说明】

- new Thread(new Runnable(){})在 UI 线程中开启一个子线程。
- Looper.prepare();在子线程中初始化一个 Looper 对象。
- Looper.loop();把刚才初始化的 Looper 对象运行起来，循环消息队列的消息。
- onClick 方法是运行在 UI 线程上的。
- handler.sendMessage(msg);向子线程中发送消息。

8.2.3　循环者—消息机制案例

【例 8-3】　handler 发送消息

```
        E:\AndroidStudioProjects\messageTotalDemo\app\src\main\java\com\example\messagetotaldemo\Main
Activity.java
        public class MainActivity extends AppCompatActivity {
            private static final int HANDLER_TEST_VALUE = 0X10;
            private Handler handler;
            private TextView test_tv;
```

```java
    @Override
    protected void onCreate(Bundle savedInstanceState) {
        super.onCreate(savedInstanceState);
        setContentView(R.layout.activity_main);
        test_tv = (TextView) findViewById(R.id.test_tv);
        //first method
        handler = new Handler() {
            @Override
            public void handleMessage(Message msg) {
                switch (msg.what) {
                    case HANDLER_TEST_VALUE:
                        test_tv.setText("我是第一个方法：谁说的？I'm a programmer！！！");
                        break;
                }
            }
        };
        //another method
        handler = new Handler();
        handler.post(new Runnable() {
            @Override
            public void run() {
                test_tv.setText("我是第二个方法：谁说的？I'm a programmer！！！");
            }
        });
        new Thread("Thread#2") {
            @Override
            public void run() {
                super.run();
                handler.sendEmptyMessage(HANDLER_TEST_VALUE);
                handler.sendMessage(new Message());
            }
        }.start();
    }
}
```

E:\AndroidStudioProjects\messageTotalDemo\app\src\main\res\layout\activity_main.xml

```xml
<?xml version="1.0" encoding="utf-8"?>
<LinearLayout xmlns:android="http://schemas.android.com/apk/res/android"
    xmlns:app="http://schemas.android.com/apk/res-auto"
    xmlns:tools="http://schemas.android.com/tools"
    android:layout_width="match_parent"
    android:layout_height="match_parent"
    tools:context=".MainActivity">
    <TextView
        android:id="@+id/test_tv"
        android:layout_width="wrap_content"
        android:layout_height="wrap_content"
        android:layout_below="@+id/toolbar"
        android:layout_margin="20dp"
        android:text="Hello World!"
        tools:ignore="UnknownId" />
</LinearLayout>
```

运行结果如图 8-5 所示。

【程序说明】
- 在 activity_main.xml 文件中定义一个 TextView 将 id 设置为 test_tv。
- 在 MainActivity.java 文件的主类中定义两个私有变量 handler 和 test_tv。
- 通过 Thread#2 发送了一条消息，在 UI 线程中进行接收。
- 代码中写了两种接收方式，可以自行注释掉某一种进行演示。
- 最后通过这个实例发现这两种方式都是可以被回调执行的，通过执行我们可以看到 textView 的显示发生了相应的变化，完成了 handler 消息传递的全过程。

图 8-5　运行结果

8.3　Android 其他创建多线程的方法

Java 提供了线程类 Thread 来创建多线程的程序。其实，创建线程与创建普通类的对象的操作是一样的，而线程就是 Thread 类或其子类的实例对象。每个 Thread 对象描述了一个单独的线程。

8.3.1　线程创建的两种方法

1. 通过继承 Thread 类本身

1）需要从 Java.lang.Thread 类派生一个新的线程类，重载它的 run()方法。

```
class MyThread extends Thread { public void run() { } }
```

2）启动线程：

```
MyThread myThread = new MyThread ();new MyThread().start();
```

2. 实现 Runnable 接口

1）实现 Runnable 接口，重载 Runnable 接口中的 run()方法。然后可以分配该类的实例，在创建 Thread 时作为一个参数来传递并启动。

```
class runnable implements Runnable { public void run() { ... } }
```

2）启动线程：

```
MyRunnable runnable = new MyRunnable();new Thread(runnable).start();
```

【例 8-4】　线程创建

假设一个影院有三个售票口，分别用于向儿童、成人和老人售票。影院为每个窗口放有 100 张电影票，分别是儿童票、成人票和老人票。三个窗口需要同时卖票，而现在只有一个售票员，这个售票员就相当于一个 CPU，三个窗口就相当于三个线程。通过程序来看一看是如何创建这三个线程的。

```java
public class MutliThreadDemo {
    public static void main(String[] args) {
        MutliThread m1=new MutliThread("Window 1");
        MutliThread m2=new MutliThread("Window 2");
        MutliThread m3=new MutliThread("Window 3");
        m1.start();
        m2.start();
        m3.start();
    }
}
public class MutliThread extends Thread {
    private int ticket=100;//每个线程都拥有 100 张票
    public MutliThread (){}
    public MutliThread (String name){
        super(name);
    }
    public void run() {
        while(ticket>0){
            System.out.println(ticket--+" is saled by "+Thread.currentThread().getName());
        }
    }
}
```

程序运行结果如图 8-6 所示。

【程序说明】

● 程序中定义一个线程类，它扩展了 Thread 类。利用扩展的线程类在 MutliThreadDemo 类的主方法中创建了三个线程对象，并通过 start()方法分别将它们启动。

● 从结果可以看到，每个线程分别对应 100 张电影票，之间并无任何关系，这就说明每个线程之间是平等的，没有优先级关系，因此都有机会得到CPU 的处理。但是结果显示这三个线程并不是依次交替执行，而是在三个线程同时被执行的情况下，有的线程被分配时间片的机会多，票被提前卖完，而有的线程被分配时间片的机会比较少，票迟一些卖完。

下面是线程创建的示例。

【例 8-5】 线程创建

```
<terminated> MutliThreadDemo [Java Application] C:\Pr
100 is saled by Window 2
100 is saled by Window 1
99 is saled by Window 1
100 is saled by Window 3
98 is saled by Window 1
99 is saled by Window 2
97 is saled by Window 1
99 is saled by Window 3
96 is saled by Window 1
98 is saled by Window 2
95 is saled by Window 1
98 is saled by Window 3
94 is saled by Window 1
97 is saled by Window 2
93 is saled by Window 1
97 is saled by Window 3
92 is saled by Window 1
96 is saled by Window 2
91 is saled by Window 1
96 is saled by Window 3
90 is saled by Window 1
95 is saled by Window 2
94 is saled by Window 2
93 is saled by Window 2
92 is saled by Window 2
91 is saled by Window 2
90 is saled by Window 2
89 is saled by Window 2
88 is saled by Window 2
87 is saled by Window 2
86 is saled by Window 2
85 is saled by Window 2
89 is saled by Window 1
95 is saled by Window 3
88 is saled by Window 2
84 is saled by Window 2
```

图 8-6　线程创建运行结果

```java
public class MutliThreadDemo {
    public static void main(String[] args) {
        MutliThread m1=new MutliThread("Window 1");
        MutliThread m2=new MutliThread("Window 2");
        MutliThread m3=new MutliThread("Window 3");
```

```
            Thread t1=new Thread(m1);
            Thread t2=new Thread(m2);
            Thread t3=new Thread(m3);
            t1.start();
            t2.start();
            t3.start();
        }
    }
    public class MutliThread implements Runnable{
        private int ticket=100;//每个线程都拥有 100 张票
        private String name;
        MutliThread(String name){
            this.name=name;
        }
        public void run(){
            while(ticket>0){
                System.out.println(ticket--+" is saled by "+name);
            }
        }
    }
```

程序运行结果如图 8-7 所示。

【程序说明】

```
<terminated> MutliThreadDemo [Java Application] C:\Program Files\
100 is saled by Window 2
100 is saled by Window 3
99 is saled by Window 3
98 is saled by Window 3
97 is saled by Window 3
100 is saled by Window 1
96 is saled by Window 3
99 is saled by Window 2
95 is saled by Window 3
99 is saled by Window 1
94 is saled by Window 3
98 is saled by Window 2
93 is saled by Window 3
98 is saled by Window 1
92 is saled by Window 3
97 is saled by Window 2
91 is saled by Window 3
97 is saled by Window 1
90 is saled by Window 3
96 is saled by Window 2
89 is saled by Window 3
96 is saled by Window 1
88 is saled by Window 3
95 is saled by Window 2
87 is saled by Window 3
95 is saled by Window 1
86 is saled by Window 3
94 is saled by Window 2
85 is saled by Window 3
94 is saled by Window 1
84 is saled by Window 3
93 is saled by Window 2
83 is saled by Window 3
93 is saled by Window 1
82 is saled by Window 3
92 is saled by Window 2
81 is saled by Window 3
92 is saled by Window 1
```

- 由于这三个线程也是彼此独立，各自拥有自己的资源，即 100 张电影票，因此程序输出的结果和例 8-4 的结果大同小异，均是各自线程对自己的 100 张票进行单独的处理，互不影响。

- 可见，只要现实的情况要求保证新建线程彼此相互独立，各自拥有资源，且互不干扰，采用哪个方式来创建多线程都是可以的。因为这两种方式创建的多线程程序能够实现相同的功能。

3．两种方式的比较

- 继承 Thread 类实现多线程，要求放入多线程中的类不能继承其他类（Java 的单继承特性），尽量使用 Runnable 接口来实现多线程（由于接口可被多个类实现，不受 Java 单父类限制）。

图 8-7 创建线程运行结果

- 一个实现 Runnable 接口的类可以放在多个线程中执行，多个线程可以去执行同一资源；而继承 Thread 只能实现多个线程分别去处理自己的资源（通过 Runnable 创建的多个线程可以由编程人员传入同一个 Runnable 对象，即执行同一个 run 方法，而通过 Thread 创建的多线程运行的都是自己的 run 方法）。

8.3.2 线程操作方式

当启动一个 App 时，Android系统会启动一个Linux Process，该 Process 包含一个 Thread，称为 UI Thread 或 Main Thread。通常一个应用的所有组件都运行在这一个 Process 中，当然，开发者可以通过修改四大组件在 Manifest.xml 中的代码块()中的 android:process 属性指定其运行在不同的 Process 中。当一个组件在启动的时候，如果该 Process 已经存在了，那么该组件就直接通过这个 Process 被启动起来，并且运行在这个 Process 的 UI Thread 中。

而开发者编写的代码则是穿插在这些逻辑中间，比如对用户触摸事件的检测和响应，对用户输入的处理，自定义 View 的绘制等。如果开发者插入的代码比较耗时，如网络请求或数据库读取，就会阻塞 UI 线程其他逻辑的执行，从而导致界面卡顿。如果卡顿时间超过 5 秒，系统就会报 ANR 错误。所以，如果要执行耗时的操作，需要另起线程执行。

在新线程执行完耗时的逻辑后，往往需要将结果反馈给界面，进行 UI 更新。Android 的 UI toolkit 不是线程安全的，不能在非 UI 线程进行 UI 的更新，所有对界面的更新必须在 UI 线程进行。

Android 提供了四种常用的操作多线程的方式，下面分别对四种方式进行介绍。

（1）Handler+Thread

Android 主线程包含一个消息队列（MessageQueue），该消息队列里面可以存入一系列的 Message 或 Runnable 对象。通过一个 Handler，你可以往这个消息队列发送 Message 或者 Runnable 对象，并且处理这些对象。每次你新创建一个 Handle 对象，它会绑定于创建它的线程（也就是 UI 线程）以及该线程的消息队列，从这时起，这个 Handler 就会开始把 Message 或 Runnable 对象传递到消息队列中，并在它们出队列的时候执行它们。

（2）AsyncTask

AsyncTask 是 Android 提供的轻量级的异步类，可以直接继承 AsyncTask，在类中实现异步操作，并提供接口反馈当前异步执行的程度（可以通过接口实现 UI 进度更新），最后反馈执行的结果给 UI 主线程。

AsyncTask 通过一个阻塞队列 BlockingQuery 存储待执行的任务，利用静态线程池 THREAD_POOL_EXECUTOR 提供一定数量的线程，默认 128 个。在 Android 3.0 以前，默认采取的是并行任务执行器，3.0 以后改成了默认采用串行任务执行器，通过静态串行任务执行器 SERIAL_EXECUTOR 控制任务串行执行，循环取出任务交给 THREAD_POOL_ EXECUTOR 中的线程执行，执行完一个，再执行下一个。

（3）ThreadPoolExecutor

ThreadPoolExecutor 提供了一组线程池，可以管理多个线程并行执行。这样一方面减少了每个并行任务独自建立线程的开销，另一方面可以管理多个并发线程的公共资源，从而提高了多线程的效率。所以 ThreadPoolExecutor 比较适合一组任务的执行。Executors 利用工厂模式对 ThreadPoolExecutor 进行了封装，使用起来更加方便。

（4）IntentService

IntentService 继承自 Service，是一个经过包装的轻量级的 Service，用来接收并处理通过 Intent 传递的异步请求。客户端通过调用 startService(Intent)启动一个 IntentService，利用一个 work 线程依次处理顺序过来的请求，处理完成后自动结束 Service。

8.3.3 线程实现

1. 多线程的三种实现方式

1）继承 Thread 类，重写 run 函数方法。

2）实现 Runnable 接口，重写 run 函数方法。

3）实现 Callable 接口，重写 call 函数方法，ExecutorService、Callable、Future 实现有返回结果的多线程。

Callable 和 Runnable 的不同之处如下：

● Callable 规定的方法是 call()，而 Runnable 规定的方法是 run()。

● Callable 的任务执行后可返回值，而 Runnable 的任务是不能返回值的。

● call()方法可抛出异常，而 run()方法是不能抛出异常的。

● 运行 Callable 任务可拿到一个 Future 对象，Future 表示异步计算的结果。通过 Future 对象可了解任务执行情况，可取消任务的执行。

2．停止线程

创建一个标识（flag），当线程完成用户所需要的工作后，可以将标识设置为退出标识，使用 Thread 的 interrupt()方法和 interrupted()方法，两者配合 break 退出循环，或者 return 来停止线程，有点类似标识（flag），可以使用 try-catch 语句，在 try-catch 语句中抛出异常，强行停止线程进入 catch 语句，这种方法可以将错误向上抛，使线程停止事件得以传播。

3．线程状态和相关方法

线程状态图如图 8-8 所示。

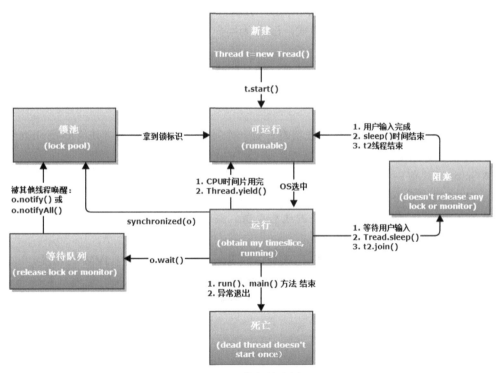

图 8-8　线程状态图

● 可运行（runnable）：线程对象创建后，线程调用 start()方法。该状态的线程位于可运行线程池中，等待被线程调度选中，获取 CPU 的使用权。

● 运行（running）：可运行状态（runnable）的线程获得了 CPU 使用权，执行程序代码。

- 阻塞（block）：线程因为某种原因放弃了 CPU 使用权，即让出了 CPU 使用权，暂时停止运行，直到线程进入可运行（runnable）状态，才有机会再次获得 CPU 使用权转到运行（running）状态。

阻塞的情况分为以下三种。

- 等待阻塞：运行（running）的线程执行 o.wait()方法，JVM 会把该线程放入等待队列（waitting queue）中。
- 同步阻塞：运行（running）的线程在获取对象的同步锁时，若该同步锁被别的线程占用，则 JVM 会把该线程放入锁池（lock pool）中。
- 其他阻塞：运行（running）的线程执行 Thread.sleep(long ms)或 t.join()方法，或者发出了 I/O 请求时，JVM 会把该线程置为阻塞状态。当 sleep()状态超时、join()等待线程终止或超时，或者 I/O 处理完毕时，线程重新转入可运行（runnable）状态。

4. sleep 和 wait 的区别

sleep()是 Thread 类的方法，wait()是 Object 类中的方法。

调用 sleep()，在指定的时间里，暂停程序的执行，让出 CPU 给其他线程，当超过时间的限制后，又重新恢复到运行状态，在这个过程中，线程不会释放对象锁；调用 wait()时，线程会释放对象锁，进入此对象的等待锁池中，只有此对象调用 notify()时，线程进入运行状态。

5. 守护线程

守护线程指为其他线程的运行提供服务的线程，可通过 setDaemon(boolean on)方法设置线程的 Daemon 模式，true 为守护模式，false 为用户模式。

6. 方法介绍

- wait()：使一个线程处于等待状态，并且释放所有持有对象的 lock 锁，直到 notify()/notifyAll()被唤醒后放到锁定池（lock blocked pool），释放同步锁使线程回到可运行状态（Runnable）。
- sleep()：使一个线程处于睡眠状态，是一个静态方法，调用此方法要捕捉 Interrupted 异常，醒来后进入 runnable 状态，等待 JVM 调度。
- notify()：使一个等待状态的线程唤醒，注意并不能确切唤醒等待状态线程，是由 JVM 决定且不按优先级。
- notifyAll()：使所有等待状态的线程唤醒，注意并不是给所有线程上锁，而是让它们竞争。
- join()：使一个线程中断，IO 完成会回到 Runnable 状态，等待 JVM 的调度。
- Synchronized()：使 Running 状态的线程加同步锁使其进入锁定池（lock blocked pool），同步锁被释放进入可运行状态（Runnable）。

7. 如何实现线程的同步

（1）Synchronized 方法

当用此关键字修饰方法时，内置锁会保护整个方法。在调用该方法前，需要获得内置锁，否则就处于阻塞状态。

注：synchronized 关键字也可以修饰静态方法，此时如果调用该静态方法，将会锁住整个类。

同步方法：给一个方法增加 synchronized 修饰符之后就可以使它成为同步方法，这个方法可以是静态方法和非静态方法，但不能是抽象类的抽象方法，也不能是接口中的接口方法。当任意一个线程进入一个对象的任意一个同步方法时，这个对象的所有同步方法都被锁定了，在此期间，其他任何线程都不能访问这个对象的任意一个同步方法，直到这个线程执行完它所调用的同步方法并从中退出，从而导致它释放了该对象的同步锁之后。在一个对象被某个线程锁定之后，其他线程是可以访问这个对象的所有非同步方法的。

同步块：同步块是通过锁定一个指定的对象，来对同步块中包含的代码进行同步；而同步方法是对这个方法块里的代码进行同步，这种情况下锁定的对象就是同步方法所属的主体对象自身。如果这个方法是静态同步方法呢？那么线程锁定的就不是这个类的对象了，也不是这个类自身，而是这个类对应的 java.lang.Class 类型的对象。同步方法和同步块之间的相互制约只限于同一个对象之间，所以静态同步方法只受它所属类的其他静态同步方法的制约，而跟这个类的实例（对象）没有关系。

如果一个对象既有同步方法，又有同步块，那么当其中任意一个同步方法或者同步块被某个线程执行时，这个对象就被锁定了，其他线程无法在此时访问这个对象的同步方法，也不能执行同步块。synchronized 关键字用于保护共享数据。

（2）使用特殊域变量（volatile）实现线程同步

volatile 关键字为域变量的访问提供了一种免锁机制，相当于告诉虚拟机该域可能会被其他线程更新，因此每次使用该域就要重新计算，而不是使用寄存器中的值，不能用来修饰 final 类型的变量，使用重入锁 ReentrantLock 类实现线程同步。

ReentrantLock 类是可重入、互斥、实现了 Lock 接口的锁。其方法如下。

1）ReentrantLock()：创建一个 ReentrantLock 实例。

2）lock()：获得锁方法。

3）unlock()：释放锁方法，通常在 finally 代码释放锁。

（3）使用阻塞队列 LinkedBlockingQueue 实现线程同步

LinkedBlockingQueue 是一个基于已连接节点的，范围任意的 blocking queue。队列是先进先出的顺序（FIFO）。

LinkedBlockingQueue 类常用方法如下。

1）LinkedBlockingQueue()：创建一个容量为 Integer.MAX_VALUE 的 LinkedBlockingQueue。

2）put(E e)：在队尾添加一个元素，如果队列满则阻塞。

3）size()：返回队列中的元素个数。

4）take()：移除并返回队头元素，如果队列空则阻塞。

代码实例：实现商家生产商品和买卖商品的同步。

当队列满时：

    add()方法会抛出异常；

    offer()方法返回 false；

    put()方法会阻塞。

（4）使用原子变量 AtomicXxx 实现线程同步

Xxx 可以是 String、Integer 等。

原子操作就是指将读取变量值、修改变量值、保存变量值看成一个整体来操作，即这几种行为要么同时完成，要么都不完成。

AtomicInteger 类常用方法如下。

1）AtomicInteger(int initialValue)：创建具有给定初始值的新的 AtomicInteger。

2）addAddGet(int dalta)：以原子方式将给定值与当前值相加。

3）get()：获取当前值。

原子操作主要有：对于引用变量和大多数原始变量（long 和 double 除外）的读写操作；对于所有使用 volatile 修饰的变量（包括 long 和 double）的读写操作。

实例 8-1：Service 实现点击按钮后与后台进行交互

Android 平台在设计的过程中充分考虑到了需要隐藏窗口和具有后台运行的能力，Android 平台后台运行任务用的是 Service，而后台的 Service 可以通过 BroadcastReceiver 来响应其他组件发送的 BroadcastIntent，从而达到实现前台 Activity 与后台 Service 的交互。Service 的生命周期回调的方法主要有：onCreate()、onStart()、onDestory()、onBind()、onUnbind()，以及 onRebind()。

本实例通过 Service 实现点击按钮后与后台进行交互。

activity_main.xml：

```xml
<?xml version="1.0" encoding="utf-8"?>
<LinearLayout xmlns:android="http://schemas.android.com/apk/res/android"
    android:layout_width="fill_parent"
    android:layout_height="fill_parent"
    android:orientation="vertical">
    <TextView
        android:id="@+id/textview01"
        android:layout_width="fill_parent"
        android:layout_height="wrap_content"
        android:text="进入后台交互"
        android:layout_gravity="center"
        android:textSize="20dip"
        android:singleLine="true"/>
    <Button
        android:text="点击开始"
        android:id="@+id/Button01"
        android:layout_width="fill_parent"
        android:layout_height="wrap_content">
    </Button>
</LinearLayout>
```

TextView 中设置了文本的 ID、宽度、高度、显示的文字、所占位置，以及是否为单行。Button 中对按钮的属性进行配置，声明了按钮的 ID、大小、以及名称。

SampleActivity.java：

```java
public class SampleActivity extends Activity {
    static TextView tv;
    static Button button;
    @Override
```

```java
public void onCreate(Bundle savedInstancestate) {          //重写的 onCreate()方法
    super.onCreate(savedInstancestate);
    setContentView(R.layout.activity_main);                //跳转界面
    button=(Button)findViewById(R.id.Button01);
    tv=(TextView)findViewById(R.id.textview01);            //获得对象
    button.setOnClickListener(
            new View.OnClickListener() {                   //设置监听
        @Override
        public void onClick (View v){
            Intent intent = new Intent(SampleActivity.this, MyService.class);
            startService(intent);
        }}
    );
}

@Override
public boolean onKeyDown (int KeyCode,KeyEvent event) { //重写的方法
    if (KeyCode==4) {
        System.exit(0);
    }
    return true;
}}
```

该类继承自 Activity，重写了 onCreate()方法。在该方法中主要是对 Button 按钮设置监听，点击该按钮后，创建 Intent 对象并开启 Service。

onKeyDown()为重写的按键监听的方法，如果点击的是返回键，则调用 exit(0)。

MyService.java:

```java
public class MyService extends Service {
    static final String action1 ="Broadcast_action1";
    Intent it;
    @Override
    public IBinder onBind(Intent intent) {
        return null;                          //找不到因此返回 null
    }
    @Override
    public void onCreate() {
        super.onCreate();
        new Thread() {                        //创建线程
            @Override
            public void run() {
                while (true) {
                    it = new Intent(action1);
                    sendBroadcast(it);
                    try {
                        Thread.sleep(20000);  //休眠
                    } catch (Exception e) {
                        e.printStackTrace();  //打印信息
                    }}}
        }.start();                            //开启线程
    }
```

```
            @Override
            public void onDestroy() {
                super.onDestroy();
                this.stopService(it);                              //停止 service
        }}
```

创建自己的 Service 必须继承系统的 android.app.Service 类。

重写了 onCreate()方法，在该方法中创建 Intent 对象，并调用 sendBroadcase 发送 Intent 的对象，并休眠。

重写了 onDestroy()方法，调用 stopService 停止 Service。

CommandReceiver.java

```
public class CommandReceiver extends BroadcastReceiver{
        int status;
        public static final String UPDATE_STATUS="UPDATE";
        @Override
        public void onReceive (final Context context, Intent intent) {
            updateUI(context);
        }
            public void updateUI(Context context) {              //自定义方法
                try {
                    SampleActivity.tv.setTextSize(30);           //设置字体大小
                    SampleActivity.tv.setText(ZMDUtil.next());       //设置字体
                } catch (Exception e) {
                }
        }}
```

CommandReceiver 类继承自 BroadcastReceiver，在该类中主要是重写了 onReceive()方法，该方法主要是调用自定义的 updateUI()方法。

updateUI()方法为自定义的更新 UI 界面的方法，在该方法中可以设置字体大小，以及设置字体。

ZMDUtil.java：

```
public class ZMDUtil {
        static int currIndex = 0;
        public static String[] MSG = {
                "后台任务 1",
                "后台任务 2",
                "后台任务 3",
                "后台任务 4"
        };
        public static String next() {
            String result = MSG[currIndex];
            currIndex = (currIndex + 1) % MSG.length;
            return result;
        }
}
```

该类中 currIndex 为相应的一堆数组的索引值。MSG 为一堆数组，该数组中的数据是需要被显示的。

next()方法是动态地查找数组下一个的方法。

编译并运行程序，结果如图 8-9 和图 8-10 所示。

图 8-9　登录界面　　　　　　　　　图 8-10　点击按钮之后

【程序说明】

- 在 androidmanifest 中通过 <android:name=".MyService"/>注册 Service 组件、<receiver android:name=".CommandReceiver">注册接收器。
- 通过<android:name="Broadcast_action1" />注册事件，完成事件的转换。
- 重写了 onCreate()方法。对 Button 按钮设置监听，并 Intent 对象开启 Service。
- 在 ZMUDtil 方法中设置数组并通过 next()进行连续访问，通过设置的休眠时间规定调用的间隔，实现与后台的交互。

实例 8-2：计时器与进度条

在 Android 设计与应用中，计时器与进度条是必不可少的工具。计时器可以计算时间，进行任务的分配，对于多线程安排有着不可替代的作用。进度条可以方便地查阅进程的进度，也非常的重要。

该实例用 AsyncTask 类实现计时器与进度条。

Android 为了降低开发难度，提供了 AsyncTask。AsyncTask 就是一个封装过的后台任务类，顾名思义就是异步任务。

AsyncTask 直接继承于 Object 类，位置为 android.os.AsyncTask。要使 AsyncTask 工作，要提供三个泛型参数，并重载几个方法（至少重载一个）。

AsyncTask 定义了三种泛型类型：Params、Progress 和 Result。

1）Params：启动任务执行的输入参数，比如 HTTP 请求的 URL。

2）Progress：后台任务执行的百分比。

3）Result：后台执行任务最终返回的结果，比如 String。

异步加载数据最少要重写以下两个方法。

1）doInBackground(Params…)：后台执行，比较耗时的操作都可以放在这里。注意这里不能直接操作 UI。此方法在后台线程执行，完成任务的主要工作，通常需要较长的时间。在执行过程中可以调用 publicProgress(Progress…)来更新任务的进度。

2）onPostExecute(Result)：相当于 Handler 处理 UI 的方式，在这里面可以使用在 doInBackground 得到的结果处理操作 UI。此方法在主线程执行，任务执行的结果作为此方法的参数返回。

使用 AsyncTask 类，以下是几条必须遵守的准则。

1）Task 的实例必须在 UI thread 中创建。

2）execute 方法必须在 UI thread 中调用。

3）不要手动调用 onPreExecute()、onPostExecute(Result)、doInBackground(Params...)、onProgressUpdate(Progress...)这几个方法；该 task 只能被执行一次，多次调用时将会出现异常。

AsyncTask 的运作有四个阶段。

1）onPreExecute：AsyncTask 执行前的准备工作，例如画面上显示进度表。

2）doInBackground：实际要执行的程序代码就写在这里。

3）onProgressUpdate：用来显示目前的进度。

4）onPostExecute：执行完的结果（Result）会传入这里。

除了 doInBackground，其他 3 个 method 都在 UI thread 呼叫。

重要方法如下。

1）doInBackground(Params... params)：必须重写的方法，后台任务就在这里执行，会开启一个新的线程。params 为启动任务时传入的参数，参数个数不定。

2）onPreExecute()：在主线程中调用，在后台任务开启前的操作在这里进行，例如显示一个进度条对话框。

3）onPostExecute(Result result)：当后台任务结束后，在主线程中调用，处理 doInBackground()方法返回的结果。

4）onProgressUpdate(Progress... values)：当在 doInBackground()中调用 publishProgress (Progress... values)时，返回主线程中调用，这里的参数个数也是不定的。

5）onCancelled()：取消任务。

注意事项如下。

1）execute()方法必须在主线程中调用。

2）AsyncTask 实例必须在主线程中创建。

3）不要手动调用 doInBackground()、onPreExecute()、onPostExecute()、onProgressUpdate() 方法。

4）注意防止内存泄露，在 doInBackground()方法中若出现对 Activity 的强引用，可能会造成内存泄露。

下面是代码示例部分：

```java
public class AsyncTaskActivity extends AppCompatActivity {
    private TextView chronoText;
    private Button start;
    private ProgressBar bar;
    private TextView textView;
    @Override
    protected void onCreate(Bundle savedInstanceState) {
        super.onCreate(savedInstanceState);
        setContentView(R.layout.main);
        // 获取 4 个 UI 组件
        bar= (ProgressBar) findViewById(R.id.progress);
        textView = (TextView) findViewById(R.id.tvProgress);
        start = (Button)findViewById(R.id.start);
        chronoText = (TextView)findViewById(R.id.chronoText);
        chronoText.setText("0'0\"");
        start.setOnClickListener(new View.OnClickListener() {
            @Override
            public void onClick(View v) {
                new Chronograph().execute(1);
            }
        });
    }
    private class Chronograph extends AsyncTask<Integer, Integer, Void> {
        @Override
        protected void onPreExecute() {
            super.onPreExecute();
            // 在计时开始前，先使按钮不能用
            start.setEnabled(false);
            chronoText.setText("0'0\"");
        }
        @Override
        protected Void doInBackground(Integer... params) {
            // 计时
            for (int i = 0; i <= params[0]; i++) {
                for (int j = 0; j < 100; j++) {
                    try {
                        // 发布增量
                        publishProgress(i, j);
                        if (i == params[0]) {
                            return null;
                        }
                        // 暂停 0.1 秒
                        Thread.sleep(100);
                    } catch (InterruptedException e) {
                        e.printStackTrace();
```

```
                    }
                }
            }
            if (isCancelled()) {
                return null;
            }
            return null;
        }
        @Override
        protected void onProgressUpdate(Integer... values) {
            super.onProgressUpdate(values);
            // 更新 UI 界面
            chronoText.setText(values[0] + "'" + values[1] + "\"");
            bar.setProgress(values[1]);
            textView.setText(values[1] + "%");
        }
        @Override
        protected void onPostExecute(Void result) {
            super.onPostExecute(result);
            // 重新使按钮可以使用
            start.setEnabled(true);
            textView.setText("100%");
        }
    }
}
```

10 秒计时器与进度条演示结果如图 8-11 所示。

【程序说明】

- doInBackground(Params... params)：必须重写的方法，后台任务就在这里执行，会开启一个新的线程。params 为启动任务时传入的参数，参数个数不定。

- onPreExecute()：在主线程中调用，在后台任务开启前的操作在这里进行，例如显示一个进度条对话框。

- onPostExecute(Result result)：当后台任务结束后，在主线程中调用，处理 doInBackground()方法返回的结果。

- onProgressUpdate(Progress...values)：当在 doInBackground() 中调用 publishProgress(Progress...values)时，返回主线程中调用，这里的参数个数也是不定的。

- onCancelled()：取消任务。

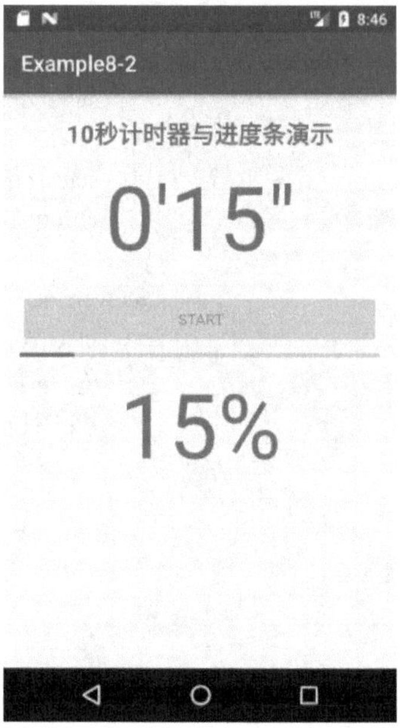

实例 8-3：使用异步多线程下载图片

图 8-11　计时效果与进度条

通过对于前面 Android 多线程的学习和理解，每个客户端应该包含两条线程，一条负责生成主界面，并响应用户动作；另一条负责读取从服务器发送过来的数据，并负责将这些数据在程序界面显示出来。

下面是通过异步多线程下载网络图片的具体实现代码：

```java
public class MainActivity extends ActionBarActivity {
    private ImageView imageView ;
    private Button button ;
    private ProgressDialog dialog ;
    //来自网络的图片
    private String image_path = "http://imgsrc.baidu.com/forum/pic/item/7c1ed21b0ef41bd51a5ac36451da81cb39db3d10.jpg" ;
    @Override
    protected void onCreate(Bundle savedInstanceState) {
        super.onCreate(savedInstanceState);
        setContentView(R.layout.activity_main);
        //添加弹出的对话框
        dialog = new ProgressDialog(this) ;
        dialog.setTitle("提示") ;
        dialog.setMessage("正在下载图片，请稍后···") ;
        //将进度条设置为水平风格，让其能够显示具体的进度值
        dialog.setProgressStyle(ProgressDialog.STYLE_HORIZONTAL) ;
        dialog.setCancelable(false) ;  //用了这个方法之后，直到图片下载完成，进度条才会消失
//（即使在这之前点击了屏幕）
        imageView = (ImageView)findViewById(R.id.imageView1) ;
        button = (Button)findViewById(R.id.button1) ;
        button.setOnClickListener(new OnClickListener() {
            @Override
            public void onClick(View v) {
                //点击按钮时，执行异步任务的操作
                new DownTask().execute(image_path) ;
            }
        }) ;   //注意，这个地方的分号容易被遗忘
    }
    /*
     * 异步任务执行网络下载图片
     **/
    public class DownTask extends AsyncTask<String, Integer, byte[]> {
        //上面的方法中，第一个参数：网络图片的路径，第二个参数的包装类：进度的刻度，第
//三个参数：任务执行的返回结果
        @Override
        //在界面上显示进度条
        protected void onPreExecute() {
            dialog.show() ;
        };
        protected byte[] doInBackground(String... params) {   //三个点，代表可变参数
            //使用网络链接类 HttpClient 完成对网络数据的提取，即完成对图片的下载功能
            DefaultHttpClient httpClient = new DefaultHttpClient();
            HttpGet httpget = new HttpGet(params[0]) ;
            byte[] result = null ;
            ByteArrayOutputStream outputStream = new ByteArrayOutputStream() ;
```

291

```
                        InputStream inputStream = null ;
                        try {
                            HttpResponse httpResponse = httpClient.execute(httpget) ;
                            if(httpResponse.getStatusLine().getStatusCode()==200){
                                HttpEntity httpEntiry = httpResponse.getEntity();
                                inputStream = httpEntiry.getContent();
                                //      先要获得文件的总长度
                                long file_length = httpResponse.getEntity().getContentLength() ;
                                int len = 0 ;
                                //      每次读取 1024 个字节
                                byte[] data = new byte[1024] ;
                                //      每次读取后累加的长度
                                int total_length = 0 ;
                                while ((len = inputStream.read(data))!=-1) {
                                    //      每读一次，就将 total_length 累加起来
                                    total_length+=len ;
                                    //      得到当前图片下载的进度
                                    int progress_value = (int) ((total_length / (float)file_length)*100);
                                    //      时刻将当前进度更新给 onProgressUpdate 方法
                                    publishProgress(progress_value) ;
                                    outputStream.write(data, 0, len);
                                }
                                //      边读边写到 ByteArrayOutputStream 当中
                                result = outputStream.toByteArray();
                                //bitmap = BitmapFactory.decodeByteArray(result, 0, result.length) ;
                            }
                        }   catch (Exception e) {
                            // TODO Auto-generated catch block
                            e.printStackTrace();
                        } finally {
                            httpClient.getConnectionManager().shutdown();
                        }
                        return result;
                    }
    @Override
            protected void onProgressUpdate(Integer... values) {
                // TODO Auto-generated method stub
                super.onProgressUpdate(values);
                //      更新 ProgressDialog 的进度条
                dialog.setProgress(values[0]);
            }//主要是更新 UI
    @Override
            protected void onPostExecute(byte[] result) {
                super.onPostExecute(result);
                //      将 doInBackground 方法返回的 byte[]解码成要给 Bitmap
                Bitmap bitmap = BitmapFactory.decodeByteArray(result, 0, result.length) ;
                //      更新我们的 ImageView 控件
                imageView.setImageBitmap(bitmap) ;//更新 UI
                //      使 ProgressDialog 框消失
                dialog.dismiss() ;
            }
```

```
        }
    @Override
    public boolean onCreateOptionsMenu(Menu menu) {
        // Inflate the menu; this adds items to the action bar if it is present.
        getMenuInflater().inflate(R.menu.main, menu);
        return true;
    }
}
```

运行程序，其结果如图 8-12～图 8-14 所示。

图 8-12　后台运行程序

图 8-13　用户点击按钮

图 8-14　程序加载结束

【程序说明】

- 该程序通过使用网络链接类 HttpClient 完成对网络数据的提取，即完成对图片的下载功能。
- 时刻将当前进度更新给 onProgressUpdate 方法，得到当前图片下载的进度，运行该程序将可以看到的结果。
- 用户点击"下载网络图片"按钮之后，当下载进度达到 100%时会出现图 8-14 所示的结果。

实例 8-4：Handler 简单应用

本实例完成的功能是：单击 Start 按钮，程序会开始启动线程，并且线程程序完成后延时 1s 会继续启动该线程，每次线程的 run 函数中完成对界面输出 nUpdateThread...文字，不停地运行下去，当单击 End 按钮时，该线程就会停止，如果继续单击 Start，则文字又开始输出了。

示例代码如下。

MainActivity.java：

```
public class MainActivity extends Activity {
```

```
            private TextView text_view = null;
            private Button start = null;
            private Button end = null;
            Handler handler = new Handler();
            Runnable update_thread = new Runnable()
            {
                public void run()
                {
                    text_view.append("\nUpdateThread...");
                    handler.postDelayed(update_thread, 1000);
                }
            };
            @Override
            public void onCreate(Bundle savedInstanceState) {
                super.onCreate(savedInstanceState);
                setContentView(R.layout.activity_main);
                text_view = (TextView)findViewById(R.id.text_view);
                start = (Button)findViewById(R.id.start);
                start.setOnClickListener(new StartClickListener());
                end = (Button)findViewById(R.id.end);
                end.setOnClickListener(new EndClickListener());
            }
            private class StartClickListener implements OnClickListener
            {
                public void onClick(View v) {
                    handler.post(update_thread);
                }
            }
            private class EndClickListener implements OnClickListener
            {
                public void onClick(View v) {
                    handler.removeCallbacks(update_thread);
                }
            }
            @Override
            public boolean onCreateOptionsMenu(Menu menu) {
                getMenuInflater().inflate(R.menu.activity_main, menu);
                return true;
            }
        }
```

activity.xml：

```
    <LinearLayout
      android:layout_width= "fill_parent"
       android:layout_height= "fill_parent"
         android:orientation= "vertical" >
       <TextView
           android:id="@+id/text_view"
             android:layout_width="fill_parent"
             android:layout_height="200dip"
```

```
                android:text="hello_world"
                tools:context=".MainActivity" />
        <Button
          android:id="@+id/start"
             android:layout_width="fill_parent"
                android:layout_height="wrap_content"
                android:text="start"
                />
        <Button
            android:id="@+id/end"
                android:layout_width="fill_parent"
                android:layout_height="wrap_content"
                android:text="end"
                />
    </LinearLayout>
```

程序运行结果如图 8-15 和图 8-16 所示。

【程序说明】

● 此实例首先建立 layout 布局文件，构建界面的 start、end 按钮以及边框大小。
  onCreate(Bundle savedInstanceState)函数实现 start、end 按钮监听。onClick(View v)函
  数控制启动及终止线程。handler.post(update_thread); 将线程接口立刻送到线程队列
  中。handler.removeCallbacks(update_thread);将接口从线程队列中移除。

● 要用 handler 来处理多线程可以使用 runnable 接口，先定义该接口。

● text_view.append("\nUpdateThread...");中 textview 的 append 功能和 Qt 中的 append 类
  似，不会覆盖前面的内容，只是 Qt 中的 append 默认是自动换行模式。

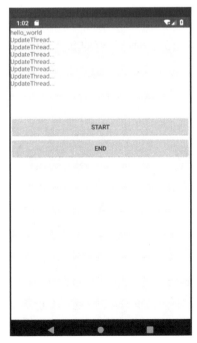

图 8-15　启动线程

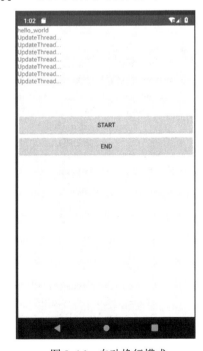

图 8-16　自动换行模式

实例 8-5：基本多线程技术

Android 多线程其实并不比 Java 多线程特殊，基本都是使用相同的语法。例如，定义一个线程只需要新建一个类继承自 Thread，然后重写父类的 run()方法，并在其中编写耗时逻辑即可。

下面是基本多线程技术具体实现代码：

```xml
<?xml version="1.0" encoding="utf-8"?>
<RelativeLayout xmlns:android="http://schemas.android.com/apk/res/android"
    android:layout_width="match_parent"
    android:layout_height="match_parent">
        <Button
            android:id = "@+id/change_text"
            android:layout_width="match_parent"
            android:layout_height="wrap_content"
            android:text = "change text"
             />
        <TextView
            android:id = "@+id/text"
            android:layout_width="wrap_content"
            android:layout_height="wrap_content"
            android:layout_centerInParent="true"
            android:text="Hello word"
            android:textSize="20sp"/>
</RelativeLayout>
```

MainActivity 代码：

```java
public class MainActivity extends AppCompatActivity implements View.OnClickListener{
    public static final int UPDATE_TEXT=1;
    private TextView text;
    private Handler handler =new Handler(){
        public void handleMessage(Message msg){
            switch (msg.what){
                case UPDATE_TEXT:
                    text.setText("nice to meet you");
                    break;
                default:
                    break;
            }
        }
    };
    @Override
    protected void onCreate(Bundle savedInstanceState) {
        super.onCreate(savedInstanceState);
        setContentView(R.layout.activity_main);
        text = (TextView)findViewById(R.id.text);
        Button changeText = (Button)findViewById(R.id.change_text);
    }
```

```
public void onClick(View v){
    switch(v.getId()){
        case R.id.change_text:
            new Thread(new Runnable() {
                @Override
                public void run() {
                    Message message = new Message();
                    message.what = UPDATE_TEXT;
                    handler.sendMessage(message);
                }
            }).start();
            break;
        default:
            break;
    }
}
```

运行结果如图 8-17 和图 8-18 所示。

图 8-17　交换前   图 8-18　交换后

【程序说明】

● 在 change text 按钮点击事件中添加一个子程序，新增一个 Handle 对象。

● 重写父类 handleMessage()方法，在这里对具体的 Message 进行处理。

● 如果发现 Message 的 what 值等于 update_text，就将 Textview 输出内容改成 nice to meet you。

本章小结

本章首先介绍了线程的基本概念、线程的分类和特性以及线程的发展历程。接下来讲解了 Linux 中线程库的基本操作函数，包括线程的创建、退出和取消等，通过实例程序给出了比较典型的线程编程框架。再接下来讲解了循环者—消息机制、Message 和 Handler 简介、MessageQueue 和 Looper 简介，在线程的操作中必须实现线程间的同步和互斥，包括互斥锁线程控制和信号量线程控制。之后还简单描述了线程属性相关概念、相关函数以及比较简单的典型实例，如循环者—消息机制案例。最后，着重介绍了多线程的实现方法，及两个经典实例：使用异步执行下载任务案例，用 AsyncTask 类实现计时器与进度条。

课后练习

1. 选择题

1）Android 是消息驱动的，实现消息驱动有几个要素，其中消息队列是（　　　）。

    A. Message　　　　　B. Looper　　　　　C. MessageQueue　　　D. Handler

2）下列语句关于内存回收的说明正确的是（　　　）。

    A. 程序员必须创建一个线程来释放内存

    B. 内存回收程序负责释放无用内存

    C. 内存回收程序允许程序员直接释放内存

    D. 内存回收程序可以在指定的时间释放内存对象

3）下列用于发送和处理消息的是（　　　）。

    A. Message　　　　　B. Handler　　　　　C. Looper　　　　　D. MessageQueue

4）用来处理用户正在进行的工作进程是（　　　）。

    A. 前台进程　　　　　B. 可见进程　　　　　C. 服务进程　　　　　D. 空进程

5）下列说法错误的是（　　　）。

    A. Handler 在 UI 线程中获取、处理消息

    B. Handler 直接继承自 Object，一个 Handler 允许发送和处理 Message 或者 Runnable 对象，并且会关联到主线程的 MessageQueue 中

    C. Handler 不在工作线程中发送消息

    D. Android 的消息传递机制是另外一种形式的"事件处理"，这种机制主要是为了解决 Android 应用中多线程的问题

2. 简答题

1）Thread 类代表线程类，它的两个最主要的方法是什么？

2）在 Android 中有两种实现线程 thread 的方法，分别是什么？

3）Handler 机制的主要作用是什么？

4）Looper 中有两个比较重要的方法是什么？

5）安卓的三种线程同步方式是什么？

第9章 Android 网络通信开发

Android 网络通信方式可分为三种：URL、Socket 和 HTTP 通信。其中，URL 通信是利用建立连接、获取流来进行通信。HTTP 通信是通过 Android 中内置 HttpClient，这样可以方便地发送 HTTP 请求并获取 HTTP 响应，简化了与网站之间的交互。Socket 通信是 Android 支持 JDK 本身的 TCP、UDP 网络通信的 API，可以使用 Java 中提供的 ServerSocket、Socket 类，来建立基于 TCP/IP 协议的网络通信，也可以使用 DatagramSocket、Datagrampacket、MulticastSocket 来建立基于 UDP 协议的网络通信。

9.1 URL 通信方式

以前，Android 上发送 HTTP 请求一般有两种方式：HttpURLConnection 和 HttpClient。由于 HttpClient 存在 API 数量多、扩展难等缺点，Android 团队越来越不建议使用这种方式。在 Android 6.0 系统中，HttpClient 的功能被完全移除了，标志着此功能正式弃用。因此，本小节我们就学习一下现在官方建议使用的 HttpURLConnection 的用法。首先需要获取到 HttpURLConnection 的实例，一般只需创建出一个 URL 对象并传入目标的网络地址，然后调用 openConnection()方法即可，如下所示：

```
URL url = new URL("https://ww.baidu.com")
HttpURLConnectton connection = (HttpURLConnection) url.openConnection();
```

- url：该参数是一个 URL 对象，初始化百度为目标地址。
- connection：该参数用于接收 URL 所创建的连接。

在得到了 HttpURLConnection 的实例之后，我们可以设置 HTTP 请求所使用的方法。常用的方法主要有两个：GET 和 POST。GET 表示希望从服务器那里获取数据，而 POST 则表示希望提交数据给服务器。写法如下：

```
connection.setRequestMethod("GET"):
```

- 设置 connection 请求方式为获取数据。

接下来就可以进行一些自由的定制了，比如设置连接超时、读取超时的毫秒数，以及服务器希望得到的一些消息头等。这部分内容根据自己的实际情况进行编写，示例写法如下：

```
connection.setConnectTimeout(8000);
connection.setReadTimeout(8000);
```

- 设置 connection 连接超时与读取超时。

之后再调用 getInputStream()方法就可以获取服务器返回的输入流了，剩下的任务就是对输入流进行读取，如下所示：

```
InputStream in = connection.getInputStream();
```

● in: 该参数是一个输入流对象，用于接收 connection 获取的数。

最后可以调用 disconnect()方法将这个 HTTP 连接关闭掉，如下所示：

```
connection.disconnect();
```

下面就让我们通过一个例子来体验 HttpURLConnect 的用法。

【例 9-1】 URL 通信开发示例

新建一个项目，首先修改 antivity_main.xml 中的代码，如下所示：

```
<android.support.constraint.ConstraintLayout xmlns:android="http://schemas.android.com/apk/res/android"
    xmlns:app="http://schemas.android.com/apk/res-auto"
    xmlns:tools="http://schemas.android.com/tools"
    android:layout_width="match_parent"
    android:layout_height="match_parent"
    tools:context=".MainActivity">
    <LinearLayout
        android:layout_width="match_parent"
        android:layout_height="match_parent">
        <Button
            android:id="@+id/send_request"
            android:layout_width="wrap_content"
            android:layout_height="wrap_content"
            android:text="Send Request"/>
        <ScrollView
            android:layout_width="match_parent"
            android:layout_height="match_parent">
            <TextView
                android:id="@+id/response_text"
                android:layout_width="wrap_content"
                android:layout_height="wrap_content" />
        </ScrollView>
    </LinearLayout>
</android.support.constraint.ConstraintLayout>
```

所请求的内容过多，一屏显示不下，这里使用 ScrollView 控件来载入这些内容。

这里的 Button 用于发送请求，TextView 用于将服务器返回的数据显示出来。

接下来修改 MainActivity 中的代码，如下所示：

```
public class MainActivity extends AppCompatActivity implements View.OnClickListener {
    private TextView textView;
    private Button button;
    @Override
    protected void onCreate(Bundle savedInstanceState) {
        super.onCreate(savedInstanceState);
        setContentView(R.layout.activity_main);
        button=(Button)findViewById(R.id.send_request);
        textView=(TextView)findViewById(R.id.response_text);
        button.setOnClickListener((View.OnClickListener) this);
    }
    @Override
```

```
public void onClick(View v){
    if (v.getId()==R.id.send_request){
        sendRequestWithHttpURLConnection();
    }
}
private void sendRequestWithHttpURLConnection() {
```

开启线程请求网络资源。

```
    Runnable runnable=new Runnable() {
        @Override
        public void run() {
            HttpURLConnection connection = null;
            BufferedReader reader = null;
            try {
                URL url = new URL("https://www.baidu.com");
                connection = (HttpURLConnection) url.openConnection();
                connection.setRequestMethod("GET");
                connection.setConnectTimeout(8000);
                connection.setReadTimeout(8000);
                InputStream in = connection.getInputStream();
```

对获取的流进行读取。

```
                reader = new BufferedReader(new InputStreamReader(in));
                StringBuilder response = new StringBuilder();
                String line;
                while ((line = reader.readLine()) != null) {
                    response.append(line);
                }
                showResponse(response.toString());
            } catch (Exception e) {
                e.printStackTrace();
            } finally {
                if (reader != null) {
                    try {
                        reader.close();
                    } catch (IOException e) {
                        e.printStackTrace();
                    }
                }
                if (connection != null) {
                    connection.disconnect();
                }
            }
        }
    };
    Thread t= new Thread(runnable);
    t.start();
}
private void showResponse(final String response){
    runOnUiThread(new Runnable() {
        @Override
```

```
                         public void run() {
```

进行 UI 操作，将结果显示到界面。

```
                                textView.setText(response);
                        }
                });
        }
}
```

这里用 SendRequest 按钮的点击事件调用 sendRequestWithHttpURLConnection()方法。

在这个方法中开启了一个子线程，在子线程中使用 HttpURLConnection 发出一条 HTTP 请求，请求的目标地址为百度首页。

利用 BufferReader 对服务器返回的流进行读取，最后使用 runOnUiThread()将结果显示到界面上。

最后修改 AndroidManifest.xml，声明网络权限，如下所示：

```
<manifest xmlns:android="http://schemas.android.com/apk/res/android"
    package="com.example.whk.urlapplication">

    <uses-permission android:name="android.permission.INTERNET"/>
    <application
        android:allowBackup="true"
        android:icon="@mipmap/ic_launcher"
        android:label="@string/app_name"
        android:roundIcon="@mipmap/ic_launcher_round"
        android:supportsRtl="true"
        android:theme="@style/AppTheme">
        <activity android:name=".MainActivity">
            <intent-filter>
                <action android:name="android.intent.action.MAIN" />
                <category android:name="android.intent.category.LAUNCHER" />
            </intent-filter>
        </activity>
    </application>
</manifest>
```

运行程序之后，点击 SEND REQUEST 按钮，结果如图 9-1 所示。

服务器返回的就是这种 HTML 代码，通常情况下浏览器会将其以网页形式展示出来。

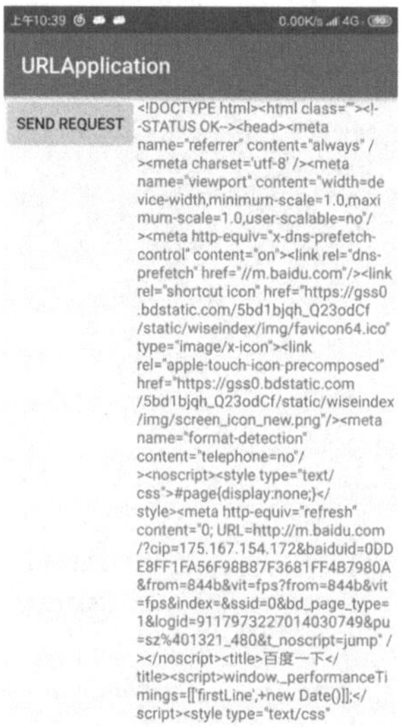

9.2　Socket 通信方式

用 Socket 网络编程之前，应该先了解它的一些基本知识。Socket 又称"套接字"，用于描述 IP 地址端口，是一个通信链的句柄。应用程序通常通过"套接字"向网络发出请求或应答网络请求。

图 9-1　服务器响应的数据

302

在 Socket 的编程中，Socket 是建立在客户端的，那 TC 如何连接端口呢？端口可以用 ServerSocket 类建立。用 Socket 编程，首先建立服务端，服务器端大部分是一个端口，专门用来监听客户端的连接。而客户端需要服务器的端口和 IP 地址。如果连接上 ServerSocket，则会创建一个 Socket 实例，通过 Socket 打开输入、输出流进行数据的传递。

【例 9-2】 Socket 通信开发示例

1）服务器端详细代码如下：

```
public class Server_Socket implements Runnable {
    public void run()
    {
        try
        {
            ServerSocket serverSocket=new ServerSocket(8888);
            while(true)
            {
                Socket server = serverSocket.accept();
                try
                {
                    OutputStream os = server.getOutputStream();
                    String msg = "Hellow Android";
                    os.write(msg.getBytes());
                }
                catch (Exception e)
                {
                    System.out.println(e.getMessage());
                    e.printStackTrace();
                }
                finally
                {
                    server.close();
                    System.out.println("close");
                }
            }
        }
        catch (Exception e)
        {
            System.out.println(e.getMessage());
        }
    }
```

服务器端实现 Runnable 接口，并且覆盖它的 run()方法。

服务器端会开一个端口，以便与客户端进行数据交互。

```
    public static void main(String a[])
    {
        Thread thread = new Thread(new Server_Socket());
        thread.start();
    }
}
```

在服务器端代码的 try 里面创建一个 ServerSocket。

通过 while 循环语句来实现接收客户端的请求。

while 里面的 try 运用了系统的输出流并且写入字符串。

在最后的 finally 语句中实现关闭，在最后的 main 方法启动线程，并且实例化服务类。

2）上面的代码是服务器的实现，客户端有一个界面，可以通过单击按钮来获取。界面的布局涉及的组件有显示服务器的文本框和一个用来获取服务器消息的按钮。

```xml
<?xml version="1.0" encoding="utf-8"?>
<LinearLayout xmlns:android="http://schemas.android.com/apk/res/android"
    android:orientation="vertical"
    android:layout_width="fill_parent"
    android:layout_height="fill_parent"
    android:background="#ffffff">
    <TextView
        android:id="@+id/data"
        android:layout_width="fill_parent"
        android:layout_height="wrap_content"
        android:text="接收服务器信息"
        android:textColor="#000000"
        android:textSize="20dip"/>
    <Button
        android:id="@+id/Button01"
        android:layout_width="fill_parent"
        android:layout_height="wrap_content"
        android:text="获取"
        />
</LinearLayout>
```

此处代码是实现客户端的界面设置，用到了一个 TextView 和一个 Button 按钮。

单击按钮会实现接收服务器端的信息。

3）声明组件并通过 findViewById 获得各个组件的实例，同时加上按钮事件，实例化一个客户端的 Socket，根据 IP 地址和端口，通过流读取到服务器的消息，详细代码如下：

```java
public class MainActivity extends AppCompatActivity {
    private TextView mTextView;
    private Button mButton;
    @Override
    public void onCreate(Bundle savedInstanceState) {
        super.onCreate(savedInstanceState);
        setContentView(R.layout.activity_main);
        mButton=(Button)findViewById(R.id.Button01);
        mTextView=(TextView)findViewById(R.id.data);
        mButton.setOnClickListener(new View.OnClickListener() {
            public void onClick(View v) {
                Socket socket = null;
                try
                {
                    socket=new Socket("192.168.8.168",8888);
                    PrintWriter out=new PrintWriter(new BufferedWriter(new OutputStreamWriter
```

```
(socket.getOutputStream())),true);
                        BufferedReader    br=new    BufferedReader(new    InputStreamReader(socket.
getInput Stream()));
                        String msg=br.readLine();
                        if(msg!=null)
                        {
                            mTextView.setText("接收到的数据："+msg);
                        }
                        else
                        {
                            mTextView.setText("数据错误！");
                        }
                        out.close();
                        br.close();
                        socket.close();
                    }
<uses-permission android:name="android.permission.INTERNET"></uses-permission>
                    catch (Exception e)
                    {
                    }
                }
            });
        }
    }
```

首先前两行代码是声明两个组件。

在 mButton 和 mTextView 获得实例，接着设定按钮事件，设置一个监听器，创建 Socket，创建的后两行分别是向服务器发送消息和接收服务器的消息，在结尾使用.close 来实现关闭流。

4）信息是通过网络来获取的，需要声明权限，详细代码如下：

```
<uses-permission android:name="android.permission.INTERNET"></uses-permission>
```

关于 Socket 的通信，关键在于服务器要开放一个端口，客户端通过实例化 Socket 获得输入流，所以在这里对 Java 中的流也要有一定的了解。

程序运行结果如图 9-2 和图 9-3 所示。

图 9-2　没有接收服务器数据

图 9-3　接收到的服务器数据

9.3 使用 HTTP 访问网络

对于 HTTP 协议，它的工作原理特别简单，就是客户端向服务器发出一条 HTTP 请求，服务器收到请求后，返回一些数据给客户端，然后客户端再对这些数据进行解析和处理。

例如，WebView 控件，也就是我们向百度的服务器发起了一条 HTTP 请求，接着服务器分析出我们想要访问的是百度的首页，于是会把该网页的 HTML 代码进行返回，然后 WebView 再调用手机浏览器的内核对返回的 HTML 代码进行解析，最终将页面展示出来。接下来，让我们通过手动发送 HTTP 请求的方式，来更加深入地理解这个过程。

9.3.1 使用 HttpURLConnection

Android 上发送 HTTP 请求的方法为 HttpURLConnection 方法。

HttpURLConnection 位于 Java.net 包中，用于发送 HTTP 请求和获取 HTTP 响应。由于该类是抽象类，不能直接实例化对象，因此需要使用 URL 的 openConnection()方法来获取。例如，创建一个 http://www.shenshida.com 网站的 HttpURLConnection 对象，可以使用下面的代码：

```
URL url=new URL("http://shenshida.com/");
HttpURLConnection urlConnection=( HttpURLConnection)url.openConnection();
```

说明：通过 openConnection()方法创建的 HttpURLConnection 对象，并没有真正执行连接操作，只是创建了一个新的实例，在进行连接前，还可以设置一些属性，如链接超时的时间和请求方式等。

创建了 HttpURLConnection 对象后，就可以使用该对象发送 HTTP 请求了。HTTP 请求通常分为 GET 请求和 POST 请求两种。GET 表示希望从服务器那里获取数据，POST 表示希望提交数据给服务器。

1. 发送 GET 请求

使用 HttpURLConnection 对象发送请求时，默认发送的就是 GET 请求。因此，发送 GET 请求比较简单，只需在指定连接地址时，先将要传递的参数通过"?参数名=参数值"进行传递（多个参数间使用英文半角的逗号分隔。例如，要传递用户名和 E-mail 地址两个参数，可以使用 ?user=sy,email=sy123@qq.com 实现），然后获取流中的数据，并关闭连接即可。

2. 发送 POST 请求

由于采用 GET 方法发送请求只适合发送大小在 1024B 以内的数据，所以当要发送的数据较大时，就需要使用 POST 方式来发送请求，在 Android 中，使用 HttpURLConnection 类发送请求时，默认采用的是 GET 请求，如果要发送 POST 请求可以使用下面的代码：

```
HttpURLConnection urlConn=( HttpURLConnection) url.openConnection();//创建一个 HTTP 连接
urlConn.setRequestMethod("POST");//指定请求方式为 POST
```

发送 POST 请求要比发送 GET 请求复杂一些，它经常需要通过 HttpURLConnection 类及其父类 URLConnection 提供的方法设置相关内容。

接下来可以进行一些自由的定制了，比如设置连接超时 setConnectTimeout()，读取超时的毫秒数 setReadTimeout()，以及服务器希望得到的一些消息头等。之后再调用 getInputStream() 方法就可以获取到服务器返回的输入流了，剩下的任务就是对输入流进行读取，如下所示：

```
InputStream in=connection.getInputStream();
```

最后可以调用 disconnect()方法将这个 HTTP 连接关闭掉。

【例 9-3】 使用 HttpURLConnection 开发示例

```
MainActivity.class:
public class MainActivity extends Activity {
    Button visitWebBtn = null;
    Button downImgBtn = null;
    TextView showTextView = null;
    ImageView showImageView = null;
    String resultStr = "";
    ProgressBar progressBar = null;
    ViewGroup viewGroup = null;
    @Override
    protected void onCreate(Bundle savedInstanceState) {
        super.onCreate(savedInstanceState);
        setContentView(R.layout.activity_main);
        initUI();
        visitWebBtn.setOnClickListener(new View.OnClickListener() {
            @Override
            public void onClick(View v) {
                // TODO Auto-generated method stub
                showImageView.setVisibility(View.GONE);
                showTextView.setVisibility(View.VISIBLE);
                Thread visitBaiduThread = new Thread(new VisitWebRunnable());
                visitBaiduThread.start();
                try {
                    visitBaiduThread.join();
                    if(!resultStr.equals("")){
                        showTextView.setText(resultStr);
                    }
                } catch (InterruptedException e) {
                    // TODO Auto-generated catch block
                    e.printStackTrace();
                }
            }
        });
        downImgBtn.setOnClickListener(new View.OnClickListener() {
            @Override
            public void onClick(View v) {
                // TODO Auto-generated method stub
```

```
                    showImageView.setVisibility(View.VISIBLE);
                    showTextView.setVisibility(View.GONE);
                    String imgUrl = "http://www.shixiu.net/d/file/p/2bc22002a6a61a7c5694e7e641bf1e6e.jpg";
                    new DownImgAsyncTask().execute(imgUrl);
                }
            });
        }
        @Override
        public boolean onCreateOptionsMenu(Menu menu) {
            // Inflate the menu; this adds items to the action bar if it is present.
            getMenuInflater().inflate(R.menu.main, menu);
            return true;
        }
        public void initUI(){
            showTextView = (TextView)findViewById(R.id.textview_show);
            showImageView = (ImageView)findViewById(R.id.imagview_show);
            downImgBtn = (Button)findViewById(R.id.btn_download_img);
            visitWebBtn = (Button)findViewById(R.id.btn_visit_web);
        }
        private String getURLResponse(String urlString){
            HttpURLConnection conn = null;
            InputStream is = null;
            String resultData = "";
            try {
                URL url = new URL(urlString);
                conn = (HttpURLConnection)url.openConnection();
                conn.setDoInput(true);
                conn.setDoOutput(true);
                conn.setUseCaches(false);
                conn.setRequestMethod("GET");
                is = conn.getInputStream();
                InputStreamReader isr = new InputStreamReader(is);
                BufferedReader bufferReader = new BufferedReader(isr);
                String inputLine  = "";
                while((inputLine = bufferReader.readLine()) != null){
                    resultData += inputLine + "\n";
                }
            } catch (MalformedURLException e) {
                // TODO Auto-generated catch block
                e.printStackTrace();
            }catch (IOException e) {
                // TODO Auto-generated catch block
                e.printStackTrace();
            }finally{
                if(is != null){
                    try {
                        is.close();
                    } catch (IOException e) {
                        // TODO Auto-generated catch block
                        e.printStackTrace();
```

```
                }
            }
            if(conn != null){
                conn.disconnect();
            }
        }
        return resultData;
    }
    private Bitmap getImageBitmap(String url){
        URL imgUrl = null;
        Bitmap bitmap = null;
        try {
            imgUrl = new URL(url);
            HttpURLConnection conn = (HttpURLConnection)imgUrl.openConnection();
            conn.setDoInput(true);
            conn.connect();
            InputStream is = conn.getInputStream();
            bitmap = BitmapFactory.decodeStream(is);
            is.close();
        } catch (MalformedURLException e) {
            // TODO Auto-generated catch block
            e.printStackTrace();
        }catch(IOException e){
            e.printStackTrace();
        }
        return bitmap;
    }
    class VisitWebRunnable implements Runnable{
        @Override
        public void run() {
            // TODO Auto-generated method stub
            String data = getURLResponse("http://www.baidu.com/");
            resultStr = data;
        }
    }
    class DownImgAsyncTask extends AsyncTask<String, Void, Bitmap>{
        @Override
        protected void onPreExecute() {
            // TODO Auto-generated method stub
            super.onPreExecute();
            showImageView.setImageBitmap(null);
            showProgressBar();
        }
        @Override
        protected Bitmap doInBackground(String... params) {
            // TODO Auto-generated method stub
            Bitmap b = getImageBitmap(params[0]);
            return b;
        }
        @Override
```

```java
                    protected void onPostExecute(Bitmap result) {
                        // TODO Auto-generated method stub
                        super.onPostExecute(result);
                        if(result!=null){
                            dismissProgressBar();
                            showImageView.setImageBitmap(result);
                        }
                    }
                }
            private void showProgressBar(){
                progressBar = new ProgressBar(this, null, android.R.attr.progressBarStyleLarge);
                RelativeLayout.LayoutParams params = new RelativeLayout.LayoutParams (ViewGroup.
LayoutParams.WRAP_CONTENT,
                        ViewGroup.LayoutParams.WRAP_CONTENT);
                params.addRule(RelativeLayout.CENTER_IN_PARENT,   RelativeLayout.TRUE);
                progressBar.setVisibility(View.VISIBLE);
                Context context = getApplicationContext();
                viewGroup = (ViewGroup)findViewById(R.id.parent_view);
                //     MainActivity.this.addContentView(progressBar, params);
                viewGroup.addView(progressBar, params);
            }
            private void dismissProgressBar(){
                if(progressBar != null){
                    progressBar.setVisibility(View.GONE);
                    viewGroup.removeView(progressBar);
                    progressBar = null;
                }
            }
        }
```

布局代码如下：

```xml
<?xml version="1.0" encoding="utf-8"?>
<RelativeLayout xmlns:android="http://schemas.android.com/apk/res/android"
    xmlns:tools="http://schemas.android.com/tools"
    android:id="@+id/parent_view"
    android:layout_width="match_parent"
    android:layout_height="match_parent"
    tools:context=".MainActivity" >
    <FrameLayout
        android:layout_width="match_parent"
        android:layout_height="match_parent" >
        <TextView
            android:id="@+id/textview_show"
            android:layout_width="wrap_content"
            android:layout_height="wrap_content"
            android:text="hello_world" />
        <ImageView
            android:id="@+id/imagview_show"
            android:layout_width="wrap_content"
```

```
                android:layout_height="wrap_content"
                android:layout_gravity="center" />
        </FrameLayout>
        <Button
            android:id="@+id/btn_visit_web"
            android:layout_width="wrap_content"
            android:layout_height="wrap_content"
            android:layout_alignParentBottom="true"
            android:layout_alignParentLeft="true"
            android:text="访问百度" />
        <Button
            android:id="@+id/btn_download_img"
            android:layout_width="wrap_content"
            android:layout_height="wrap_content"
            android:layout_alignParentBottom="true"
            android:layout_toRightOf="@id/btn_visit_web"
            android:text="下载图片"/>
    </RelativeLayout>
```

【代码分析】

● 调用(HttpURLConnection)url.openConnection()方法，使用 URL 打开一个连接。

● 调用 setDoInput(true)方法，允许输入流，即允许下载。

● 调用 setDoOutput(true)方法，允许输出流，即允许上传。

● 调用 getInputStream()方法，获取输入流，此时才真正建立连接。

● 调用 showProgressBar()方法，显示进度条提示框。

运行结果如图 9-4 和图 9-5 所示。

图 9-4 初始页面图

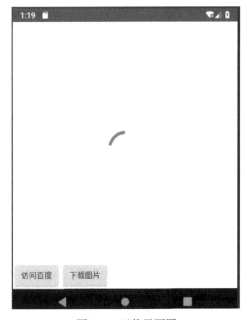

图 9-5 下载界面图

9.3.2 使用 OkHttp

在讲述 OkHttp 之前，我们先来了解一下没有 OkHttp 的时代是如何完成 HTTP 请求的。

在没有 OkHttp 的日子，我们使用 HttpURLConnection 或者 HttpClient。那么这两者都有什么优缺点呢？为什么不继续使用下去呢？

HttpURLConnection 是一种多用途、轻量级的 HTTP 客户端，提供的 API 比较简单，容易使用和扩展。不过在 Android 2.2 版本之前，HttpURLConnection 一直存在着一些令人厌烦的 bug。比如说对一个可读的 InputStream 调用 close()方法时，就有可能会导致连接池失效了。但是 OkHttp 的出现改变了上述问题，下面就来详细介绍 OkHttp。

OkHttp 可以说是如今最为流行的网络请求框架之一，因为 OkHttp 不仅具有高效的请求效率，并且提供了很多开箱即用的网络疑难杂症解决方案。使用 OkHttp 无需重写程序中的网络代码。OkHttp 实现了几乎和 java.net.HttpURLConnection 一样的 API。如果用户习惯使用 Apache HttpClient，则 OkHttp 也提供了一个对应的 okhttp-apache 模块。OkHttp 的使用方法包括：GET 请求、POST 请求、上传下载文件、上传下载图片等功能。

1. OkHttp 的几个比较核心的类

OkHttpClient：客户端对象。

Request：访问请求，POST 请求中需要包含 RequestBody。

RequestBody：请求数据，在 POST 请求中用到。

Response：即网络请求的响应结果。

MediaType：数据类型，用来表明数据是 json、image、pdf 等一系列格式。

client.newCall(request).execute()：同步的请求方法。

client.newCall(request).enqueue(Callback callBack)：异步的请求方法，但 Callback 是执行在子线程中的，因此不能在此进行 UI 更新操作。

onResponse：回调的参数是 response，一般情况下，比如用户希望获得返回的字符串，可以通过 response.body().string()获取；如果希望获得返回的二进制字节数组，则调用 response.body().bytes()；如果想返回 inputStream，则调用 response.body(). byteStream()。

注意：在使用前需要先在项目中添加 OkHttp 的依赖库。

2. OkHttp 的简单使用

首先我们创建一个工程，并在布局文件中添加三个控件：TextView（用于展示获取到 json 后的信息）、Button（点击开始请求网络）、ProgressBar（网络加载提示框）。

（1）简单的异步 GET 请求

第一步，创建 OkHttpClient 对象：

```
String url = "https://api.douban.com/v2/movie/top250?start=0&count=10";
```

第二步，创建 Request 请求：

```
OkHttpClient mOkHttpClient = new OkHttpClient();
```

第三步，创建一个 Call 对象：

```
Request request = new Request.Builder().url(url).build();
```

第四步，将请求添加到调度中：

```
Call call = mOkHttpClient.newCall(request);
```

（2）简单的异步 Post 请求

以最常见的注册登录来举例 POST 请求。POST 请求的步骤和 GET 是相似的，只是在创建 Request 的时候将服务器需要的参数传递进去。

创建 OkHttpClient 对象：

```
OkHttpClient mOkHttpClient = new OkHttpClient();
```

创建 Request：

```
RequestBody formBody = new FormEncodingBuilder().add("username", "superadmin")
    .add("pwd","ba3253876aed6bc22d4a6ff53d8406c6ad864195ed144ab5c87621b6c233b548baeae6956df3
46ec8c17f5ea10f35e3cbc514797ed7ddd3145464e2a0bab413").build();
Request request = new Request.Builder().url(url).post(formBody).build();
```

3．OkHttp 的封装

通过封装，可以把 OkHttp 和 Gson 结合起来，我们就可以在 gradle 文件中添加以下的依赖：

```
compile "com.squareup.okhttp:okhttp:2.4.0"
compile 'com.squareup.okio:okio:1.5.0'
compile "com.google.code.gson:gson:2.8.0"
```

（1）CallBack 的创建

当接口请求成功或者失败的时候，我们需要将这个信息通知给用户，那么就需要创建一个抽象类 RequestCallBack，对应请求前、成功、失败、请求后这几个方法：OnBefore()、OnAfter()、OnError()、OnResponse()。

由于我们每次想要的数据不固定，所以这里我们用<T>来接收想要封装成的数据格式，并通过反射得到想要的数据类型（一般是 Bean、List）。

（2）对 GET、POST 方法的简单封装

首先创建一个 OkHttpClientManager 类，由于是管理类，所以单例加静态对象。且在创建 Manager 对象的时候把 OkHttp 的一些参数进行配置，重写 OkHttpClientManager 的构造方法。

封装 GET 或 POST 方法时（这里以 POST 方法为例子）首先分析 POST 方法会有几个参数，参数一 url，参数二 params，参数三 Callback（及上面的 RequestCallBack），参数四 tag（用于取消请求操作，可为空）。基础代码如下：

```
public void postAsyn(String url, Param[] params, final ResultCallback callback, Object tag) {
    Request request = buildPostFormRequest(url, params, tag);
    deliveryResult(callback, request);
}
```

deliveryResult 方法在这里主要是发出请求并对请求后的数据开始回调，这样就基本上封装好了一个 POST 方法。GET 方法同理。这样可以进行简单的调用了。

在日常开发中最常用到的网络请求就是 GET 和 POST 两种请求方式。

【例 9-4】 OkHttp 请求方式

MainActivity.java 代码：

```java
public class MainActivity extends AppCompatActivity {
    private static final String TAG = "MainActivity";
    EditText url;
    TextView webContent;
    @Override
    protected void onCreate(Bundle savedInstanceState) {
        super.onCreate(savedInstanceState);
        setContentView(R.layout.activity_main);
        initUI();
    }
    private void initUI() {
        url = findViewById(R.id.web_url);
        webContent = findViewById(R.id.display_webContent);
    }
    public void querySourceCode(View view) {
        new Thread(new Runnable() {
            @Override
            public void run() {
                String tempUrl = url.getText().toString();
                if (!TextUtils.isEmpty(tempUrl)) {
                    if (isUseableURL(tempUrl)) {
                        tempUrl="http://"+tempUrl;
                        OkHttpClient okHttpClient = new OkHttpClient();
                        Request request = new Request.Builder().url(tempUrl)
                                .build();
                        Call call = okHttpClient.newCall(request);
                        try {
                            Response response = call.execute();
                            if (response.code() == 200) {
                                String tempResult = response.body().string();
                                showResult(tempResult);
                            } else {
                                showResult("响应状态码错误，无法获取数据");
                            }
                        } catch (IOException e) {
                            e.printStackTrace();
                        }
                    } else {
                        showResult("网址输入不正确");
                    }
                } else {
                    showResult("请正确输入网址");
                }
            }
        }).start();
    }
```

```java
//测试 url 是否有效
private boolean isUseableURL(String url) {
    boolean flag = true;
    try {
        Process process = Runtime.getRuntime().exec("ping -c 1 -w 100 " + url);
        int connectionStatus = process.waitFor();
        if (connectionStatus != 0) {
            flag = false;
        }
    } catch (Exception e) {
        e.printStackTrace();
    }
    return flag;
}
private void showResult(final String s) {
    runOnUiThread(new Runnable() {
        @Override
        public void run() {
            webContent.setText(s);
        }
    });
}
}
```

activity_main.xml 代码:

```xml
<EditText
    android:id="@+id/web_url"
    android:layout_width="match_parent"
    android:layout_height="wrap_content"
    android:layout_marginTop="15dp"
    android:hint="请在此处输入要查看源码的网址"
    android:textSize="20dp" />
<Button
    android:layout_width="match_parent"
    android:layout_height="wrap_content"
    android:onClick="querySourceCode"
    android:layout_marginTop="10dp"
    android:text="查看网页源码"
    android:textSize="20dp" />
<ScrollView
    android:layout_width="match_parent"
    android:layout_height="match_parent">
    <TextView
        android:id="@+id/display_webContent"
        android:layout_width="match_parent"
        android:layout_height="match_parent"
        android:hint="此处显示网页源码内容" />
</ScrollView>
```

/app/build.gradle 文件代码:

```
android {
    compileSdkVersion 26
    defaultConfig {
        applicationId "com.hfut.operationokhttp"
        minSdkVersion 22
        targetSdkVersion 26
        versionCode 1
        versionName "1.0"
        testInstrumentationRunner "android.support.test.runner.AndroidJUnitRunner"
    }
    buildTypes {
        release {
            minifyEnabled false
            proguardFiles getDefaultProguardFile('proguard-android.txt'), 'proguard-rules.pro'
        }
    }
}
dependencies {
    implementation fileTree(dir: 'libs', include: ['*.jar'])
    implementation 'com.android.support:appcompat-v7:26.1.0'
    implementation 'com.android.support.constraint:constraint-layout:1.0.2'
    testImplementation 'junit:junit:4.12'
    androidTestImplementation 'com.android.support.test:runner:1.0.1'
    androidTestImplementation 'com.android.support.test.espresso:espresso-core:3.0.1'
    compile 'com.squareup.okhttp3:okhttp:3.4.1'
}
```

主配置 AndroidManifest.xml 文件代码：

```xml
<?xml version="1.0" encoding="utf-8"?>
<manifest xmlns:android="http://schemas.android.com/apk/res/android"
    package="com.hfut.operationokhttp">
<uses-permission android:name="android.permission.INTERNET"></uses-permission>
    <application
        android:allowBackup="true"
        android:icon="@mipmap/ic_launcher"
        android:label="@string/app_name"
        android:roundIcon="@mipmap/ic_launcher_round"
        android:supportsRtl="true"
        android:theme="@style/AppTheme">
        <activity android:name=".MainActivity">
            <intent-filter>
                <action android:name="android.intent.action.MAIN" />
                <category android:name="android.intent.category.LAUNCHER" />
            </intent-filter>
        </activity>
    </application>
</manifest>
```

【代码分析】

第一步：获取 OkHttpClient 实例。

第二步：创建请求 Request。

第三步：通过 OkHttpClient.newCall()获取 Call 对象。

第四步：执行 Call 对象的 execute()方法，获取返回数据。

第五步：处理返回数据。

运行结果如图 9-6～图 9-9 所示。

图 9-6　加载初始页面　　　　　　　　　　图 9-7　查看网页源码

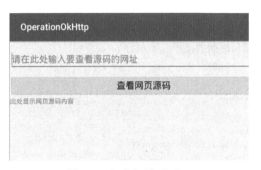

图 9-8　输入错误网页　　　　　　　　　　图 9-9　不输入网页

实例 9-1：OkHttp 的范例

OkHttp 是一个第三方类库，用于 Android 中请求网络。

本实例是通过 OkHttp 这个第三方类库，获取网络 html 网页信息。

```xml
<?xml version="1.0" encoding="utf-8"?>
<LinearLayout xmlns:android="http://schemas.android.com/apk/res/android"
    xmlns:tools="http://schemas.android.com/tools"
    android:layout_width="match_parent"
    android:layout_height="match_parent"
    android:orientation="vertical" >
    <Button
        android:id="@+id/send_request"
```

```
            android:layout_width="match_parent"
            android:layout_height="wrap_content"
            android:text="Send Request"/>
    <ScrollView
            android:layout_width="match_parent"
            android:layout_height="match_parent">
    <TextView
            android:id="@+id/response_text"
            android:layout_width="match_parent"
            android:layout_height="wrap_content" /></ScrollView>
</LinearLayout>
```

Button 中对按钮的属性进行配置，声明了按钮的 ID、大小以及名称。

TextView 中设置了文本的 ID、宽度、高度、显示的文字、所占位置，以及是否为单行。

ScrollView 滚动视图的 XML 配置。

```
public class MainActivity extends AppCompatActivity implements View.OnClickListener{
MainActivity 继承类 AppCompatActivity 并用接口对此类进行监听
    TextView responseText;
    @Override
    protected void onCreate(Bundle savedInstanceState) {
        super.onCreate(savedInstanceState);
        setContentView(R.layout.activity_main);
        Button sendRequest = (Button)findViewById(R.id.send_request);
        responseText = (TextView)findViewById(R.id.response_text);
        sendRequest.setOnClickListener(this);
    }
    public void onClick(View v){
        if(v.getId() == R.id.send_request){
            sendRequestWithOkHttp();
        }
    }
    private    void sendRequestWithOkHttp(){
        new Thread(new Runnable() {
            public void run() {
                try{
                    OkHttpClient client =new OkHttpClient();
                    Request request = new Request.Builder()
                            .url("http://www.baidu.com")
                            .build();
```

使用 OkHttp 访问百度网址，因为此应用不太完善，所以运行过后百度显示乱码即源码，但并不妨碍利用网络访问网址。

```
                    Response response = client.newCall(request).execute();
                    String responseData = response.body().string();
                    showResponse(responseData);
                }catch (Exception e){
                    e.printStackTrace();
                }
```

```
            }
        }).start();
    }
    private void showResponse(final String response){
        runOnUiThread(new Runnable() {
            @Override
            public void run() {
                responseText.setText(response);
            }
        });
    }
}
```

在重写父类的 onCreate 时，在方法前面加上@Override，系统可以帮助开发者检查方法的正确性。

运行结果如图 9-10 和图 9-11 所示。

图 9-10　点击初始页面

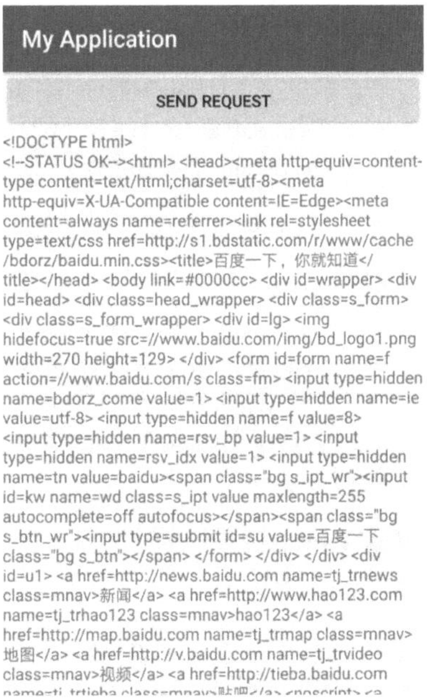

图 9-11　结果界面

实例 9-2：Socket 简单通信

Socket 是应用层与 TCP/IP 协议簇通信的中间抽象层。Socket 是一组接口，在设计模式中，Socket 的设计就是门面模式，它把复杂的 TCP/IP 协议簇的内容隐藏在套接字接口后面，用户无需关心协议的实现，只需使用 Socket 提供的接口即可。套接字使用 TCP 提供了两台计算机之间的通信机制。客户端程序创建一个套接字，并尝试连接服务器的套接字。当连接建立时，服务器会创建一个 Socket 对象。客户端和服务器现在可以通过对 Socket 对象的写入和读取来进行通信。

本实例通过 Socket 实现简单通信。

Activity main.xml：

```
<RelativeLayout xmlns:android="http://schemas.android.com/apk/res/android"
    xmlns:tools="http://schemas.android.com/tools"
    android:layout_width="match_parent"
    android:layout_height="match_parent"
    tools:context=".MainActivity" >
    <EditText
        android:id="@+id/ed1"
        android:layout_width="match_parent"
        android:layout_height="wrap_content"
        android:hint="给服务器发送信息"/>
```

EditText 实现给服务器发送信息的操作。

```
    <Button
        android:id="@+id/send"
        android:layout_width="match_parent"
        android:layout_height="wrap_content"
        android:layout_below="@id/ed1"
        android:text="发送"/>
```

此处定义了一个按钮来实现发送操作。

```
    <TextView
        android:id="@+id/txt1"
        android:layout_width="match_parent"
        android:layout_height="wrap_content"
        android:layout_below="@id/send"/>
</RelativeLayout>
```

使用 TextView 显示发送的信息。

MainActivity.xml：

```
public class MainActivity extends Activity {
    Socket socket = null;
    String buffer = "";
    TextView txt1;
    Button send;
    EditText ed1;
    String geted1;
    public Handler myHandler = new Handler() {
        @Override
        public void handleMessage(Message msg) {
            if (msg.what == 0x11) {
                Bundle bundle = msg.getData();
```

从 bundle 数据中提取数据。

```
                txt1.append("server:"+bundle.getString("msg")+"\n");
```

```
                }
            }
        };
        @Override
        protected void onCreate(Bundle savedInstanceState) {
            super.onCreate(savedInstanceState);
            setContentView(R.layout.activity_main);
            txt1 = (TextView) findViewById(R.id.txt1);
            send = (Button) findViewById(R.id.send);
            ed1 = (EditText) findViewById(R.id.ed1);
            send.setOnClickListener(new OnClickListener() {
                @Override
                public void onClick(View v) {
                    geted1 = ed1.getText().toString();
                    txt1.append("client:"+geted1+"\n");
```

启动线程向服务器发送和接收信息。

```
                    new MyThread(geted1).start();
                }
            });
        }
        class MyThread extends Thread {
            public String txt1;
            public MyThread(String str) {
                txt1 = str;
            }
            @Override
            public void run() {
```

定义消息。

```
                Message msg = new Message();
                msg.what = 0x11;
                Bundle bundle = new Bundle();
                bundle.clear();
                try {
```

连接服务器并设置连接超时为 5 秒。

```
                    socket = new Socket();
                    socket.connect(new InetSocketAddress("1.1.9.30", 30000), 5000);
```

获取输入输出流。

```
                    OutputStream ou = socket.getOutputStream();
                    BufferedReader bff = new BufferedReader(new InputStreamReader(
                            socket.getInputStream()));
```

读取服务器信息。

```
                    String line = null;
                    buffer="";
```

```
                        while ((line = bff.readLine()) != null) {
                                buffer = line + buffer;
                        }
```

向服务器发送信息。

```
                        ou.write("android 客户端".getBytes("gbk"));
                        ou.flush();
                        bundle.putString("msg", buffer.toString());
                        msg.setData(bundle);
```

发送消息修改 UI 线程中的组件。

```
                        myHandler.sendMessage(msg);
```

关闭各种输入输出流。

```
                        bff.close();
                        ou.close();
                        socket.close();
                } catch (SocketTimeoutException aa) {
```

连接超时在 UI 界面显示提示信息：连接失败。

```
                        bundle.putString("msg", "服务器连接失败！请检查网络是否打开");
                        msg.setData(bundle);
```

发送消息修改 UI 线程中的组件。

```
                        myHandler.sendMessage(msg);
                } catch (IOException e) {
                        e.printStackTrace();
                }
            }
        }
        @Override
        public boolean onCreateOptionsMenu(Menu menu) {
            getMenuInflater().inflate(R.menu.main, menu);
            return true;
        }
    }
```

服务端：

```
    public class AndroidService {
        public static void main(String[] args) throws IOException {
            ServerSocket serivce = new ServerSocket(30000);
            while (true) {
```

等待客户端连接。

```
                Socket socket = serivce.accept();
                new Thread(new AndroidRunable(socket)).start();
```

```
                }
            }
        }
    AndroidRunable.java
    public class AndroidRunable implements Runnable {
        Socket socket = null;
        public AndroidRunable(Socket socket) {
            this.socket = socket;
        }
        @Override
        public void run() {
```

向 Android 客户端输出 "hello world!"

```
            String line = null;
            InputStream input;
            OutputStream output;
            String str = "hello world!";
            try {
```

向客户端发送信息。

```
            output = socket.getOutputStream();
            input = socket.getInputStream();
            BufferedReader bff = new BufferedReader(
                        new InputStreamReader(input));
            output.write(str.getBytes("gbk"));
            output.flush();
```

半关闭 socket。

```
    socket.shutdownOutput();
```

获取客户端的信息。

```
            while ((line = bff.readLine()) != null) {
                System.out.print(line);
            }
```

关闭输入输出流。

```
            output.close();
            bff.close();
            input.close();
            socket.close();
        } catch (IOException e) {
            e.printStackTrace();
        }
        }
    }
```

运行结果如图 9-12 和图 9-13 所示。

图 9-12 Socket 简单通信 1　　　　　　　图 9-13 Socket 简单通信 2

实例 9-3：使用 Picasso 获取网络图片的实例

Picasso 是 Square 公司出品的一款非常优秀的开源图片加载库，是目前 Android 开发中超级流行的图片加载库之一，可以实现图片下载和缓存功能，使用非常简单。本实例将使用 Picasso 获取百度网页 LOGO。

使用 Picasso 之前，需要在项目 build.gradle 中添加对 Picasso 框架的依赖，下载 picasso.jar 框架，并将其导入 Android Studio 中。

因为加载图片需要访问网络，所以需要在 Manifest 中添加访问网络的权限。

```xml
<?xml version="1.0" encoding="utf-8"?>
<manifest xmlns:android="http://schemas.android.com/apk/res/android"
        package="com.bignerdranch.android.myapplication">
    <application
        android:allowBackup="true"
        android:icon="@mipmap/ic_launcher"
        android:label="@string/app_name"
        android:roundIcon="@mipmap/ic_launcher_round"
        android:supportsRtl="true"
        android:theme="@style/AppTheme">
        <activity android:name=".MainActivity">
            <intent-filter>
                <action android:name="android.intent.action.MAIN"/>
                <category android:name="android.intent.category.LAUNCHER"/>
```

```
            </intent-filter>
        </activity>
    </application>
    <uses-permission android:name="android.permission.INTERNET"/>
</manifest>
```

将\<uses-permission android:name="android.permission.INTERNET"/\>添加到 AndroidManifest.xml 文件中，以便可以实现对网络的访问。

activity_main 文件如下：

```
<?xml version="1.0" encoding="utf-8"?>
<LinearLayout xmlns:android="http://schemas.android.com/apk/res/android"
                android:layout_width="match_parent"
                android:layout_height="match_parent"
                android:orientation="vertical">
        <Button
                android:id="@+id/button"
                android:layout_width="match_parent"
                android:layout_height="wrap_content"
                android:text="获取百度 LOGO"/>
        <ImageView
                android:id="@+id/imageView"
                android:src="@mipmap/ic_launcher"
                android:layout_width="match_parent"
                android:layout_height="200dp"/>
</LinearLayout>
```

首先定义一个按钮，点击按钮就将实现对网页的访问，ImageView 是一个图片容器，用于放置获取的图片。

Mainactivity.java 代码如下：

```
public class MainActivity extends AppCompatActivity {
    Private string url=
    "https://ss0.bdstatic.com/5aV1bjqh_ Q23odCf/ static/ superman/img/logo_top_86d58ae1.png";
    private ImageView headerImage;
    protected void onCreate(Bundle savedInstanceState) {
        super.onCreate(savedInstanceState);
        setContentView(R.layout.activity_main);
        headerImage = (ImageView)findViewById(R.id.imageView);
        findViewById(R.id.button).setOnClickListener(new View.OnClickListener() {
            @Override
            public void onClick(View view) {
                Picasso.with(MainActivity.this).load(url).into(headerImage);
            }
        });
    }
```

在获取网页图片之前，需要知道该图片的网址，这里使用一个 String 变量用于存储图片的网址。通过 findViewByid 找到按钮，并设置监听器。

with(Context) 用于获取一个 Picasso 单例，参数是一个 Context 上下文。

load(String) 调用 load 方法加载图片。

into (ImageView) 将图片显示在对应的 View 上，可以是 ImageView，也可以是实现了 Target j 接口的自定义 View。

运行结果如图 9-14 和图 9-15 所示。

图 9-14　运行前界面

图 9-15　运行后界面

实例 9-4：扫描二维码

二维码（two-dim ensional code），又称二维条码，它是用特定的几何图形按一定规律在平面（二维方向）上分布的黑白相间的图形。

在现代商业活动中，二维码（含条码）的应用十分广泛。二维码的一个典型应用是电子售票。用户通过网络购买车票（或机票）时，输入购票信息，通过电子支付，即可完成车票的预订，稍后手机会收到二维码电子票信息，旅客凭该信息即可到客运站换票或直接检票登车（机）。总之，通过二维码能实现信息的电子化。

越来越多的手机摄像头具备自动对焦的拍摄功能，这也意味着这些手机可以具备条码扫描的功能。

二维码可以存放很多信息。如果信息量大，特别是包含图形、图像等信息时，通常把这些信息制作到一个 Web 页面并存放到 Web 服务器，再制作指向这个 Web 页面的 URL 地址的二维码。

目前，智能手机都具备扫描二维码的功能。微信的"扫一扫"程序，实质上是先得到条码对应的文本，如同图书的 ISBN，通过这个唯一标识在 Internet 上搜索，并以页面形式呈现。具体实现代码如下：

```
public class BarCodeTestActivity extends Activity{
    private TextView resultTextView;
```

```
                    private EditText qrStrEditText;
                    private ImageView qrImgImageView;
                @Override
                    public void onCreate(Bundle savedInstanceState){
                        super.onCreate(savedInstanceState);
                        setContentView(R.layout.activity_main);
```

调用父类的 onCreate 方法。

在 Activity 创建时被系统调用，是一个 Activity 生命周期的开始。

onsaveInstanceState 方法是用来保存 Activity 的状态的。当一个 Activity 在生命周期结束前，会调用该方法保存状态。

```
        resultTextView=(TextView)this.findViewById(R.id.tv_scan_result);
        qrStrEditText=(EditText)this.findViewById(R.id.et_qr_string);
                qrImgImageView = (ImageView)this.findViewById(R.id.iv_qr_image);
        Button scanBarCodeButton=(Button)this.findViewById(R.id.btn_scan_barcode);
            scanBarCodeButton.setOnClickListener(new OnClickListener(){
```

在许多种类的二维条码中，常用的码制有：Data Matrix，Maxi Code，Aztec，QR Code，Vericode，PDF417，Ultracode，Code 49，Code 16K 等，最常用的就是 QRCode。

生成 QR 码：

```
                @Override
                public void onClick(View v){
                    Intent openCameraIntent = new Intent(BarCodeTestActivity.this,CaptureActivity.class);
                    startActivityForResult(openCameraIntent,0);
                }
            });
            Button generateQRCodeButton=(Button)this.findViewById(R.id.btn_add_qrcode);
            generateQRCodeButton.setOnClickListener(new OnClickListener(){
                @Override
                public void onClick(View v){
                    try{
                        String contentString=qrStrEditText.getText().toString();
                        if(!contentString.equals("")){
                            Bitmap qrCodeBitmap = EncodingHandler.createQRCode(contentString,350);
```

打开界面并开始扫描二维码。

根据字符串生成二维码图片并显示在界面上，其中 EncodingHandler.createQRCode (contentString,350); 为图片的大小（350*350）。

```
                            qrImgImageView.setImageBitmap(qrCodeBitmap);
                        }
        else{
                            Toast.makeText(BarCodeTestActivity.this,"Text can not be empty！",
                                Toast.LENGTH_LONG).show();
                        }
                    }
                    catch(Exception e){
                        e.printStackTrace();
```

```
                                }
                            }
                        });
                }
                @Override
                protected void onActivityResult(int requestCode,int resultCode,Intent data)
```

调用方法 startActivityForResult()来实现 Activity 之间数据的传递，具体为：

requestCode 用来标识请求的来源。

resultCode 用来标识返回的数据来自哪一个 Activity。

```
        {
                super.onActivityResult(requestCode, resultCode, data);
                if(resultCode == RESULT_OK){
                        Bundle bundle = data.getExtras();
                        String scanResult = bundle.getString("result");
                        resultTextView.setText(scanResult);
                }
            }
        }
```

一种存放字符串和 Parcelable 类型数据的 map 类型的容器类，通过存放数据键（key）获取对应的各种类型的值（value），而且必须通过键（key）获取。

打开图片，开始扫描二维码，将扫描过后的结果显示在界面上。

运行效果如图 9-16 所示。

图 9-16 扫描界面

本章小结

本章中主要讲了 Android 网络通信的三种方法：URL 通信方式、Socket 通信方式和 HTTP 通信方式。HTTP 是最常用的一种，通常有两种方式来发送 HTTP 请求，分别是 HttpURLConnection 和 OkHttp。Android 平台为网络通信提供了丰富的 API，除了对 Java 标准平台保留的 java.net、javax.net、javax.net.ssl 包之外，还添加了 android.net、android.net.http 包。此外，Android 平台还将 Apache 旗下的 HTTP 通信相关的 org.apache.http 包也纳入系统中来。

HTTP 即超文本传送协议（Hypertext Transfer Protocol），是 Web 联网的基础，也是手机联网常用的协议之一，HTTP 是建立在 TCP 协议之上的一种应用。它最显著的特点是客户端发送的每次请求都需要服务器回送响应，在请求结束后，会主动释放连接。

Socket 与 HTTP 的不同之处在于，Socket 是面向 TCP/UDP 协议（位于传输层）的，HTTP 是面向 HTTP 协议（位于应用层）的。

课后练习

1. 判断题

1）使用 HttpURLConnection 和 Socket 的网络编程，都是标准的 Java 网络编程。
（　　）

2）抽象类 HttpURLConnection 和接口 HttpClient 位于相同的软件包中。（　　）

3）HttpURLConnection 编程和 HttpClient 编程都是基于 HTTP 请求的网络编程。
（　　）

4）调用 Web 服务的 Android 应用程序应使用 Socket 编程方式。（　　）

5）创建 JPush 应用，实质上是创建访问 Web 服务器的手机客户端程序。（　　）

2. 选择题

1）使用 HttpURLConnection 实现移动互联时，设置读取超时属性的方法是（　　）。

    A．setTimeout()　　　　　　　　B．setReadTimeout()

    C．setConnectTimeout()　　　　　D．setRequestMethod()

2）HttpClient 接口是由（　　）包提供的。

    A．标准 Java 包　　　　　　　　B．扩展 Java 包

    C．Apache 包　　　　　　　　　D．Android 包

3）使用 HttpClient 的 GET 方式请求时，可以使用（　　）来创建 HTTP 请求对象。

    A．HttpResponse　　B．HttpClient　　C．HttpGet　　　　D．HttpPost

4）在 Android 中，针对 HTTP 进行网络通信的方法主要有（　　）。

    A．使用 HttpURLConnection 实现

    B．使用 ServiceConnection 实现

    C．使用 HttpClient

    D．使用 HttpConnection 实现

5）在 Android 中，HttpURLConnection 的输入/输出流操作，在 HttpClient 中，被统一封装成了（　　）。

    A．HttpGet　　　　B．HttpPost　　　　C．HttpRequest　　　　D．HttpResponse

6）下列关于基于 TCP 连接的 Socket 通信的说法中正确的是（　　）。

    A．服务器端使用 ServerSocket 且只需要设置端口号

    B．服务器端使用 ServerSocket 且需要设置端口号和 IP 地址

    C．客户端使用 Socket 且只需要设置端口号

    D．客户端使用 ServerSocket 且需要设置端口号

3. 填空题

1）使用 URL 对象的 openConnection()方法得到_____对象。

2）通过使用 HttpClient 对象的_____方法，可以得到一个 HttpResponse 对象。

3）如果要发起网络连接，不仅要知道远程主机的 IP 或域名，还要约定通信的____。

4）通过 ServerSocket 提供的 accept()方法可以得到_____类型的对象。

5）Socket 通信的连接方式有 TCP 和_____两种。

第10章 社交系统开发

前几章已经系统地学习了 Android 的组件、布局管理器、基本控件、数据库与存储技术等 Android 基础知识，接下来本章会以一个具体的系统开发案例来详细介绍如何综合应用之前学过的知识。

10.1 社交系统开发概述

随着移动网络技术的推进，风靡全球的社交网络也开始向移动化和简洁化发展。Android 与社交网络系统结合，采用 JSP 技术、Android 技术以及 MySQL 数据库管理，实现社交网络系统在移动客户端进行登录、通信、聊天等几大功能。

1．社交系统开发背景

系统以用户为中心，以简化、方便用户操作为目标，它可以拉近人们之间的距离，方便表达感情，加强好友之间的交流，及时发布信息，还可以很方便地与附近的人交友，最终帮助个人扩展人脉，丰富个人生活。

2．社交系统开发目的及意义

SNS，即社交网络服务（Social Networking Service），包括了社交软件和社交网站，也指网络中已普及的社交信息交流载体，如短信服务。总的来说，社交系统的开发不仅为人们提供聊天的便利，也加强了人与人之间互动、交流与沟通。

3．社交系统功能模块

1）个人信息登录模块：完成用户信息注册、修改个人信息、登录等基本功能。

2）通信功能模块：可以和自己添加的好友进行互动通信。

3）聊天模块：可以和好友进行聊天沟通，交流信息。

4．社交系统非功能性需求

1）系统安全性：保证用户登录的安全性，以及快速追回被盗账户。

2）代码可读性：拥有完整的代码与必要注释，以及数据存储。

3）良好用户体验：保证在 Android 平台的可操作性。

5．需要解决的问题

1）需求分析方面，要在充分理解现有泛类 SNS 客户端的基础上，分析现有的移动互联网社交平台的需求和业务流程，需求包括功能需求和非功能需求。

2）设计方面，要考虑移动互联网行业的网络构架和业务特点，设计要满足系统可维护性、灵活性和可扩展性，并从动态结构和静态分析两方面对系统进行建模设计。

3）实现方面，在实现设计基础上，主要解决对 Android 手机客户端的操作和功能实现。

10.2　系统欢迎页面

进入系统，用户首先会看到欢迎页面。

定义一个 main.xml 布局文件，为欢迎界面布局，修改为 LinearLayout 布局。创建了一个 login.xml 布局文件，为用户登录界面布局，重写其中方法完成效果。

【例 10-1】　系统主页面

欢迎界面布局

main.xml：

```xml
<?xml version="1.0" encoding="utf-8"?>
<LinearLayout xmlns:android="http://schemas.android.com/apk/res/android"
    android:orientation="vertical"
    android:layout_width="match_parent"
    android:layout_height="match_parent">
    <ImageView
android:id="@+id/ImageView01"
    android:layout_width="wrap_content"
    android:layout_height="wrap_content"
    android:layout_margin="0dp"
    android:src="@drawable/top">
    </ImageView>
    <LinearLayout
    android:orientation="vertical"
    android:layout_marginLeft="20dp"
    android:layout_width="280dp"
    android:layout_height="200dp"
    android:background="@drawable/login">
    </LinearLayout>
</LinearLayout>
```

设置一个 LinearLayout，此布局中放一个背景图片作为登录背景图。

LYWelcomeActivity.java：

```java
public class LYWelcomeActivity extends Activity {
    LogoView lv;
    @Override
    protected void onCreate(Bundle savedInstanceState) {
        // TODO Auto-generated method stub
        super.onCreate(savedInstanceState);
        lv = new LogoView(this);
        setContentView(lv);
        LogoTask task = new LogoTask();
        task.execute();
    }
    private class LogoTask extends AsyncTask<Object, Integer, String> {
        int alpha = 0;
        @Override
```

```
            protected void onPreExecute() {
                // TODO Auto-generated method stub
                super.onPreExecute();
            }
            @Override
            protected void onPostExecute(String result) {
                // TODO Auto-generated method stub
                Intent intent=new Intent(LYWelcomeActivity .this, LYTabHostActivity.class);
                startActivity(intent);
            }
            @Override
            protected void onProgressUpdate(Integer... values) {
                // TODO Auto-generated method stub
                int temp = values[0].intValue();
                lv.repaint(temp);
            }
            @Override
            protected String doInBackground(Object... arg0) {
                // TODO Auto-generated method stub
                while (alpha < 255) {
                    try {
                        Thread.sleep(100);
                        publishProgress(new Integer(alpha));
                        alpha += 5;
                    } catch (InterruptedException e) {
                        // TODO Auto-generated catch block
                        e.printStackTrace();
                    }
                }
                return null;
            }
        }
    }
```

编译运行，结果如图 10-1 所示。

【程序说明】

- 在 main.xml 文件中通过 ImageView 的 android:src= "@ drawable/top" 属性设置顶层图片。

- 在 Java 文件夹下的 com.ly.control 包中建立 LYWelcome Activity.java 文件。

- onPreExecute()：准备运行，该回调函数在任务被执行之后立即由 UI 线程调用。这个步骤通常用来建立任务，在用户接口（UI）上显示进度条。

- onPostExecute(String result)：完成后台任务，在后台计算结束后调用。后台计算的结果会被作为参数传递给这一函数。

图 10-1　欢迎界面

332

- onProgressUpdate(Integer... values)：进度更新，该函数由 UI 线程在 publishProgress (Progress...)方法调用完后被调用。一般用于动态地显示一个进度条。
- doInBackground(Object... arg0)：后台运行，该回调函数由后台线程在 onPreExecute() 方法执行结束后立即调用。通常在这里执行耗时的后台计算。计算的结果必须由该函数返回，并被传递到 onPostExecute()中。在该函数内也可以使用 publishProgress (Progress...) 来发布一个或多个进度单位（unitsof progress）。这些值将会在 onProgressUpdate(Progress...)中被发布到 UI 线程。

提示：AsyncTask 是在 Android SDK 1.5 之后推出的一个方便编写后台线程与 UI 线程交互的辅助类。AsyncTask 的内部实现是一个线程池，每个后台任务会提交到线程池中的线程执行，然后使用 Thread+Handler 的方式调用回调函数。

10.3 系统设计

在系统开发过程中注意遵循软件体系结构设计基本原理，使系统开发遵循软件工程思想和理论。在本系统开发过程中对软件的重用进行了重点考虑，因为，在系统正式投入使用后需要对其进行维护和升级，具有良好的软件重用性可以大大降低系统的成本并且提高系统的效率，使本系统具有更好的效果。

10.3.1 数据库设计

从数据库管理系统角度看，数据库系统通常采用三级模式结构；从数据库最终用户角度看，数据库系统的体系结构分为单用户结构、主从式结构、分布式结构和客户/服务器结构。

数据库实体设计包括用户名称、用户密码、用户邮箱、用户性别、用户手机号码、用户地址等，如图 10-2 所示。

图 10-2　用户数据实体

10.3.2 服务器设计

利用 MySQL + Java Web + Tomcat+Volley 来实现本例的服务器。

1）MySQL 是开源的数据库软件。

2）Java Web 是遵循 Java 语言风格的服务器应用程序组件（即客户端发来请求的应答者）。

3）Tomcat 是开源的服务器软件（作为 Java Web 应用程序的容器）。

4）Volley 是谷歌官方为 Android 提供的 HTTP 请求库（写在 Android 客户端，用于向服务器端发送请求）。

从 Android 客户端发出一条请求到收到应答的过程如下。

1）客户端调用 Volley 请求函数向指定 IP 地址（或域名）的服务器发出一条 HTTP 请求（例如包含账号和密码的登录请求）。

2）服务器容器 Tomcat 收到 HTTP 请求，寻找相应 Java Web 编写的服务器应用程序，把请求分派给它来处理。

3）Java Web 编写的服务器应用程序找到处理请求相应的 Servlet（Java Web 项目的一部分）实例，把请求分配给它处理。

4）Servlet 根据请求来执行相应的操作（如调用数据库然后验证登录是否成功），将结果添加到应答中，发回客户端。

5）客户端接收到应答，从应答中解析出结果（如登录是否成功），然后根据结果执行相应的逻辑（如跳转页面或提示账号密码不正确等）。

10.4　系统模块设计

本系统共分为登录模块、注册模块、通信模块，下面逐一进行介绍。

10.4.1　登录注册模块设计

欢迎页面结束后，进入登录页面。如果没有账号，在下方找到注册账号字样，点击即可进入注册页面进行相关信息的填写。注册成功后，可通过账号和密码进行登录。登录后进入系统主页面。主页面布局设计如下。

1. 登录界面

login.xml:

```
<?xml version="1.0" encoding="utf-8"?>
<LinearLayout xmlns:android="http://schemas.android.com/apk/res/android"
    android:orientation="vertical"
    android:layout_width="match_parent"
    android:layout_height="match_parent"
    android:background="@drawable/ww1">
    <LinearLayout
        android:orientation="vertical"
        android:id="@+id/llt"
        android:layout_marginTop="100dp"
        android:layout_marginLeft="20dp"
        android:layout_width="280dp"
        android:layout_height="200dp"
        android:background="@drawable/login">
```

```xml
<LinearLayout
    android:orientation="horizontal"
    android:layout_marginTop="20dp"
    android:id="@+id/llt1"
    android:layout_width="match_parent"
    android:layout_height="wrap_content">
    <TextView
        android:text="账号："
        android:id="@+id/TextView01"
        android:textColor="#6495ED"
        android:layout_marginLeft="100dp"
        android:layout_width="wrap_content"
        android:layout_height="wrap_content" />
    <EditText
        android:id="@+id/EditText01"
        android:layout_width="120dp"
        android:layout_height="wrap_content">
    </EditText>
</LinearLayout>
<LinearLayout
    android:orientation="horizontal"
    android:id="@+id/llt2"
    android:layout_width="wrap_content"
    android:layout_height="wrap_content">
    <TextView
        android:text="密码："
        android:id="@+id/TextView02"
        android:layout_width="wrap_content"
        android:layout_height="wrap_content"
        android:layout_marginLeft="100dp"
        android:textColor="#6495ED" />
    <EditText android:id="@+id/EditText03"
        android:layout_width="120dp"
        android:layout_height="wrap_content"
        android:inputType="textPassword">
    </EditText>
</LinearLayout>
<LinearLayout
    android:orientation="horizontal"
    android:id="@+id/llt3"
    android:layout_width="wrap_content"
    android:layout_height="wrap_content">
    <CheckBox
        android:text="记住密码"
        android:id="@+id/CheckBox01"
        android:layout_marginLeft="40dp"
        android:textColor="#6495ED"
        android:layout_width="wrap_content"
```

```
                        android:layout_height="wrap_content">
                    </CheckBox>
                    <Button
                        android:text="登      录"
                        android:id="@+id/Button01"
                        android:layout_marginLeft="30dp"
                        android:textColor="#6495ED"
                        android:layout_width="wrap_content"
                        android:layout_height="wrap_content">
                    </Button>
                </LinearLayout>
            </LinearLayout>
        </LinearLayout>
```

LYLoginActivity.java:

```
public class LYLoginActivity extends Activity {
        private EditText et,et2;
        private Button btn;
        private CheckBox cb;
        public static String f;
        public static String name;
        public String s,s1;
          private LoginHandler lh;
          private int count;
          private ProgressDialog pd;
    @Override
    public void onCreate(Bundle savedInstanceState) {
            super.onCreate(savedInstanceState);
            setContentView(R.layout.login);
            btn = (Button) findViewById(R.id.Button01);
            et = (EditText) findViewById(R.id.EditText01);
            et2 = (EditText) findViewById(R.id.EditText03);
            cb = (CheckBox) findViewById(R.id.CheckBox01);
            pd = new ProgressDialog(this);
            DBHelper db = new DBHelper(LYLoginActivity.this);
              SQLiteDatabase sd = db.getReadableDatabase();
              Cursor c = sd.rawQuery("select user_id _id,user_name,user_pswd from "+DBHelper. table_
name+"", null);
            while(c.moveToNext()){
                    int id = c.getInt(0);
                    name = c.getString(1);
                    f = c.getString(2);
                    cb.setChecked(true);
            }
            et.setText(name);
            et2.setText(f);
            c.close();
```

```java
                        sd.close();
                        db.close();
                        lh = new LoginHandler();
                    btn.setOnClickListener(l);
            }
            private OnClickListener l = new OnClickListener() {

                    public void onClick(View v) {
                            // TODO Auto-generated method stub
                            if(cb.isChecked()&&v==btn){
                                    count++;
                                    pd.show();
                                    Thread t = new Thread(r);
                                    t.start();
                                    s = et.getText().toString();
                                    s1 = et2.getText().toString();
                                    DBHelper db = new DBHelper(LYLoginActivity.this);
                                    SQLiteDatabase sd = db.getWritableDatabase();
                                    sd.execSQL("insert into "+DBHelper.table_name+" values(null,?,?)",new String[]
{s,s1});
                                    sd.close();
                                    db.close();
                            }
                            if(v==btn&&!cb.isChecked()){
                                    count++;
                                    pd.show();
                                    Thread t = new Thread(r);
                                    t.start();
                            }
                    }
            };
            Runnable r = new Runnable(){
                    public void run() {
                            // TODO Auto-generated method stub
                            try {
                                    URL url = new URL("http://10.0.2.2:8080/Lvyou/LoginServlet");
                                    HttpURLConnection htc = (HttpURLConnection) url.openConnection();
                                    htc.setRequestMethod("POST");
                                    htc.setDoInput(true);
                                    htc.setDoOutput(true);
                                    OutputStream out = htc.getOutputStream();
                                    StringBuilder sb = new StringBuilder();
                                    sb.append("<user>");
                                    sb.append("<name>");
                                    sb.append(et.getText()+"");
                                    sb.append("</name>");
                                    sb.append("<pswd>");
                                    sb.append(et2.getText()+"");
```

```
                                        sb.append("</pswd>");
                                        sb.append("<flag>");
                                        sb.append(count);
                                        sb.append("</flag>");
                                        sb.append("</user>");
                                        System.out.println("++++++++++++");
                                        byte userXml[] = sb.toString().getBytes();
                                        out.write(userXml);
                                        if(htc.getResponseCode()==HttpURLConnection.HTTP_OK){
                                                InputStream in = htc.getInputStream();
                                                LoginBean xp = new LoginBean();
                                                String result = xp.password(in);
                                                Message msg = new Message();
                                                msg.obj = result;
                                                h.sendMessage(msg);
                                        }
                                } catch (Exception e) {
                                        // TODO Auto-generated catch block
                                        e.printStackTrace();
                                }
                                pd.cancel();
                        }
                };
                private String result;
                Handler h = new Handler(){
                        public void handleMessage(Message msg) {
                                String re = msg.obj+"";
                                if(re.equals("error")){
                                        Toast.makeText(LYLoginActivity.this, "登录失败,请检查用户名密码是否正确",
Toast.LENGTH_LONG).show();
                                        if(lh.getNo()!=null){
                                                Intent intent = new Intent(LYLoginActivity.this,YanzhengActivity.class);
                                                startActivity(intent);
                                                count=0;
                                        }
                                }else{
                                        result =re;
                                        String ss[] = result.split(",");
                                        Toast.makeText(LYLoginActivity.this, "欢迎"+ss[2]+"进入驴友天下行", Toast.
LENGTH_LONG).show();
                                        Intent intent = new Intent(LYLoginActivity.this,LYTabHostActivity.class);
                                        intent.putExtra("result", ss[0]);
                                        startActivity(intent);
                                }
                        };
                };
        }
```

编译运行，结果如图 10-3 所示。

【程序说明】

- 注册界面有两个 TextView 用来显示账号和密码的提示文字，两个 EditText 用来接收输入的账号和密码。
- 使用 CheckBox 控件实现记住密码操作，通过选中"记住密码"，使得下次登录不用重复输入账号和密码。
- 在 Java 文件夹下的 com.ly.control 包中建立 LYLoginActivity.java 文件。
- 定义 EditText、Button、CheckBox 的属性。定义 DBHelper 类的对象 db，定义 SQLiteDatabase 类的对象 sd 用来接收以读写方式打开的数据库。
- Cursor 读取数据库中某个表的行数据。此处用来读取用户信息（用户 id 和用户名等）。
- 用线程类 Runnable 实现与后台 servlet 的连接。
- 如果账号和密码都正确，登录成功，toast 显示"欢迎 XX 进入驴友天下行"，然后跳到主页中；否则 toast 显示"登录失败，请检查用户名密码是否正确"。

图 10-3　登录界面

在 Android 中查询数据是通过 Cursor 类来实现的。当使用 SQLiteDatabase.query() 方法时，就会得到 Cursor 对象，Cursor 所指向的就是每一条数据。

getReadableDatabase() 方法则是先以读写方式打开数据库，如果数据库的磁盘空间满了，就会打开失败，当打开失败后会继续尝试以只读方式打开数据库。如果该问题成功解决，则只读数据库对象就会关闭，然后返回一个可读写的数据库对象。

2. 注册界面

register.xml：

```xml
<?xml version="1.0" encoding="utf-8"?>
<LinearLayout xmlns:android="http://schemas.android.com/apk/res/android"
    android:orientation="vertical"
    android:layout_width="fill_parent"
    android:layout_height="fill_parent"
    android:background="@drawable/ww1">
    <ImageView
        android:id="@+id/ImageView01"
        android:layout_width="fill_parent"
        android:layout_height="wrap_content"
        android:src="@drawable/pagetop">
    </ImageView>
    <ScrollView
        android:id="@+id/ScrollView01"
        android:layout_width="wrap_content"
        android:layout_height="wrap_content">
        <LinearLayout
            android:id="@+id/LinearLayout0"
            android:orientation="vertical"
```

```
        android:layout_width="fill_parent"
        android:layout_height="wrap_content">
    <TextView
            android:id="@+id/TextView00"
            android:text="请输入您的注册信息："
            android:textColor="#6495ED"
            android:textSize="20dip"
            android:layout_height="wrap_content"
            android:layout_width="fill_parent">
    </TextView>
    <View
            android:layout_height="2dip"
            android:layout_width="fill_parent"
            android:background="#FF909090" />
    <LinearLayout
            android:orientation="vertical"
            android:id="@+id/LinearLayout01"
            android:layout_margin="20dip"
            android:background="#FFFFFF"
            android:padding="10dp"
            android:layout_width="fill_parent"
            android:layout_height="wrap_content">
        <LinearLayout
                android:orientation="horizontal"
                android:id="@+id/LinearLayout02"
                android:layout_width="wrap_content"
                android:layout_height="wrap_content">
            <TextView
                    android:id="@+id/TextView01"
                    android:text="账       号："
                    android:textColor="#6495ED"
                    android:layout_height="wrap_content"
                    android:layout_width="wrap_content">
            </TextView>
            <EditText
                    android:id="@+id/EditText01"
                    android:layout_width="190dip"
                    android:layout_height="wrap_content">
            </EditText>
        </LinearLayout>
        <View
                android:layout_height="2dip"
                android:layout_width="fill_parent"
                android:background="#FF909090" />
        <LinearLayout
                android:id="@+id/LinearLayout03"
                android:orientation="horizontal"
                android:layout_width="wrap_content"
                android:layout_height="wrap_content">
            <TextView
```

```xml
                android:id="@+id/TextView02"
                android:text="密        码:  "
                android:textColor="#6495ED"
                android:layout_height="wrap_content"
                android:layout_width="wrap_content">
            </TextView>
            <EditText
                android:id="@+id/EditText02"
                android:layout_width="190dip"
                android:layout_height="wrap_content"
                android:inputType="textPassword">
            </EditText>
        </LinearLayout>
        <View
            android:layout_height="2dip"
            android:layout_width="fill_parent"
            android:background="#FF909090" />
        <LinearLayout
            android:id="@+id/LinearLayout04"
            android:orientation="horizontal"
            android:layout_width="wrap_content"
            android:layout_height="wrap_content">
            <TextView
                android:id="@+id/TextView03"
                android:text="确认密码 :  "
                android:textColor="#6495ED"
                android:layout_height="wrap_content"
                android:layout_width="wrap_content">
            </TextView>
            <EditText
                android:id="@+id/EditText03"
                android:layout_width="190dip" android:layout_height="wrap_content"
                android:inputType="textPassword">
            </EditText>
        </LinearLayout>
        <View
            android:layout_height="2dip"
            android:layout_width="fill_parent"
            android:background="#FF909090" />
        <LinearLayout
            android:id="@+id/LinearLayout05"
            android:orientation="horizontal"
            android:layout_width="wrap_content"
            android:layout_height="wrap_content">
            <TextView
                android:id="@+id/TextView04"
                android:text="电子邮件 :  "
                android:textColor="#6495ED"
                android:layout_height="wrap_content"
                android:layout_width="wrap_content">
```

```
            </TextView>
            <EditText
                android:id="@+id/EditText04"
                android:layout_width="190dip"
                android:layout_height="wrap_content">
            </EditText>
        </LinearLayout>
        <View
            android:layout_height="2dip"
            android:layout_width="fill_parent"
            android:background="#FF909090" />
        <LinearLayout
            android:id="@+id/LinearLayout06"
            android:orientation="horizontal"
            android:layout_width="wrap_content"
            android:layout_height="wrap_content">
            <TextView
                android:id="@+id/TextView05"
                android:text="昵        称:  "
                android:textColor="#6495ED"
                android:layout_height="wrap_content"
                android:layout_width="wrap_content">
            </TextView>
            <EditText
                android:id="@+id/EditText05"
                android:layout_width="190dip"
                android:layout_height="wrap_content">
            </EditText>
        </LinearLayout>
        <View
            android:layout_height="2dip"
            android:layout_width="fill_parent"
            android:background="#FF909090" />
        <LinearLayout
            android:id="@+id/LinearLayout07"
            android:orientation="horizontal"
            android:layout_width="wrap_content"
            android:layout_height="wrap_content">
            <TextView
                android:id="@+id/TextView06"
                android:text="性        别:  "
                android:textColor="#6495ED"
                android:layout_height="wrap_content"
                android:layout_width="wrap_content"
                android:layout_marginTop="5dp">
            </TextView>
            <RadioGroup
                android:orientation="horizontal"
                android:id="@+id/rg11"
                android:layout_width="fill_parent"
```

```xml
            android:layout_height="wrap_content">
            <RadioButton
                android:text="男    "
                android:textColor="#6495ED"
                android:id="@+id/RadioButton01"
                android:layout_width="wrap_content"
                android:layout_height="wrap_content">
            </RadioButton>
            <RadioButton
                android:text="女"
                android:textColor="#6495ED"
                android:id="@+id/RadioButton02"
                android:layout_width="wrap_content"
                android:layout_height="wrap_content">
            </RadioButton>
        </RadioGroup>
    </LinearLayout>
    <View
        android:layout_height="2dip"
        android:layout_width="fill_parent"
        android:background="#FF909090" />
        <LinearLayout
            android:id="@+id/LinearLayout08"
            android:orientation="horizontal"
            android:layout_width="wrap_content"
            android:layout_height="wrap_content">
            <TextView
                android:id="@+id/TextView07"
                android:text="手    机:    "
                android:textColor="#6495ED"
                android:layout_height="wrap_content"
                android:layout_width="wrap_content">
            </TextView>
            <EditText
                android:id="@+id/EditText06"
                android:layout_width="190dip"
                android:layout_height="wrap_content">
            </EditText>
    </LinearLayout>
    <View
        android:layout_height="2dip"
        android:layout_width="fill_parent"
        android:background="#FF909090" />
    <LinearLayout
        android:id="@+id/LinearLayout09"
        android:orientation="horizontal"
        android:layout_width="wrap_content"
        android:layout_height="wrap_content">
    </LinearLayout>
    <LinearLayout
```

```
                                    android:id="@+id/LinearLayout10"
                                    android:orientation="horizontal"
                                    android:layout_width="wrap_content"
                                    android:layout_height="wrap_content">
                                <TextView
                                        android:id="@+id/TextView09"
                                        android:text="其他头像：  "
                                        android:textColor="#6495ED"
                                        android:layout_height="wrap_content"
                                        android:layout_width="wrap_content">
                                </TextView>
                                <ImageView
                                        android:id="@+id/ImageView05"
                                        android:layout_width="wrap_content"
                                        android:layout_height="wrap_content"
                                        android:layout_marginLeft="5dp">
                                </ImageView>
                                <Button
                                        android:text="选择"
                                        android:id="@+id/Button02"
                                        android:layout_width="wrap_content"
                                        android:layout_height="wrap_content">
                                </Button>
                            </LinearLayout>
                            <LinearLayout
                                    android:id="@+id/LinearLayout11"
                                    android:orientation="horizontal"
                                    android:layout_width="wrap_content"
                                    android:layout_height="wrap_content">
                                <ImageView
                                        android:id="@+id/ImageView04"
                                        android:layout_width="fill_parent"
                                        android:layout_height="wrap_content">
                                </ImageView>
                            </LinearLayout>
                            <View
                                    android:layout_height="2dip"
                                    android:layout_width="fill_parent"
                                    android:background="#FF909090" />
                            <LinearLayout
                                    android:id="@+id/LinearLayout12"
                                    android:orientation="horizontal"
                                    android:layout_width="wrap_content"
                                    android:layout_height="wrap_content">
                                <TextView
                                        android:id="@+id/TextView10"
                                        android:text="职      业:  "
                                        android:textColor="#6495ED"
                                        android:layout_height="wrap_content"
                                        android:layout_width="wrap_content">
```

```xml
        </TextView>
        <EditText
            android:id="@+id/EditText08"
            android:layout_width="190dip"
            android:layout_height="wrap_content">
        </EditText>
    </LinearLayout>
    <View
        android:layout_height="2dip"
        android:layout_width="fill_parent"
        android:background="#FF909090" />
    <LinearLayout
        android:id="@+id/LinearLayout13"
        android:orientation="horizontal"
        android:layout_width="wrap_content"
        android:layout_height="wrap_content">
        <TextView
            android:id="@+id/TextView11"
            android:text="所 在 地    :  "
            android:textColor="#6495ED"
            android:layout_height="wrap_content"
            android:layout_width="wrap_content">
        </TextView>
        <EditText
            android:id="@+id/EditText09"
            android:layout_width="190dip"
            android:layout_height="wrap_content">
        </EditText>
    </LinearLayout>
    <View
        android:layout_height="2dip"
        android:layout_width="fill_parent"
        android:background="#FF909090" />
    <LinearLayout
        android:id="@+id/LinearLayout14"
        android:orientation="horizontal"
        android:layout_width="wrap_content"
        android:layout_height="wrap_content">
        <TextView
            android:id="@+id/TextView12"
            android:text="圈        子:  "
            android:textColor="#6495ED"
            android:layout_height="wrap_content"
            android:layout_width="wrap_content">
        </TextView>
        <EditText
            android:id="@+id/EditText10"
            android:layout_width="190dip"
            android:layout_height="wrap_content">
        </EditText>
```

```
                </LinearLayout>
                <View
                        android:layout_height="2dip"
                        android:layout_width="fill_parent"
                        android:background="#FF909090" />
                <TextView
                        android:id="@+id/TextView13"
                        android:text="关注类型：  "
                        android:textColor="#6495ED"
                        android:layout_height="wrap_content"
                        android:layout_width="wrap_content">
                </TextView>
                <CheckBox
                        android:text="风味小吃"
                        android:textColor="#6495ED"
                        android:id="@+id/CheckBox01"
                        android:layout_width="wrap_content"
                        android:layout_height="wrap_content">
                </CheckBox>
                <CheckBox
                        android:text="人文景观"
                        android:textColor="#6495ED"
                        android:id="@+id/CheckBox02"
                        android:layout_width="wrap_content"
                        android:layout_height="wrap_content">
                </CheckBox>
                <CheckBox
                        android:text="自然风景"
                        android:textColor="#6495ED"
                        android:id="@+id/CheckBox03"
                        android:layout_width="wrap_content"
                        android:layout_height="wrap_content">
                </CheckBox>
                <Button
                        android:text="注　　册"
                        android:id="@+id/Button01"
                        android:layout_width="fill_parent"
                        android:layout_height="wrap_content">
                </Button>
            </LinearLayout>
        </LinearLayout>
    </ScrollView>
</LinearLayout>
```

LYRegisterActivity.java:

```
public class LYRegisterActivity extends Activity {
    private Button bt1,bt2;
    private ImageView iv1,iv2,iv3,iv4;
    private TextView tv0,tv1,tv2,tv3,tv4,tv5,tv6,tv7,tv8,tv9,tv10,tv11,tv12,tv13;
    private EditText et1,et2,et3,et4,et5,et6,et8,et9,et10;
```

```java
    private RadioButton rb1,rb2;
    private CheckBox cb1,cb2,cb3;
    private String e1,e2,e3,e4,e5,e6,e8,e9,e10;
    private String url;
    private ImageView img,img2,img3;
    private RadioGroup rg;
    public int i,n1,n2,n3;
    private String str="";
    private ProgressDialog pd;
    @Override
    protected void onCreate(Bundle savedInstanceState) {
        // TODO Auto-generated method stub
        super.onCreate(savedInstanceState);
        setContentView(R.layout.register);
        iv1=(ImageView)findViewById(R.id.ImageView01);
        iv2=(ImageView)findViewById(R.id.ImageView02);
        iv4=(ImageView)findViewById(R.id.ImageView04);
        et1=(EditText)findViewById(R.id.EditText01);
        et2=(EditText)findViewById(R.id.EditText02);
        et3=(EditText)findViewById(R.id.EditText03);
        et4=(EditText)findViewById(R.id.EditText04);
        et5=(EditText)findViewById(R.id.EditText05);
        et6=(EditText)findViewById(R.id.EditText06);
        et8=(EditText)findViewById(R.id.EditText08);
        et9=(EditText)findViewById(R.id.EditText09);
        et10=(EditText)findViewById(R.id.EditText10);
        rb1=(RadioButton) findViewById(R.id.RadioButton01);
        rb2=(RadioButton) findViewById(R.id.RadioButton02);
        rb1.setOnClickListener(l);
        rb2.setOnClickListener(l);
        cb1=(CheckBox) findViewById(R.id.CheckBox01);
        cb2=(CheckBox) findViewById(R.id.CheckBox02);
        cb3=(CheckBox) findViewById(R.id.CheckBox03);
        img=(ImageView) findViewById(R.id.ImageView05);
        img2=(ImageView) findViewById(R.id.ImageView02);
        bt1=(Button)findViewById(R.id.Button01);
        bt2=(Button)findViewById(R.id.Button02);
        bt1.setOnClickListener(l);
        bt2.setOnClickListener(l);
        pd = new ProgressDialog(this);
    }
    private OnClickListener l = new OnClickListener() {
        public void onClick(View v) {
            // TODO Auto-generated method stu
        if(v==bt1){
            e1=et1.getText().toString();
            e2=et2.getText().toString();
            e3=et3.getText().toString();
            e4=et4.getText().toString();
            e5=et5.getText().toString();
```

```java
        e6=et6.getText().toString();
        e8=et8.getText().toString();
        e9=et9.getText().toString();
        e10=et10.getText().toString();
        if(rb1.isChecked())
        {
            i=1;
        }
        else
        {
            i=0;
        }
        if(cb1.isChecked())
        {
            n1=1;
        }
        else
        {
            n1=0;
        }
        if(cb2.isChecked())
        {
            n2=1;
        }
        else
        {
            n2=0;
        }
        if(cb3.isChecked())
        {
            n3=1;
        }
        else
        {
            n3=0;
        }
        if (!e1.equals("") && !e2.equals("") && !e3.equals("") && !e4.equals("") && !e5.
equals("") && !e6.equals("") && !e8.equals("") && !e9.equals("") && (url != null && !url.equals("")) &&
(n1!=0||n2!=0||n3!=0))
        {
            if(e2.equals(e3))
            {
                if(Linkify.addLinks(et4, Linkify.EMAIL_ADDRESSES)){

                    Thread t=new Thread(r);
                    t.start();
                }
                else{
                    Toast.makeText(LYRegisterActivity.this, "请输入正确的 email 格
式！", Toast.LENGTH_LONG).show();
```

```
                                        }
                                }
                                else
                                {
                                        Toast.makeText(LYRegisterActivity.this, "请确认两次密码输入一致！  ",
                                                Toast.LENGTH_LONG).show();
                                }
                        }
                        else {
                                Toast.makeText(LYRegisterActivity.this,"已经存在的用户，请重新填写用户
信息！", Toast.LENGTH_LONG).show();
                        }
                }
                if(v==bt2){
                        Intent intent = new Intent(LYRegisterActivity.this,LYGalleryActivity.class);
                        startActivityForResult(intent, 3);
                }
            }
        };
        protected void onActivityResult(int requestCode, int resultCode, Intent data) {
                url=data.getStringExtra("url");
                Bitmap bm = BitmapFactory.decodeFile("/sdcard/"+url);
                img.setImageBitmap(bm);
                super.onActivityResult(requestCode, resultCode, data);
        };
        Runnable r = new Runnable(){
                public void run() {
                        // TODO Auto-generated method stub
                        StringBuilder sb = new StringBuilder();
                        sb.append("<files>");
                        sb.append("<file>");
                        sb.append("<username>");
                        sb.append(e1);
                        sb.append("</username>");
                        sb.append("<password>");
                        sb.append(e2);
                        sb.append("</password>");
                        sb.append("<email>");
                        sb.append(e4);
                        sb.append("</email>");
                        sb.append("<name>");
                        sb.append(e5);
                        sb.append("</name>");
                        sb.append("<sex>");
                        sb.append(i);
                        sb.append("</sex>");
                        sb.append("<phone>");
                        sb.append(e6);
                        sb.append("</phone>");
                        sb.append("<headname>");
```

```java
sb.append(url);
sb.append("</headname>");
sb.append("<head>");
ByteArrayOutputStream bo = new ByteArrayOutputStream();
try{
        FileInputStream f = new FileInputStream("/sdcard/"+url);
byte []image = new byte [1024];
int len = 0;
while ((len=f.read(image))!=-1){
        bo.write(image, 0, len);
}
byte re[] = bo.toByteArray();
String encond = Base64.encodeToString(re, Base64.DEFAULT);
bo.close();
f.close();
sb.append(encond);
}
catch(Exception e){
        e.printStackTrace();
}
sb.append("</head>");
sb.append("<job>");
sb.append(e8);
sb.append("</job>");
sb.append("<address>");
sb.append(e9);
sb.append("</address>");
sb.append("<circle>");
sb.append(e10);
sb.append("</circle>");
sb.append("<guanzhu>");
sb.append(n1+""+n2+""+n3);
sb.append("</guanzhu>");
sb.append("</file>");
sb.append("</files>");
byte content[] = sb.toString().getBytes();
try {
        URL u = new URL("http://10.0.2.2:8080/Lvyou/LYRegisterServlet");
        HttpURLConnection huc = (HttpURLConnection) u.openConnection();
        huc.setDoInput(true);
        huc.setDoOutput(true);
        huc.setRequestMethod("POST");
        huc.setRequestProperty("Content-Type", "mutipart/form-data");
        huc.setRequestProperty("Content-Length", content.length+"");
        huc.getOutputStream().write(content);
        String str = "";
        if(huc.getResponseCode()==HttpURLConnection.HTTP_OK){
                InputStream in =huc.getInputStream();
                LYRegisterBean rb = new LYRegisterBean();
                String reg=rb.register(in);
```

```
                                        Message msg = new Message();
                                        msg.obj=reg;
                                        hb.sendMessage(msg);
                        }}
                         catch (IOException e) {
                                // TODO Auto-generated catch block
                                e.printStackTrace();
                         }
                    pd.cancel();
                }
            };
            Handler hb=new Handler (){
                    public void handleMessage(Message msg){
                        String p=(String) msg.obj;
                        if(p.equals("0")){
                        Toast.makeText(LYRegisterActivity.this,"已经存在的用户，请重新填
写用户信息！", Toast.LENGTH_LONG).show();
                        }
                        else if(p.equals("1")){
                        Toast.makeText(LYRegisterActivity.this,"注册成功！", Toast.LENGTH_
LONG).show();
                        Intent intent=new Intent(LYRegisterActivity.this,LYLoginActivity.class);
                            startActivity(intent);
                        }
                    }
                };
            }
```

编译运行，结果如图 10-4 和图 10-5 所示。

图 10-4　注册界面 1

图 10-5　注册界面 2

【程序说明】

● 在布局文件中通过 TextView 和 EditText、RadioGroup、CheckBox 控件实现对用户信息的录入。点击"注册"后，由各自的 id 最终传入数据库中。

- 在 Java 文件夹下的 com.ly.control 包中建立 LYRegisterActivity.java 文件。
- 定义 EditText、Button、RadioGroup、CheckBox 的属性。判断 EditText、RadioGroup、CheckBox 的值并且提示不同的 toast。
- 用线程类 Runnable 实现与后台 servlet 的连接。
- 注册成功后，跳转到登录页面进行登录。

10.4.2　通信模块设计

Android 与服务器通信通常采用 HTTP 通信方式和 Socket 通信方式，而 HTTP 通信方式又分 GET 和 POST 两种方式。GET 请求获取 Request-URI 所标识的资源；POST 在 Request-URI 所标识的资源后附加新的数据。

本系统以 HTTP 通信方式实现 Android 和后台的 servlet 进行通信。

工作流程：一次 HTTP 请求成为一次事务，其工作流程可以分为 4 步。

1）客户端和服务器需要建立连接。这是从客户端发起的。

2）建立连接之后，客户端发送一个请求给服务器，请求方式的格式为：统一资源定位符（URL）、协议版本号、MIME 的信息（请求的是文本、图像、声音、视频……），包括请求修饰符、客户端的信息以及可能的内容。

3）服务器接到请求后，基于相应的响应信息，其格式为一个状态行、包括信息的协议版本号、一个成功或者错误的代码、MIME 信息包括服务器信息、实体信息以及一些可能的内容。

4）客户端接收到服务器端返回的信息之后，根据需要将信息展示出来，然后断开与服务器的连接。

sendinfo.xml:

```xml
<?xml version="1.0" encoding="utf-8"?>
<LinearLayout
    xmlns:android="http://schemas.android.com/apk/res/android"
    android:orientation="vertical"
    android:layout_width="match_parent"
    android:layout_height="match_parent"
    android:background="@drawable/ww1">
    <LinearLayout
        android:orientation="horizontal"
        android:id="@+id/llt4"
        android:layout_marginTop="40dp"
        android:layout_width="wrap_content"
        android:layout_height="wrap_content">
        <ImageView
            android:id="@+id/ImageView01"
            android:layout_width="wrap_content"
            android:layout_height="wrap_content"
            android:layout_marginTop="10dp"
            android:layout_marginLeft="20dp"
            android:src="@drawable/logo">
        </ImageView>
        <TextView
```

```
                    android:text="给好友发送消息："
                    android:id="@+id/TvSendInfo"
                    android:textColor="#6495ED"
                    android:layout_marginTop="30dp"
                    android:layout_marginLeft="10dp"
                    android:textSize="20px"
                    android:layout_width="wrap_content"
                    android:layout_height="wrap_content">
            </TextView>
        </LinearLayout>
        <LinearLayout
                android:orientation="vertical"
                android:id="@+id/llt7"
                android:layout_marginTop="40dp"
                android:layout_marginLeft="20dp"
                android:layout_width="280dp"
                android:layout_height="200dp"
                android:background="@drawable/login">
            <LinearLayout
                    android:orientation="vertical"
                    android:id="@+id/llt6"
                    android:layout_width="wrap_content"
                    android:layout_height="wrap_content">
                <EditText
                        :id="@+id/EtSendInfo"
                        android:layout_width="260dp"
                        android:layout_height="120dp"
                        android:layout_marginTop="10dp"
                        android:layout_marginLeft="10dp">
                </EditText>
                <Button
                        android:text="发    布"
                        android:id="@+id/BtnSendInfo"
                        android:layout_marginLeft="170dp"
                        android:textColor="#6495ED"
                        android:layout_width="wrap_content"
                        android:layout_height="wrap_content">
                </Button>
            </LinearLayout>
        </LinearLayout>
    </LinearLayout>
```

LYSendInfoActivity.java：

```
public class LYSendInfoActivity extends Activity {
    private String time,uid,ueid,content;
    private EditText et;
    private Button bt;
    private ProgressDialog pd;
    @Override
    public void onCreate(Bundle savedInstanceState) {
```

```java
        super.onCreate(savedInstanceState);
        setContentView(R.layout.sendinfo);
        et = (EditText) findViewById(R.id.EtSendInfo);
        bt = (Button) findViewById(R.id.BtnSendInfo);
        pd = new ProgressDialog(this);
        uid = getIntent().getStringExtra("result");
        ueid = getIntent().getStringExtra("ueid");
        SimpleDateFormat formatter = new SimpleDateFormat    ("yyyy-MM-dd    HH:mm:ss");
        Date    curDate    =    new    Date(System.currentTimeMillis());
        time   =    formatter.format(curDate);
        bt.setOnClickListener(l);
}
private OnClickListener l = new OnClickListener() {
        public void onClick(View v) {
                // TODO Auto-generated method stub
                content = et.getText().toString();
                pd.show();
                Thread t = new Thread(r);
                t.start();
                Intent intent = new Intent(LYSendInfoActivity.this,LYTabHostActivity.class);
                intent.putExtra("result", uid);
                startActivity(intent);
                Toast.makeText(LYSendInfoActivity.this, "发送成功！ ", Toast.LENGTH_LONG).show();
        }
};
Runnable r = new Runnable() {
public void run() {
        try {
                URL url = new URL("http://10.0.2.2:8080/Lvyou/LYAddMsgServlet");
                HttpURLConnection htc = (HttpURLConnection) url.openConnection();
                htc.setDoInput(true);
                htc.setDoOutput(true);
                htc.setRequestMethod("POST");
                OutputStream out= htc.getOutputStream();
                StringBuilder sb = new StringBuilder();
                sb.append("<user>");
                sb.append("<hostid>");
                sb.append(uid);
                sb.append("</hostid>");
                sb.append("<otherid>");
                sb.append(ueid);
                sb.append("</otherid>");
                sb.append("<time>");
                sb.append(time);
                sb.append("</time>");
                sb.append("<content>");
                sb.append(content);
                sb.append("</content>");
                sb.append("</user>");
                byte userXML[] = sb.toString().getBytes();
```

```
                    out.write(userXML);
                    if(htc.getResponseCode()==HttpURLConnection.HTTP_OK)
                    {
                            InputStream in =htc.getInputStream();
                    }
            } catch (Exception e) {
                    // TODO Auto-generated catch block
                    e.printStackTrace();
            }
            pd.cancel();
        }
    };
    }
```

编译运行，结果如图 10-6 所示。

【程序说明】

- 定义一个 TextView 提示信息，定义一个 EditText 控件来写想要发送的消息，定义一个 Button 控件传送消息给想要发送的好友。

- 在 Java 文件夹下的 com.ly.control 包中建立 LYSendInfoActivity.java 文件。

- 定义 EditText、Button 的属性。定义 Simple DateFormat 类的对象 formatter 来控制时间格式。

- 用线程类 Runnable 实现与后台 servlet 的连接。

- 当点击"发布"按钮时，toast 提示发送成功，并返回主页面。

图 10-6　发送消息

10.5　工具类

在 Android 的开发过程中，工具类是帮助程序员快速开发的基础，有了这些辅助类会使编码的过程更加方便快捷。下面就介绍一些基于 Android 平台开发中会经常使用到的工具类。

1. HttpUtils

HTTP 网络工具类，主要包括 httpGet、httpPost 以及 HTTP 参数相关方法，以 httpGet 为例：

- static HttpResponse httpGet(HttpRequest request)
- static HttpResponse httpGet(java.lang.String httpUrl)
- static String httpGetString(String httpUrl)

📖 包含以上三个方法，默认使用 gzip 压缩，使用 bufferedReader 提高读取速度。

- HttpRequest 中可以设置 url、timeout、userAgent 等其他 HTTP 参数。
- HttpResponse 中可以获取返回内容、HTTP 响应码、HTTP 过期时间（Cache-Control 的 max-age 和 expires）等。

2．PackageUtils

Android 包相关工具类，可用于安装应用、卸载应用、判断是否为系统应用等。

- install(Context, String)：安装应用，如果是系统应用或已经 root，则静默安装，否则一般安装。
- uninstall(Context, String)：卸载应用，如果是系统应用或已经 root，则静默卸载，否则一般卸载。
- isSystemApplication(Context, String)：判断应用是否为系统应用。

3．PreferencesUtils

Android SharedPreferences 相关工具类，可用于方便地向 SharedPreferences 中读取和写入相关类型数据。

- putString(Context, String, String)：保存 string 类型数据。
- putInt(Context, String, int)：保存 int 类型数据。
- getString(Context, String)：获取 string 类型数据。
- getInt(Context, String)：获取 int 类型数据。

4．JSONUtils

JSONUtils 工具类，可用于方便地向 Json 中读取和写入相关类型数据。

- String getString(JSONObject jsonObject, String key, String defaultValue)：得到 string 类型 value。
- String getString(String jsonData, String key, String defaultValue)：得到 string 类型 value。
- getMap(JSONObject jsonObject, String key)：得到 map。
- getMap(String jsonData, String key)：得到 map。

5．StringUtils

String 工具类，可用于常见字符串操作。

- isEmpty(String str)：判断字符串是否为空或长度为 0。
- isBlank(String str)：判断字符串是否为空或长度为 0 或由空格组成。
- utf8Encode(String str)：以 utf-8 格式编码。
- capitalizeFirstLetter(String str)：首字母大写。

6．ParcelUtils

Android Parcel 工具类，可用于从 parcel 读取或写入特殊类型数据。

- readBoolean(Parcel in)：从 pacel 中读取 boolean 类型数据。
- readHashMap(Parcel in, ClassLoader loader)：从 pacel 中读取 map 类型数据。
- writeBoolean(boolean b, Parcel out)：向 parcel 中写入 boolean 类型数据。
- writeHashMap(Map<K, V> map, Parcel out, int flags)：向 parcel 中写入 map 类型数据。

7．RandomUtils

随机数工具类，可用于获取固定大小固定字符内的随机数。

- getRandom(char[] sourceChar, int length)：生成随机字符串，所有字符均在某个字符串内。

- getRandomNumbers(int length): 生成随机数字。

8. ArrayUtils

数组工具类，可用于数组常用操作。

- isEmpty(V[] sourceArray): 判断数组是否为空或长度为 0。
- getLast(V[] sourceArray, V value, V defaultValue, boolean isCircle): 得到数组中某个元素上一个元素，isCircle 表示是否循环。
- getNext(V[] sourceArray, V value, V defaultValue, boolean isCircle): 得到数组中某个元素下一个元素，isCircle 表示是否循环。

9. ImageUtils

图片工具类，可用于 Bitmap、byte array、Drawable 之间进行转换以及图片缩放，目前功能薄弱，以后会进行增强。

- bitmapToDrawable(Bitmap b) bimap: 转换为 drawable。
- drawableToBitmap(Drawable d) drawable: 转换为 bitmap。
- drawableToByte(Drawable d) drawable: 转换为 byte。
- scaleImage(Bitmap org, float scaleWidth, float scaleHeight): 缩放图片。

10. ListUtils

List 工具类，可用于 List 常用操作。

- isEmpty(List<V> sourceList): 判断 List 是否为空。
- join(List<String> list, String separator): List 转换为字符串，并以固定分隔符分割。
- addDistinctEntry(List<V> sourceList, V entry): 向 list 中添加不重复元素。

11. TimeUtils

时间工具类，可用于时间相关操作。

- getCurrentTimeInLong(): 得到当前时间。
- getTime(long timeInMillis, SimpleDateFormat dateFormat): 将 long 转换为固定格式时间字符串。

12. App 相关

- isInstallApp: 判断 App 是否安装。
- uninstallApp: 卸载 App。
- isAppRoot: 判断 App 是否有 root 权限。
- launchApp: 打开 App。
- getAppPackageName: 获取 App 包名。
- getAppDetailsSettings: 获取 App 具体设置。
- getAppPath: 获取 App 路径。
- getAppVersionName: 获取 App 版本号。
- getAppVersionCode: 获取 App 版本码。
- cleanAppData: 清除 App 所有数据。

13. 检查网络是否连接

```
public static boolean isNetworkAvailable(Context context) {        // 创建并初始化连接对象
```

```
ConnectivityManager connMan=(ConnectivityManager).context.getSystemService(Context.
CONNECTIVITY_SERVICE);
            // 判断初始化是否成功并做出相应处理
            if (connMan != null) {
                // 调用 getActiveNetworkInfo 方法创建对象，如果不为空则表明网络连通，否则未连通
                NetworkInfo info = connMan.getActiveNetworkInfo();
                if (info != null) {
                    return info.isAvailable();
                }
            }
            return false;
        }
ConnectivityManager connMan=(ConnecticityManager)
```

14. 应用名称

```
public static String getAppName(Context context) {
    try {
        PackageManager packageManager = context.getPackageManager();
        PackageInfo packageInfo = packageManager.getPackageInfo(
                context.getPackageName(), 0);
        int labelRes = packageInfo.applicationInfo.labelRes;
        return context.getResources().getString(labelRes);
    } catch (PackageManager.NameNotFoundException e) {
        e.printStackTrace();
    }
    return null;
}
```

15. 判断服务是否正在运行

```
public static boolean isServiceRunning(String serviceName, Context context)
{       //Activity 管理器
ActivityManager am=( ActivityManager). context.getSystemService(Context.ACTIVITY_SERVICE);
    List<RunningServiceInfo> runningServices = am.getRunningServices(100); //获取运行的服务，参数
表示最多返回的数量
            for (RunningServiceInfo runningServiceInfo : runningServices) {
                String className = runningServiceInfo.service.getClassName();
                if (className.equals(serviceName)) {
                    return true; //判断服务是否运行
                }
            }
            return false;
        }
```

本章小结

如今智能手机越来越普及，人们已经把它当成除打电话和发短信之外必不可少的生活、娱乐工具，学习本章帮助读者深入了解社交系统开发所带来的魅力。首先，为大家展示

社交系统开发概述，初步认识手机中千姿百态、琳琅满目的 App 社交应用的由来。其次，系统欢迎界面、系统主界面的实现，通信模块、聊天模块的实现，工具类，服务端设计，测试和实现帮助读者学习安卓 App 开发。在此之前读者必须要掌握一些程序语言的基础，可以是 C 语言，可以是 C++，也可以是 Java 语言，这些语言就是开发 App 的工具。作为一个专业的安卓 App 开发公司，必须要有成熟稳定的 App 管理团队和专业的 App 开发技术团队，可根据不同的行业、类型和客户的 App 软件应用需求，为客户打造一套具有特色的 App 社交系统开发方案。安卓 App 的开发，说它复杂，因为它需要你懂得编程语言和网页设计技术；说它简单，因为有很多智能的系统和程序可以帮助你制作 App，这些工具并不需要你掌握专业的技术。总而言之，要想开发出一款优秀的 App，需要注意很多细节，要多实践、多总结。

课后练习

1. 选择题

1）下列为社交软件的是（　　　）。

    A. WeChat　　　　　　　　　　　　B. Microsoft PowerPoint 2010

    C. Eclipse　　　　　　　　　　　　　D. Microsoft Word 2010

2）下列哪项不是社交系统开发必需的条件（　　　）。

    A. 对编程有经验　　　　　　　　　　B. 熟悉 Java 编程

    C. UI 设计　　　　　　　　　　　　　D. 有良好的团队

3）下列说法错误的是（　　　）。

    A. 在社交系统开发时要进行市场分析

    B. 在社交系统开发时要进行软件的功能分析

    C. 服务器搭建时不需要搭建环境平台

    D. 在社交系统开发时要进行客户端的实现

4）在社交软件开发的服务器端模块不能实现的功能是（　　　）。

    A. 登录　　　　　B. 注册　　　　　C. 聊天界面　　　　　D. 下线

5）下列有悖网络社交礼仪的行为是（　　　）。

    A. 不在别人的日记广播下面和网友展开无休止的骂战

    B. 打听别人隐私

    C. 不攻击别人的兴趣爱好，不嘲笑别人的品位和能力

    D. 不敢在现实中随意对陌生人做的事、说的话，也不要在网上做

2. 简答题

1）社交软件系统开发的一般步骤有哪些？

2）简述 Socket 通信基础。

3）简述服务器、客户端通过 Socket 方式连接服务器的方法。

4）简述 Android 聊天客户端框架 listview 中 Item 的两种处理方法。

5）简述 Android 聊天软件的开发 RSA 加解密的密钥生成步骤。

参 考 文 献

[1] 曹化宇. Java 与 Android 移动应用开发：技术、方法与实践[M]. 北京：清华大学出版社，2018.

[2] 夏辉. Android 移动应用开发实用教程[M]. 北京：机械工业出版社，2015.

[3] JACKSON W. Android 应用开发入门[M]. 周自恒，译. 北京：人民邮电出版社，2013.

[4] MEIER R. Android 4 高级编程[M]. 3 版. 余建伟，赵凯，等译. 北京：清华大学出版社，2013.

[5] 明日科技. Android 从入门到精通[M]. 北京：清华大学出版社，2012.

[6] 姚尚朗，靳岩，等. Android 开发入门与实战[M]. 2 版. 北京：人民邮电出版社，2013.

[7] 李刚. 疯狂 Android 讲义[M]. 2 版. 北京：人民邮电出版社，2013.

[8] 黄宏程. Android 移动应用设计与开发——基于 Android Studio 开发环境[M]. 2 版. 北京：人民邮电出版社，2017.